注塑机
操作与调校
快速入门

刘朝福　编著

ZHUSUJI CAOZUO
YU TIAOJIAO
KUAISU RUMEN

化学工业出版社
·北　京·

内 容 简 介

本书根据实际生产的需要，以行业中常用的品牌注塑机为对象，采用图表为主的表达方式，配合言简意赅的文字叙述，详细讲解了注塑机的操作、调校、维护和维修等主要技术要点和要领。

主要内容包括：什么是注塑，注塑机的类型及结构，注塑机的操作，注塑机的安装、维护与保养，注塑机的维修，注塑机常见故障及解决方法。

本书图文并茂，通俗易懂，可帮助从事注塑生产的技术人员快速掌握相关知识和技能，也可作为注塑机操作和维修人员的培训教材，还可供高职高专院校相关专业的师生学习参考。

图书在版编目（CIP）数据

注塑机操作与调校快速入门/刘朝福编著. —北京：化学工业出版社，2022.10（2025.4重印）
ISBN 978-7-122-42067-1

Ⅰ.①注… Ⅱ.①刘… Ⅲ.①注塑机-操作 Ⅳ.①TQ320.5

中国版本图书馆CIP数据核字（2022）第157380号

责任编辑：贾 娜　　装帧设计：史利平
责任校对：王鹏飞

出版发行：化学工业出版社（北京市东城区青年湖南街13号 邮政编码100011）
印 装：北京建宏印刷有限公司
787mm×1092mm 1/16 印张13¼ 字数318千字 2025年4月北京第1版第3次印刷

购书咨询：010-64518888　　售后服务：010-64518899
网 址：http://www.cip.com.cn
凡购买本书，如有缺损质量问题，本社销售中心负责调换。

定 价：79.80元

前言

塑料作为重要的材料，在现代工业生产和生活中发挥着重要的作用。塑料制品具有轻质、美观、绝缘、耐腐蚀、低成本等特性，塑料及其制品的发展极大地提高了人们的工作效率和生活水平。近年来，随着家电、汽车等行业的飞速发展，塑料模具需求旺盛，成为模具行业的翘楚。

在塑料的各种成型工艺中，注塑成型是应用较为广泛的一种。实践表明，注塑成型具有材料适用性强、可以一次性成型出结构复杂的制品、工艺条件成熟、制品精度高、生产成本低等优点，因此，注塑成型的制品在塑料制品中所占的比重不断增加，相关的设备和工艺等也得到了快速的发展。

本书基于注塑人员的需求，采用图表为主的表达方式，配合言简意赅的文字叙述，依次讲解了以下几个方面的内容：一是注塑成型的工艺流程、常见塑料的注塑性能；二是注塑机的类型与结构；三是注塑机的操作与调试方法，以及注塑机的安装、维护与保养要点；四是注塑机的常见故障与维修要领。

本书图文并茂，通俗易懂，从生产需求出发，突出实际应用，包含了许多经过实践检验的措施和方法，可帮助从事注塑生产的技术人员快速掌握相关知识和技能，也可作为注塑机操作和维修人员的培训教材，还可供高职高专院校相关专业师生学习参考。

本书由桂林信息科技学院刘朝福编著。在编写过程中，众多人员和单位参与了书稿的讨论或提供了技术资料，包括程彬彬、杨连发、蒋红芳、经华、程謦、何玉林、张燕、冯翠云、刘建伟、韦雪岩、陈婕、秦国华、覃军伦、柏子刚等，以及宁波海天塑机集团、广州金发科技有限公司、柳州裕信方盛汽车饰件有限公司等，在此一并表示感谢。

由于笔者水平所限，书中疏漏和不足之处在所难免，敬请广大读者提出宝贵意见。

编　者

目录

001 第 1 章

什么是注塑

021 第 2 章

注塑机的类型及结构

第1章 什么是注塑

1.1 ▶ 无所不在的注塑制品

注塑制品是指用注塑机把塑料原料加热到一定温度，使塑料处于熔融状态，随后注塑机把塑料熔体注射到模具的模腔内，再经冷却、固化后脱模得到的塑料产品。

注塑制品广泛应用在我们的日常生产和生活中，已成为不可缺少的生产资料和消费物品，如图 1-1 所示。

据统计，在家用电器、办公设备、仪器仪表、电工电子、建筑、玩具等行业中，70%

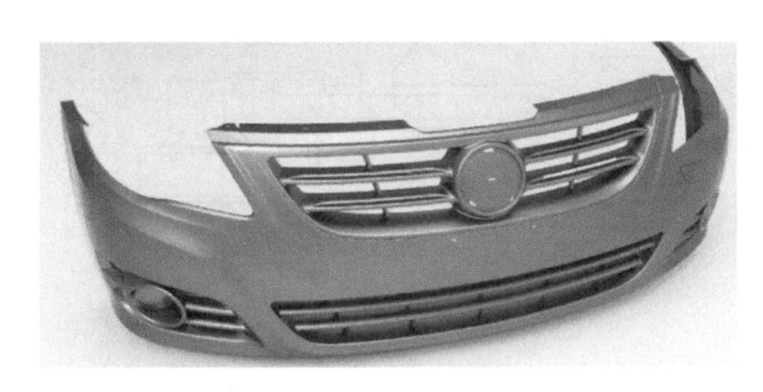

(a) 轿车保险杠

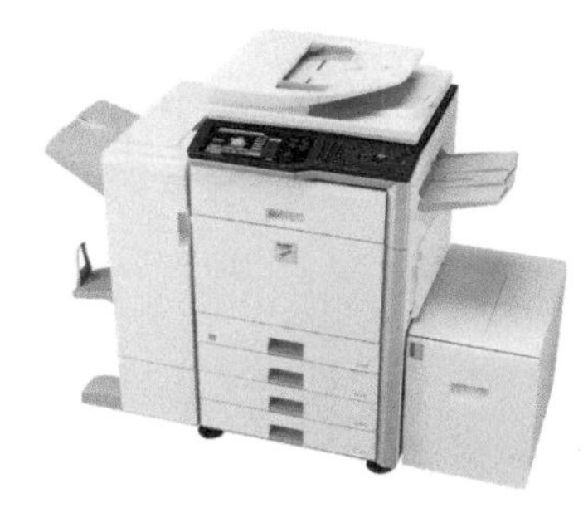

(b) 复印机

(c) 洗衣机

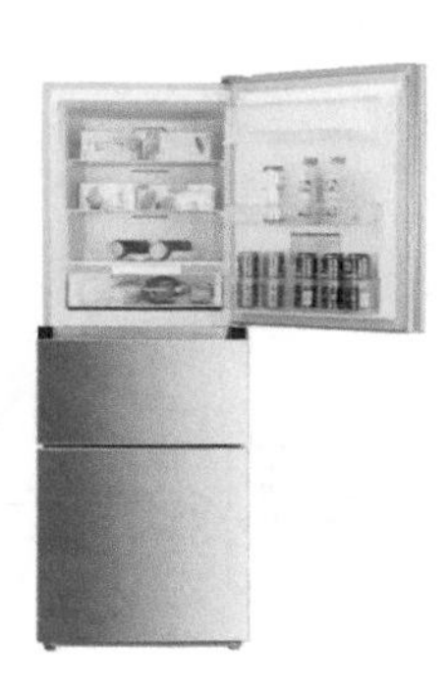

(d) 电冰箱

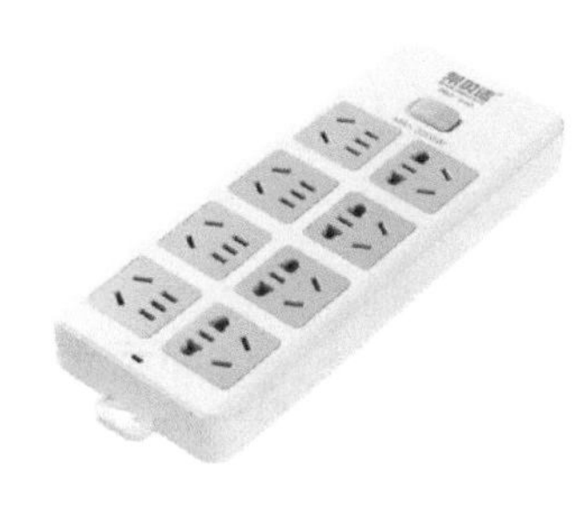

(e) 插线板

图 1-1 注塑制品在日常生活与工作中的应用

以上的零件是注塑制品。通过注塑工艺来生产塑料制品，具有以下几个特点：

① 可以一次性成型复杂的制品。通过巧妙地设计模具的结构，一次性就可以生产出结构非常复杂的塑料制品，从而减少了产品的零件数量。

② 生产效率高。注塑机与模具完成一次成型循环，往往只需要几秒到几十秒的时间，生产效率比切削加工高得多。

③ 生产成本低。由于具有极高的生产效率，且制品的废品率低，因此，平均下来，每一件塑料制品的生产成本都比较低廉。

1.2 注塑的工艺过程

如图 1-2 所示为螺杆式注塑机的注塑工艺图。其工艺过程是，将粒状或粉状的塑料加入注塑机料筒，经加热熔融后，由注塑机的螺杆高速推动熔体通过料筒前端喷嘴，快速射入已经闭合的模具型腔，充满型腔的熔体经冷却固化而保持型腔所赋予的形状，然后打开模具，取出制品。

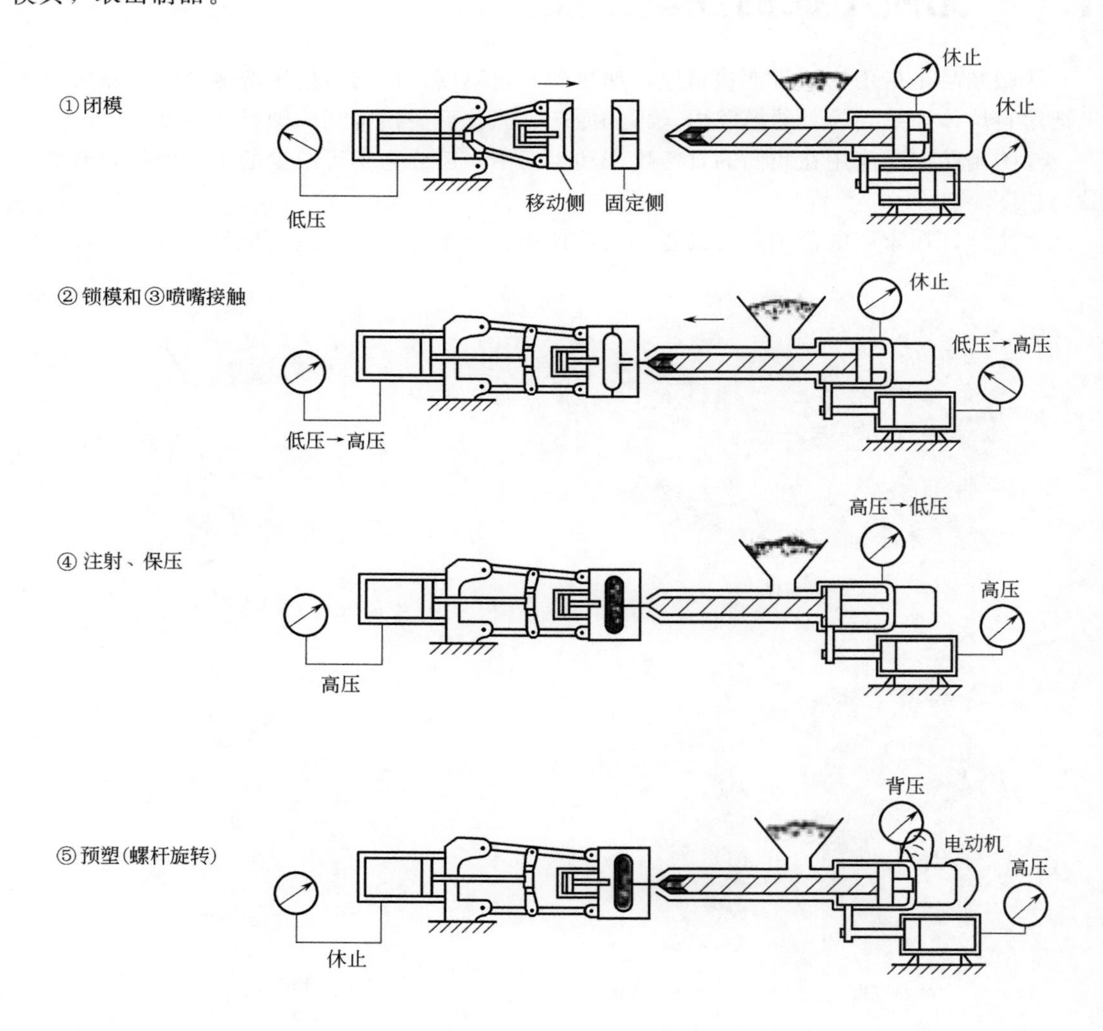

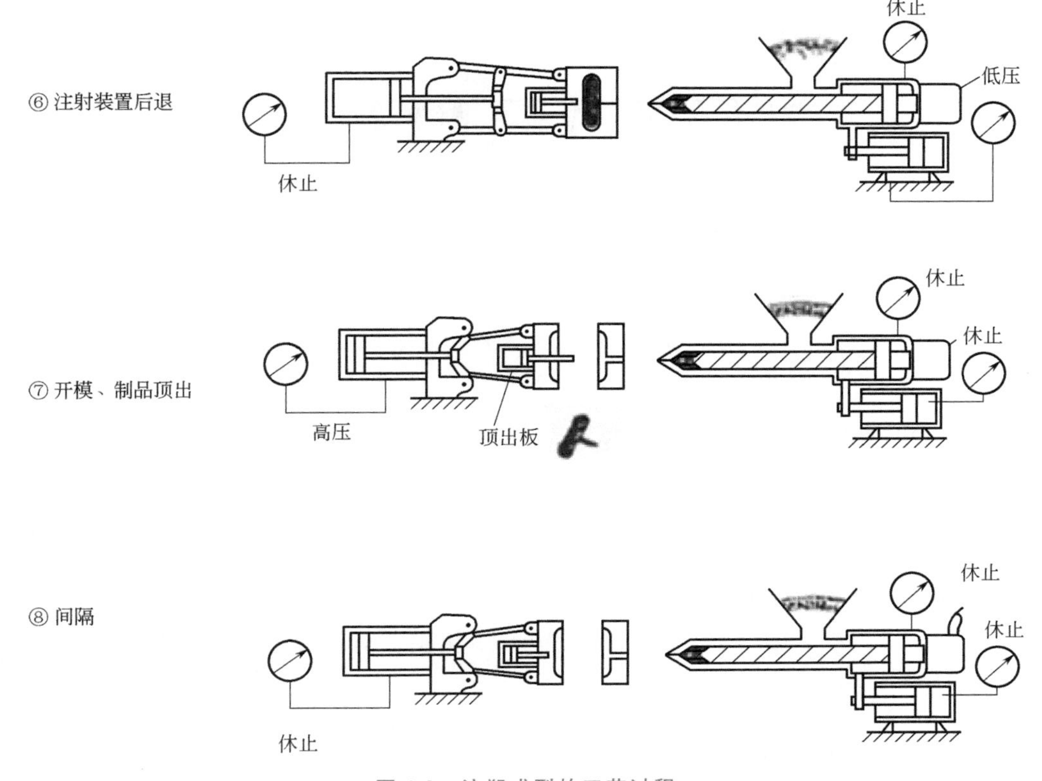

图 1-2 注塑成型的工艺过程

1.3 常见塑料的注塑性能

1.3.1 塑料的热变形性能

塑料在注塑过程中，依次会发生软化、熔融、流动、赋形及固化等变化，如图 1-3 所示。

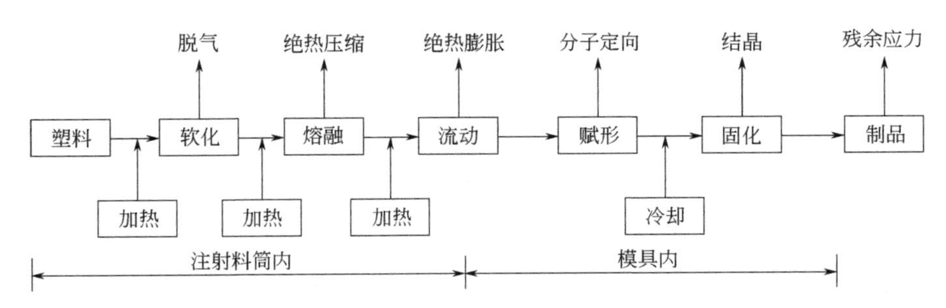

图 1-3 塑料在注塑成型过程中的物理和化学变化

（1）软化和熔融

如图 1-4 所示为注塑机的料筒及螺杆结构，因料筒外部设有圆形加热器，在螺杆的转动下，塑料一边前进一边熔融，最后经喷嘴被注射到模具内。

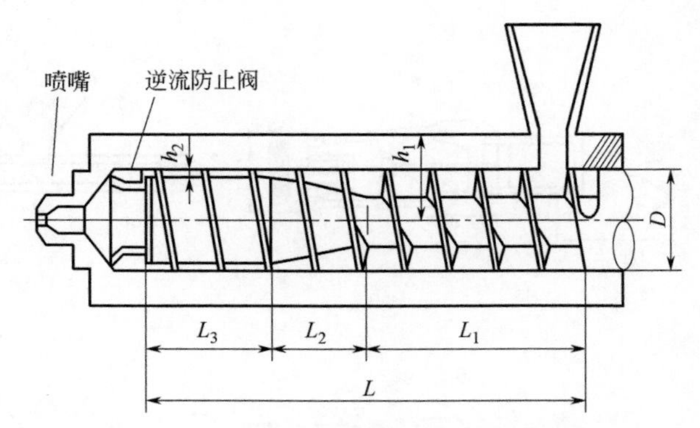

图 1-4　注塑机料筒和螺杆结构示意图

L_1—送料段；L_2—压缩段；L_3—计量段；h_1/h_2—压缩比；D—螺杆直径

在这个过程中塑料将发生如下变化：

首先，塑料从送料段（L_1）进入压缩段（L_2）时，因螺杆槽体积的变小而被压缩并发生脱气，在进入计量段（L_3）前，塑料温度已达到熔融温度而成为熔融体。为了保证制品的质量，塑料就需充分脱气后再熔融，否则，塑料如果在进入压缩段就已经熔融的话，其脱气效果将受到很大的影响。

计量段（L_3）也称混炼段，由于螺杆槽深 h_2 更小，塑料将在螺杆旋转过程中受到较强的剪切力的混炼，因而熔融变得更加完全。

下列三个有关螺杆的数值，将影响塑料的脱气和熔融的程度。

① 螺杆的有效长度和直径比（长径比）：$L/D=22\sim25$。

② 螺杆的压缩比：$h_1/h_2=2.0\sim3.0$（一般为 2.5）。

③ 螺杆的压缩部分相对长度比：$L_1/L_2=40\%\sim60\%$。

这三个值越大，材料的熔融也就越彻底；螺杆旋转时熔融的塑料将被输送至螺杆的前端，与此同时，塑料产生的反压力又将使螺杆后退至某一个位置而完成计量过程，然后螺杆将在机械力的作用下前进，将熔融塑料注射到模具中去。在塑料被射入模具前的瞬间，其熔体将受到急剧的压缩（称为绝热压缩），有时熔体会因此而发生结晶，使喷嘴口变窄（结晶化较完全，由于其熔点上升而发生固化）。普通螺杆的主要参数如表 1-1 所示。

表 1-1　普通螺杆主要参数

直径/mm	加料段螺纹深度/mm	均化段螺纹深度/mm	压缩比	螺杆与料筒间隙/mm
30	4.3	2.1	2∶1	0.15
40	5.4	2.6	2.1∶1	0.15
60	7.5	3.4	2.2∶1	0.15
80	9.1	3.8	2.4∶1	0.20
100	10.7	4.3	2.5∶1	0.20
120	12	4.8	2.5∶1	0.25
＞120	最大 14	最大 5.6	最大 3∶1	0.25

（2）流动

熔体在高压高速下被注射入模具时，往往会发生两种现象。一是在料筒中处于受压状态的熔融塑料会因突然的减压而膨胀，这种急剧的膨胀（称为绝热膨胀）将引起熔融塑料本身的温度下降（其原理和冷冻机的绝热膨胀相同）。有实例表明，聚碳酸酯（PC）的这种温度降可达 50℃，聚甲醛（POM）的温度降可达 30℃。熔融塑料进入模具并接触相对较冷的壁面时，也将产生急剧的温度下降。二是熔融塑料的大分子将顺着其流动方向发生取向，图 1-5 注塑时塑料流动引起的分子取向（定向作用）是描述这种现象的模型图。

从图 1-5 中可知，熔体在模腔的壁面附近流动极慢，而在模腔的中心部分流动较快，塑料的分子在流动较快的区域中被拉伸和取向。塑料在这样的状态下经冷却固化成为制品后，由于和流动的平行方向及垂直方向产生的收缩率之差，往往会造成制品的变形和翘曲。

图 1-5 注塑时塑料流动引起的分子取向（定向作用）

1—注塑机；2—树脂注入模具（实际上由主流道、浇口组成）；3—模具（型腔内部）；4—中心处流速较快的部分；5—沿模腔壁面而流速极慢的部分；6—同取向面拉伸展开的树脂分子；7—缠绕在一起的树脂分子

（3）赋形和固化

熔融塑料在注射时，经喷嘴进入模具中被赋予形状，并经冷却和固化而成为制品。但熔融塑料被充填到模具中的时间实际上只有数秒，要想观察其充填过程是非常困难的。

美国的斯迪文森采用计算机模拟的方法，描绘了有两个浇口的热流道模具成型聚丙烯汽车门时的充填过程，并以此计算出注射时间（即充填时间）、熔接线及所需锁模力等。图 1-6 是其模拟所得的模型。

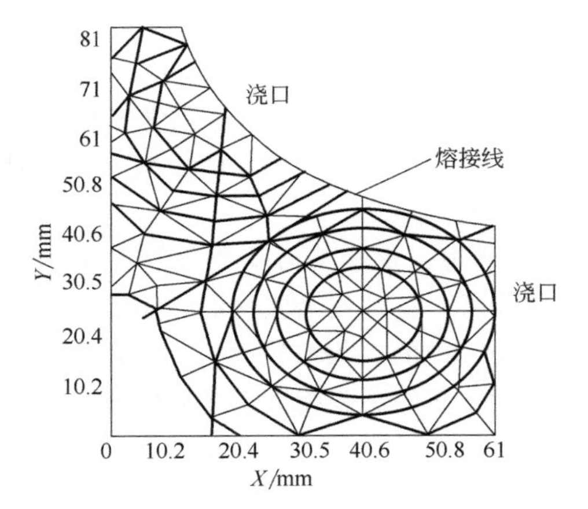

圆弧(圆环)状的线表示从浇口离开时间为
t(s)=0.23，0.43，0.68，0.93，1.28，1.48
的料流前端
— 为熔接线

图 1-6 塑件（汽车车门）注塑时料流前端及熔接线

图 1-6 中熔体的流动充填状态，和人们想象的相差不是很大，可能是较正确地反映了汽车车门的实际充填过程。

对注射过程的流动模拟已经有了很多种方法（如：FAN 法、CAIM 模拟系统、Mold Flow 模拟系统等）。现在，人们往往采用这些模拟手段来预测熔融塑料在模具中的充填过程，以期进行更合理的模具设计，选择更合适的浇口位置和形式。

熔融塑料被赋予形状后就进入了固化过程。在固化过程中发生的主要现象是收缩，固化时因冷却引起的收缩和因结晶化而引起的收缩将同时进行。图 1-7 表示三种不同结晶性

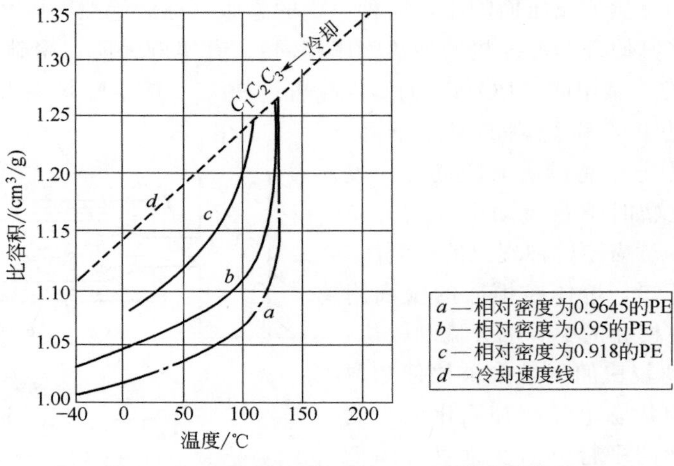

图 1-7 不同温度下聚乙烯（PE）的密度变化

的聚乙烯（PE）在温度下降时的收缩情况。

1.3.2 塑料的收缩性

塑料通常是在高温熔融状态下充满模具型腔而成型，当塑件从模具中取出冷却到室温后，其尺寸会比原来在模具中的尺寸小，这种特性称为收缩性。可用单位长度塑件收缩量的百分数来表示，即收缩率（S）。

由于这种收缩不仅是塑件本身的热胀冷缩造成的，而且还与各种成型工艺条件及模具结构有关，因此成型后塑件的收缩又称为成型收缩。可以通过调整工艺参数或修改模具结构来缩小或改变塑件尺寸的变化情况。

成型收缩分为尺寸收缩和后收缩两种形式，而且都具有方向性。

① 塑件的尺寸收缩。由于塑件的热胀冷缩以及塑件内部的物理化学变化等原因，导致塑件脱模冷却到室温后发生了尺寸缩小现象，为此，在设计模具的成型零部件时必须考虑通过设计对其进行补偿，避免塑件尺寸出现超差。

② 塑件的后收缩。塑件成型时，因其内部物理、化学及力学变化等因素产生一系列应力，塑件成型固化后存在残余应力，塑件脱模后，各种残余应力的作用将会使塑件尺寸产生再次缩小的现象。通常，一般塑件脱模后 10h 内的后收缩较大，24h 后基本定型，但要达到最终定型，则需要很长时间，一般热塑性塑料的后收缩大于热固性塑料。

为稳定塑件成型后的尺寸，有时根据塑料的性能及工艺要求，塑件在成型后需进行热处理，热处理后也会导致塑件的尺寸发生收缩，称为后处理收缩。高精度塑件的模具设计时应补偿后收缩和后处理收缩产生的误差。

塑件收缩的方向性。塑料在成型过程中，高分子沿流动方向的取向效应会导致塑件的各向异性，塑件的收缩必然会因方向的不同而不同。通常，沿料流的方向收缩大、强度高，而与料流垂直的方向收缩小、强度低。同时，由于塑件各个部位添加剂分布不均匀，密度不均匀，故收缩也不均匀，导致塑件收缩产生收缩差，容易造成塑件产生翘曲、变形以致开裂。

塑件成型收缩率分为实际收缩率与计算收缩率。实际收缩率表示模具或塑件在成型温度的尺寸与塑件在常温下的尺寸之间的差别，计算收缩率则表示在常温下模具的尺寸与塑件的尺寸之间的差别，其计算公式如下：

$$S'=\frac{L_C-L_S}{L_S}\times 100\% \tag{1-1}$$

$$S=\frac{L_m-L_S}{L_S}\times 100\% \tag{1-2}$$

式中 S'——实际收缩率；

S——计算收缩率；

L_C——塑件或模具在成型温度时的尺寸；

L_S——塑件在常温时的尺寸；

L_m——模具在常温时的尺寸。

因实际收缩率与计算收缩率数值相差很小，所以在普通中、小模具设计时，常采用计算收缩率来计算型腔及型芯等的尺寸。而在大型、精密模具设计时，一般采用实际收缩率来计算型腔及型芯等的尺寸。

在实际成型时，不仅塑料品种不同，其收缩率不同，而且同一品种塑料的不同批号，或同一塑件的不同部位的收缩值也常不同。

影响收缩率变化的主要因素有四个方面。

① 塑料的品种。各种塑料都有其各自的收缩率范围，即使是同一种塑料，由于分子量、填料及配比等不同，其收缩率及各向异性也各不相同。

② 塑件结构。塑件的形状、尺寸、壁厚、有无嵌件、嵌件数量及布局等，对收缩率值均有很大影响。一般，塑件壁厚越大，收缩率越大；形状复杂的塑件小于形状简单的塑件的收缩率；有嵌件的塑件，因嵌件阻碍和金属嵌件产生的激冷效果，其收缩率往往减小。

③ 模具结构。模具的分型面、加压方向及浇注系统的结构形式、布局及尺寸等直接影响料流方向、密度分布、保压补缩作用及成型时间，对收缩率及方向性影响很大。

④ 成型工艺条件。模具的温度、注射压力、保压时间等成型条件对塑件收缩均有较大影响。模具温度高，熔体冷却慢，密度高，收缩大。尤其对结晶型塑料，因体积变化大，其收缩更大，模具温度分布均匀也直接影响塑件各部分收缩量的大小和方向性；注射压力高，熔料黏度差小，脱模后弹性恢复大，收缩减小。保压时间长则收缩小，但方向性明显。

由于收缩率不是一个固定值，而是在一定范围内波动，收缩率的变化将引起塑件尺寸变化，因此，在模具设计时应根据塑料的收缩范围、塑件壁厚、形状、进料口形式、尺寸、位置成型因素等综合考虑确定塑件各部位的收缩率。对精度高的塑件应选取收缩率波动范围小的塑料，并留有修模余地，试模后逐步修正模具，以达到塑件尺寸和精度要求。

1.3.3 ABS 的注塑性能

ABS 的中文名称为丙烯腈-丁二烯-苯乙烯共聚物，A 代表丙烯腈，B 代表丁二烯，S 代表苯乙烯。ABS 有较好的冲击强度和尺寸稳定性，其韧性、硬度、刚性等力学指标均较为均衡，成型加工和机械加工性能较好，用途广泛，价格中等，是目前产量巨大、应用广泛的塑料，如图 1-8 所示。

ABS 的外观为不透明呈象牙色的粒料，无毒、无味、吸水率低，其制品可做成各种颜

(a) 散装ABS塑料

(b) 复印机结构件

图 1-8　ABS 塑料及其典型制品

色，并具有 90%的高光泽度。ABS 同其他材料的结合性好，易于表面印刷、涂层和镀层处理。ABS 属易燃聚合物，火焰呈黄色，有黑烟，烧焦但不滴落，并发出特殊的肉桂味道。

ABS 是一种综合性能十分良好的塑料，在比较宽广的温度范围内具有较高的冲击强度和表面硬度，热变形温度比 PA（尼龙）、PVC（聚氯乙烯）高，尺寸稳定性好。ABS 熔体的流动性比 PVC 和 PC 好，但比 PE（聚乙烯）、PA（聚苯乙烯）及 PS 差，与 POM 和 HIPS（高抗冲击聚苯乙烯）类似。

ABS 的注塑参数如表 1-2 所示。

表 1-2　ABS 的注塑参数

参数	说　明
干燥处理	ABS 原料具有吸湿性，要求在注塑成型之前进行干燥处理，建议干燥条件为 80～90℃下最少干燥 2h
熔融温度	ABS 熔体黏度受温度的影响虽不及注射压力明显，但温度高的条件下对于薄壁制品的模具是有利的。ABS 的分解温度，理论上高达 270℃以上，但在实际注塑过程中，由于受时间及其他工艺条件的影响，塑料往往在 250℃左右就开始变色。ABS 的成型温度，除耐热级、电镀级等品级的塑料要求温度稍高些（210～250℃）以改善其熔体充模困难或有利于电镀性能外，通用级、阻燃级、抗冲级等 ABS 都希望温度取低一些，以防发生分解或对其物理力学性能不利的现象 柱塞式注塑机比螺杆式注塑机所选择的温度要稍高些，对于一般的制品，柱塞式注塑机选择温度范围在 180～230℃之间，而螺杆式注塑机在 160～220℃即可成型。在成型过程中，一般料筒温度为后段 150～170℃、中段 170～180℃、前段 180～210℃，喷嘴温度一般取 170～180℃ 特别注意的是，均化段和喷嘴温度的任何变化都会反映到制品上，有可能引起溢料、银丝、变色、光泽不佳、熔接痕明显等缺陷
模具温度	模具温度（模温）对 ABS 制品表面粗糙度、制品内应力有着重要的作用。模温高，熔体充模容易，制品的表观好、内应力小，同时对制品的可电镀性也有改善或提高，但也存在着制品成型收缩率大、成型周期长、易脱模后变形等问题 对于一般要求的制品，模温可控制在 40～50℃；对于表观和性能要求都比较高的制品，模温可控制在 60～70℃，而且模温均匀，要求模腔与模芯之间的温度差应不超过 10℃；对于深孔制品或形状较为复杂的制品，要求模腔温度比模芯温度略高一些，以利制品的顺利脱模
注射压力	与 PE、PS、PA 等塑料相比，ABS 的流动性稍差，故所需的注射压力较大。但是过大的注射压力容易造成制品脱模困难或脱模损伤，还可能给制品带来较大的内应力。ABS 的注射压力除了与制品的壁厚、设备类型等有关外，还与塑料的品级有关 对于薄壁、长流程、小浇口的制品，要求的注射压力要高，达 130～150MPa；而厚壁、大浇口制品只需 100MPa 就可以了。在实际生产过程中，螺杆式注塑机常选用的注射压力在 100MPa 以下（常用 50～70MPa），而柱塞式注塑机一般在 100MPa 以上

续表

参数	说　明
保压压力	ABS注塑时的保压压力不宜过高，使用螺杆式注塑机一般采用30～50MPa，而柱塞式注塑机则需60～70MPa以上。若保压压力过高，会使制品内应力增大
注射速度	注射速度对ABS熔体流动性的改变有一定的作用，若注射速度慢，制品表观会出现波纹、熔接不良等现象；若注射速度快，可使充模迅速，但易出现排气不良、表观粗糙度不佳等情况，同时还会使制品的拉伸强度和伸长率下降。为此，在生产过程中，除了充模有困难必须用较高的注射速度外，一般都选用中、低速度为宜
流道与浇口	ABS的模具浇注系统应以粗、短为原则，宜设置冷料穴，浇口宜取大型浇口，如直接浇口、圆盘浇口或扇形浇口等，但要防止内应力增大，必要时可采用调整式浇口

1.3.4 PE（聚乙烯）的注塑性能

PE（聚乙烯）为常见的工程塑料，是由乙烯单体自由基聚合而成的聚合物，根据聚乙烯密度的大小不同，又分为低密度聚乙烯（LDPE）和高密度聚乙烯（HDPE）。

聚乙烯是无臭、无味及无毒的可燃性塑料，具有比较高的机械强度，耐腐蚀性、电绝缘性（尤其高频绝缘性）优良，可以氯化、辐照改性，可用玻璃纤维增强。

（1）低密度聚乙烯（LDPE）

低密度聚乙烯（LDPE）又称高压聚乙烯，是聚乙烯中密度较小的品种，一般呈乳白色，为无味、无臭、无毒、表面无光泽的蜡状颗粒。LDPE具有良好的柔软性、延伸性、电绝缘性、透明性、易加工性和一定的透气性，化学稳定性能较好，耐碱、耐一般有机溶剂。

LDPE的典型应用场合为包装产品，如调味料、糕点、糖、蜜饯、饼干、奶粉、茶叶、鱼肉松等食品的包装盒；片剂、粉剂等药品的包装瓶；衬衫、服装、针织棉制品及化纤制品等纤维制品的包装袋；洗衣粉、洗涤剂、化妆品等日化用品包装袋、包装瓶等，如图1-9所示。

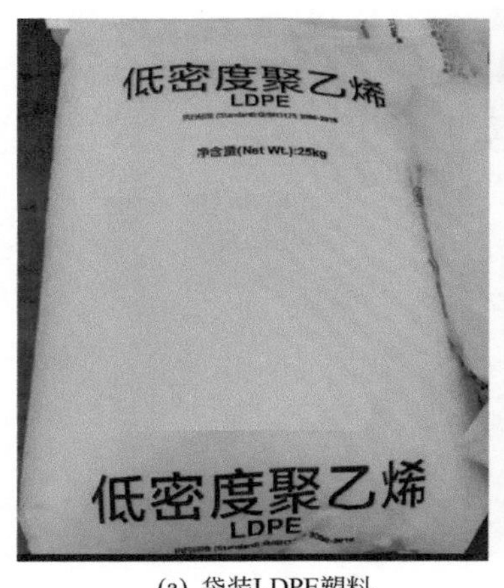

(a) 袋装LDPE塑料

(b) 洗衣液瓶子

图1-9　LDPE及其制品

LDPE的注塑参数如表1-3所示。

表 1-3　LDPE 的注塑参数

参数	说　明
干燥处理	一般不需要进行干燥处理
熔融温度	160～220℃
模具温度	30～40℃；为了实现冷却均匀以及较快地冷却，建议冷却回路的水道直径大于 8mm，并且从冷却回路到模具表面的距离不要超过冷却回路直径的 1.5 倍
注射压力	最大可到 150MPa
保压压力	最大可到 75MPa
注射速度	一般采用快速注射速度
流道和浇口	可以使用各种类型的流道和浇口，LDPE 适合采用热流道注塑成型

（2）高密度聚乙烯（HDPE）

HDPE 一般无毒、无味，结晶度为 80%～90%，软化点为 125～135℃，使用温度可达 100℃；硬度、拉伸强度和蠕变性优于低密度聚乙烯；耐磨性、电绝缘性、韧性及耐寒性较好；化学稳定性好，在室温条件下，不溶于有机溶剂，耐酸、碱和各种盐类的腐蚀；HDPE 薄膜对水蒸气和空气的渗透性小，吸水性低。HDPE 耐老化性能差，耐环境应力开裂性不如 LDPE，特别是热氧化作用会使其性能下降，所以实际生产中需加入抗氧剂和紫外线吸收剂等来改善这方面的不足。

HDPE 的典型应用场合有包装薄膜、绳索、水管，一级注塑强度要求不高的日用品及外壳、非承载荷构件、塑料箱、周转箱等，如图 1-10 所示。

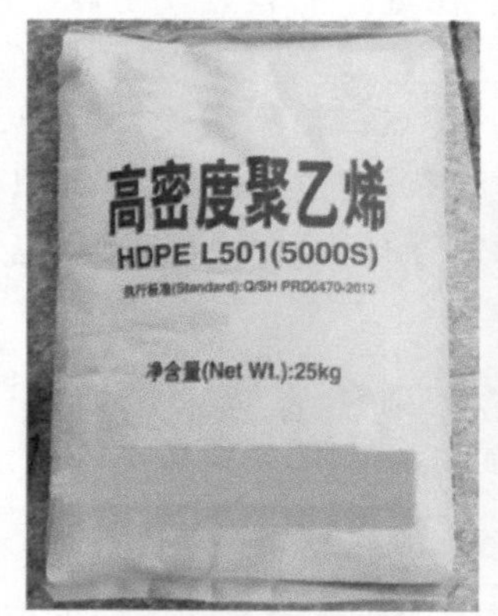

(a) 袋装HDPE塑料

(b) 周转箱

图 1-10　HDPE 及其制品

HDPE 的注塑参数如表 1-4 所示。

表 1-4　HDPE 的注塑参数

参数	说　明
干燥处理	因 HDPE 是烯烃类塑料，不吸水，故注塑生产时一般不需进行烘干，但为了保证产品质量，可用 60℃温度烘干 1h，以排出浮水
熔融温度	HDPE 熔点为 142℃，分解温度为 300℃；注塑温度的可调区间较大；注塑时，熔融温度大多采用 180～230℃

续表

参数	说　明
模具温度	一般为 50～90℃，6mm 以上壁厚的塑件应使用较低的模具温度，塑件冷却温度应当均匀，以减小收缩率的差异；为了取得合理的成型周期，冷却水道的直径应不小于 8mm，并且距模具表面的距离应在 1.3d 之内（d 为冷却回路的直径）
注射压力	一般为 70～105MPa
注射速度	大多使用高速注塑
流道和浇口	HDPE 的熔体黏度大，流长比小，薄壁制品可能出现缺胶现象，因此，浇口和流道应设计相对较大一些，流道直径应在 ϕ4～7.5mm 之间，流道长度尽可能短些；HDPE 可以使用各种类型的浇口，浇口长度一般不要超过 0.75mm；HDPE 的收缩率一般为 1.5%～3.6%，溢边值为 0.05mm；此外，HDPE 特别适合采用热流道系统
其他	HDPE 制品易带静电，表面易吸附尘埃，因此制品脱模后应尽快做好包装隔离措施

1.3.5 PA（尼龙）的注塑性能

PA 的中文名称为聚酰胺，俗称尼龙（Nylon），是人们较早开发使用的塑料，其注塑制品可以取代部分金属，满足轻量化、降低成本的要求。根据 PA 中具体的分子结构不同，可制得多种不同的聚酰胺，聚酰胺品种多达几十种，其中以 PA66（尼龙 66）和 PA6（尼龙 6）的应用最为广泛。

（1） PA66（尼龙 66）

PA66 是 PA 系列中机械强度最高、应用最广的品种，因其结晶度高，故其刚性、耐热性都较高。PA66 典型的应用场合包括高温电气插座零件、齿轮、轴承、滚子、弹簧支架、滑轮、螺栓、叶轮、风扇叶片、螺旋桨、高压封口垫片、阀座、输油管、储油容器、绳索、扎带、传动带、电池箱、绝缘电气零件等，上述零件均可以选用 PA66 通过注塑成型的方法进行生产，如图 1-11 所示。

(a) 袋装PA66塑料

(b) 脚轮

图 1-11　PA66 及其制品

PA66 有较高的熔点，是一种半晶体-晶体材料，在较高温度下也能保持较高的强度和刚度。PA66 在成型后仍然具有吸湿性，其吸湿程度主要取决于材料的组成、壁厚以及环境条件，因此在产品设计时，一定要考虑吸湿性对产品几何稳定性的影响。为了提高

PA66的机械特性，经常加入各种各样的改性剂，玻璃纤维（Fiberglass，FB）就是最常见的添加剂，有时为了提高抗冲击性还加入合成橡胶。

PA66的黏性较低，因此流动性很好（但不如PA6），该性质可以用来注塑出壁厚很小、很薄的零件，其黏度对温度变化很敏感。PA66的收缩率为1%～2%，加入玻璃纤维添加剂可以将收缩率降低到0.2%～1%。

值得注意的是，PA66收缩率在流动方向和与流动方向相垂直方向上的差异是比较大的。

PA66的注塑参数如表1-5所示。

表1-5 PA66的注塑参数

参数	说明
干燥处理	PA66有很强的吸水性能，因此注塑前必须进行彻底的干燥处理，建议在85℃的热空气中干燥处理；如果空气湿度大于0.2%，还需要进行105℃、12h以上的真空干燥
熔融温度	对结晶型PA66，实验表明其有清晰的熔点，熔点在259～267℃的范围内波动，实际生产中大多取264℃
模具温度	建议80℃，模具温度将影响结晶度，而结晶度将影响产品的物理特性。对于薄壁制品，如果使用低于40℃的模具温度，则塑件的结晶度将随着时间而变化。为了保持塑件的几何稳定性，需要进行退火处理
注射压力	通常在75～125MPa之间选取，具体数值取决于具体的制品结构，产品结构越复杂，注射的压力就应越大
注射速度	应采用高速注射，但如果是经玻璃纤维增强后的PA66，则注射速度应相应降低一些
流道和浇口	由于PA66的凝固时间很短，因此浇口的位置非常重要，浇口孔径不要小于0.5t（t为塑件厚度）。如果使用热流道，浇口尺寸应比使用常规流道小一些，因为热流道能够阻止材料过早凝固。如果采用潜伏式浇口，浇口的最小直径应当为0.75mm

（2）PA6（尼龙6）

PA6的化学物理特性和尼龙66很相似，然而，其熔点较低，而且工艺温度范围很宽。PA6的抗冲击性和抗溶解性比PA66要好，但吸湿性也更强。因为塑料制品的许多功能特性都要受到吸湿性的影响，因此使用PA6设计产品时要充分考虑到这一点。为了提高PA6的机械特性，经常加入各种各样的改性剂，玻璃纤维就是最常见的添加剂，有时为了提高抗冲击性还加入合成橡胶，如EPDM（三元乙丙橡胶）和SBR（丁苯橡胶）等。对于没有添加剂的产品，PA6原料的收缩率为1%～1.5%，加入玻璃纤维添加剂可以使收缩率降低到0.3%（但和流动方向相垂直的方向还要稍高一些）。

由于PA6不但具有高耐热性、耐磨、自润滑等特点，还具有耐化学腐蚀性的优良性能。其一般用作改性材料的基体，经添加玻璃纤维、阻燃剂、增韧剂等助剂改性后生产出的改性产品，广泛用于汽车、电动工具、电子电器、机械、家具和玩具等行业，如图1-12所示。

PA6的注塑参数如表1-6所示。

表1-6 PA6的注塑参数

参数	说明
干燥处理	由于PA6很容易吸收水分，因此注塑成型前需要进行严格的干燥处理，如果材料是用防水材料包装供应的，则容器应保持密闭。干燥的方法一般是在80℃以上的热空气中干燥16h以上。如果塑料已经在空气中暴露超过8h，则建议进行105℃、8h以上的真空烘干

续表

参数	说　明
熔融温度	一般料筒恒温设置为220℃
模具温度	理论上可以在60～100℃范围内选择。由于模具温度显著地影响结晶度，而结晶度又影响着塑件的机械特性，因此，对于采用PA6的结构零件而言，其结晶度很重要，因此建议模具温度为80～90℃。对于薄壁、流程较长的PA6制品，也建议采用较高的模具温度，因为升高模具温度可以提高塑件的强度和刚度
注射压力	一般为100～160MPa。如果注塑薄壁、长流道的制品（如尼龙扎带），则需要达到180MPa左右的压力
保压压力	一般采用注射压力的50%。由于PA6凝结相对较快，因此较短的保压时间已足够，同时，降低保压压力可减少制品的内应力
背压	一般采用2～8MPa，但需要准确调节，因为背压太高会造成塑化不均匀
注射速度	建议采用相对较快的注射速度；但需要模具设置良好的排气系统，否则容易因排气不顺畅导致制品上出现烧焦的现象
流道与浇口	采用针点式、潜伏式、片式和直浇口均可以。也可使用热流道，由于PA6可加工温度范围较窄，热流道应提供闭环温度控制。由于PA6的凝固时间很短，因此浇口的位置非常重要，浇口孔径一般不能小于$0.5t$（t为塑件壁厚）。如果使用热流道，浇口尺寸应比使用常规流道小一些，因为热流道能够阻止材料过早凝固。如果采用潜伏式浇口，浇口的直径可小至$\phi 0.75$mm
其他	PA6注塑时可以采用标准螺杆，如采用特殊几何尺寸的螺杆，则有较高塑化能力。对于加入了玻璃纤维的增强PA6，则需要高耐磨的金属料筒和螺杆

(a) PA6原料　　(b) 发动机进气歧管

图1-12　PA6及其注塑制品

1.3.6　PS（聚苯乙烯）的注塑性能

PS（聚苯乙烯）包括普通聚苯乙烯（PS）、发泡聚苯乙烯（EPS）、高抗冲聚苯乙烯（HIPS）及间规聚苯乙烯（SPS）等类型。普通聚苯乙烯（PS）为无毒、无臭、无色的透明颗粒，似玻璃状脆性材料，其制品具有极高的透明度，透光率可达90%以上，电绝缘性能好，易着色，加工流动性好，刚性好，耐化学腐蚀性好。PS的不足之处在于脆性大、冲击强度低，容易出现应力开裂，耐溶剂性、耐氧化性较差，耐热性差及不耐沸水等。

PS容易加工成型，可广泛用于轻工、日用装潢、照明指示和包装等方面。在电气工程领域，PS更是良好的绝缘材料和隔热保温材料，可以制作各种仪表外壳、灯罩、仪器零件、透明薄膜、电容器介质层等，如图 1-13 所示。

(a) 袋装PS塑料

(b) 台灯灯罩

图 1-13　PS 及其制品

PS 的注塑参数如表 1-7 所示。

表 1-7　PS 的注塑参数

参数	说　明
注塑成型时的优点	PS 在熔融时的热稳定性和流动性非常好，所以易成型加工，特别适合大量生产；成型收缩率小，成型品尺寸稳定性好
烘干	一般不需要烘干，如果空气特别潮湿且原料储存条件不好，在 80℃下烘干 1h 即可
熔融温度	PS 的熔融温度为 140～180℃，分解温度在 300℃以上。PS 的力学性能随温度的升高明显下降，耐热性较差，因而连续使用温度为 60℃左右，最高不宜超过 80℃。热导率低，为 0.04～0.15W/(m·K)，几乎不受温度而变化，因而具有良好的隔热性
模具温度	一般在 30～50℃之间选取
注射压力	由于 PS 具有良好的流动性，故应避免采用过高的注射压力，一般采用 80～140MPa
保压压力	一般采用注射压力的 30%～60%，并采用较短的保压时间
背压	一般采用 5～20MPa。背压太低时，熔体中容易产生气泡
注射速度	一般采用高速注射
流道与浇口	可以采用针点式浇口、侧浇口等常见浇口，也可以采用热流道系统，且对模具流道无特殊要求

1.3.7　PC（聚碳酸酯）的注塑性能

PC（聚碳酸酯）是无色透明的玻璃态的无定形聚合物，有很好的光学性能。PC 有很高的韧性，冲击强度高达 600～900J/m，热变形温度大约为 130℃，玻璃纤维增强后可使这个数值增加 10℃。PC 的弯曲模量可达 2400MPa 以上，可加工成大尺寸的刚性制品；低于 100℃ 时，PC 在负载下的蠕变率很低；PC 具有阻燃性和抗氧化性。

PC 的性能缺陷主要是耐水解稳定性不高，对缺口敏感，耐刮痕性较差，长期暴露于紫外线中会发黄，且容易受某些有机溶剂的侵蚀。

PC 的应用领域主要有汽车、电子、电器等，此外，用 PC 制作的板材可以用作飞机舱罩、照明设备、工业安全挡板和防弹玻璃等；用 PC 生产的瓶子、容器具有透明、重量轻、抗冲性好、耐一定的高温和耐腐蚀溶液洗涤等优点；而用 PC 注塑的零件则具有良好的抗冲击、抗热畸变性能，而且耐候性好、硬度高，因此广泛用于生产汽车各种零部件，如汽车的大灯灯罩、仪表板、加热板、除霜器及 PC＋PP 合金制作的保险杠等，如图 1-14 所示。

(a) 袋装PC塑料

(b) 车灯灯罩

图 1-14　PC 塑料及其制品

PC 的注塑参数如表 1-8 所示。

表 1-8　PC 的注塑参数

参数	说　明
烘干	PC 在注塑前进行干燥处理，一般采用烘干温度 115～120℃、烘干时长 16～20h，物料在料盘上厚度为 30mm 以下，使塑料含水量在 0.03%以下
熔融温度	料筒前段温度一般为 250～310℃，中段为 240～280℃，后段为 230～250℃
模具温度	一般为 70～120℃，具体的温度视制品的形状、厚薄而定。适当提高模具温度有利于脱模，可提高产品质量
注射压力	注射压力视制品的形状和尺寸而定，柱塞式注塑机一般为 100～160MPa，螺杆式注塑机为 70～140MPa
保压	一般采用注射压力的 50%～60%，并采用相对较长的保压时间
背压	应设置相对小一些，一般多采用 5～10MPa
注射速度	一般采用中、低速注射，有条件的注塑机应采取多级注射，采用慢—快—慢的注射方法
流道与浇口	可以采用侧浇口、搭接浇口、潜伏式等常见浇口
其他	对于形状复杂、带有金属嵌件、使用温度极低或很高的制品，有必要进行后处理，以消除或减少内应力。具体的方法是，把制品置于烘干箱后开始升温，由室温升至 100～105℃时保温 10～20min，继续升温至 120～125℃时保温 30～40min，然后缓慢冷却至 60℃以下取出

1.3.8　PP（聚丙烯）的注塑性能

PP（聚丙烯）是一种无色、无臭、无毒、半透明的热塑性塑料，具有耐化学腐蚀、耐热、电绝缘性好、力学性能好（特别是耐疲劳性能优良）等优点，也是一种注塑性能良好的塑料，自问世以来，迅速在机械、汽车、电子电器、建筑、纺织、包装、农林渔业和食品工业等众多领域得到广泛的应用。

PP 的缺点是在低温下的抗冲击性能差、耐候性不佳、表面装饰性差等。针对这些不足，可以向 PP 基体中添加有机或无机助剂等以得到性能优异的 PP 复合材料，主要包括填充改性、共混改性等。

PP 的用途较为广泛，主要用作汽车、电器的零部件，以及各种容器、家具、包装材料和医疗器材等，如图 1-15 所示。

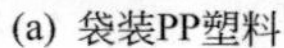

(a) 袋装PP塑料　　(b) 轿车车门内饰板

图 1-15　PP 塑料及其制品

PP 的注塑参数如表 1-9 所示。

表 1-9　PP 的注塑参数

参数	说　明
塑料的前期处理	纯 PP 是半透明的象牙白色，可以染成各种颜色，在一般注塑机上只能用色母料进行染色。户外使用的制品，一般使用 UV 稳定剂和炭黑填充。再生料的使用比例不能超过 15%，否则会引起强度下降和分解变色。PP 注塑加工前一般不需特别的干燥处理
注塑机选用	PP 对注塑机的选用没有特殊要求，但由于 PP 具有高结晶性，因此需采用注射压力较高及可多段控制的注塑机，锁模力一般按 $3800t/m^2$ 来确定
模具及浇口设计	模具温度为 50～90℃。对于尺寸精度要求较高的制品，应选用较高的模温；同时，型芯温度应比型腔温度低 5℃ 以上，流道直径一般为 4～7mm，针点形浇口长度为 1～1.5mm，直径可小至 0.7mm。边形浇口长度越短越好，约为 0.7mm，深度为壁厚的一半，宽度为壁厚的 2 倍，并随熔体流动长度的增加而增加。模具必须有良好的排气性，排气孔深 0.025～0.038mm，厚 1.5mm。要避免收缩痕，就要用大而圆的浇口及圆形流道，加强筋的厚度要小（一般取壁厚的 50%～60%）。均聚 PP 注塑的产品，厚度不能超过 3mm，否则会有气泡（厚壁制品只能用共聚 PP）
熔融温度	PP 的熔点为 160～175℃，分解温度为 350℃，但在注塑加工时温度设定不能超过 275℃，熔融段温度一般设置为 240℃
注射速度	为减少内应力及变形，应选择高速注射，但有些等级的 PP 和模具不适用（容易出现气泡、气纹等缺陷）。如刻有花纹的表面出现由浇口扩散的明暗相间条纹，则要用低速注射和较高的模温
背压	可用 0.5MPa 背压，添加有色粉料时，背压可适当调高
注射及保压	应采用较高注射压力（150～180MPa）和保压压力（约为注射压力的 80%），在全行程的 95% 时应转为保压，并用较长的保压时间
制品的后处理	为防止后结晶产生的收缩变形，必要时可将制品经热水浸泡处理

1.3.9　PVC（聚氯乙烯）的注塑性能

PVC（聚氯乙烯）是由氯乙烯单体经聚合反应聚合而成的聚合物，是目前产量最大的通用塑料，应用非常广泛，在建筑材料、工业制品、日用品、地板革、地板砖、人造革、管材、电线电缆、包装膜、瓶、发泡材料、密封材料、纤维等方面均有应用，如图1-16所示。

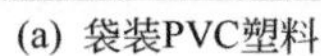
(a) 袋装PVC塑料

(b) 插头

图 1-16 PVC 塑料及其制品（插头）

PVC 一般为无定形结构的白色粉末，支化度较小，玻璃化温度为77～90℃，170℃左右开始分解，对光和热的稳定性差，在100℃以上或经长时间阳光暴晒，就会分解而产生氯化氢（HCl），并进一步自动催化分解，引起变色，物理力学性能也迅速下降，在实际应用中必须加入稳定剂，以提高其对热和光的稳定性。

PVC 为半透明状，有光泽，其透明度好于 PE、PP，差于 PS，随助剂用量不同，分为软质 PVC 和硬质 PVC。软质 PVC 制品柔而韧，手感黏。硬质 PVC 制品的硬度高于 LDPE，低于 PP，在曲折处会出现白化现象；硬质 PVC 制品性能稳定，不易被酸、碱腐蚀，对热比较耐受。

PVC 对光、热的稳定性较差，软化点为 80℃，于 130℃开始分解。在不加热稳定剂的情况下，PVC 在 100℃时即开始分解，130℃以上分解更快。受热分解放出氯化氢气体（氯化氢气体是有毒气体）使其变色，经历白色→浅黄色→红色→褐色→黑色的变色过程。阳光中的紫外线和氧会使 PVC 发生光氧化分解，因而使 PVC 的柔性下降，最后发脆。这就是一些 PVC 塑料时间久了就会变黄、变脆的原因。

PVC 的注塑参数如表 1-10 所示。

表 1-10 PVC 的注塑参数

参数	说　明
干燥	由于氯离子的存在，PVC 材料会略微吸收水分，因此在注塑开始前必须在 75～90℃的温度条件下干燥约 1.5～2.5h
熔融温度	熔融温度是 PVC 加工最重要的工艺参数之一。如果没有设定合适的温度，可能会导致 PVC 分解。常见的料筒温度设置为：前段 160～170℃，中段 160～165℃，后段 140～150℃。由于 PVC 是无定形聚合物，其不具有明确的熔点，通常在加热到 120～145℃时会熔化，但在 150℃时会释放出氯化氢（HCl）烟雾，加热到 180℃时会释放出大量的 HCl，这会导致塑料在产品表面变成黄色或产生黑色斑点，此外，HCl 会腐蚀模具腔体，因此需要经常清洗模具的模腔和注塑机的边角 由于 PVC 在注塑过程中会释放出有害气体 HCl，因此在加工之前需要添加一定的热稳定剂，这导致注塑时可调节的温度范围很窄。在注塑成型过程中，常用温度为 140～160℃；有时温度可达 190℃，但注射时间应保持在 20min 以内，否则材料会严重分解。由于材料注射温度接近分解温度，在注射期间，温度应保持尽可能低并且注射周期尽可能短，以便减少材料留在料筒中的时间

续表

参数	说　明
模具温度	一般设置为40～60℃，实际生产中一般让模具温度尽可能低，以缩短注射周期，减少小而薄的塑件产生变形
流道及浇口	PVC的流动性一般，因此模具浇口和浇道应尽可能大、短、厚，以尽量减少压力损失并尽快填充模腔。总而言之，应用高压和低温更合适PVC的注塑成型
注射速度	大多采用中、低速度进行
其他	注射压力可达150MPa；保压可达100MPa

1.3.10　PBT（聚对苯二甲酸丁二酯）的注塑性能

PBT（聚对苯二甲酸丁二酯）为乳白色半透明或不透明、半结晶型热塑性塑料，具有高耐热性，但不耐强酸、强碱，能耐有机溶剂，可燃，高温下分解。

实际生产中，PBT大部分被加工成配混料使用，经过各种添加剂的改性，与其他树脂共混可以获得良好的耐热、阻燃、电绝缘等综合性能及良好的加工性能。PBT广泛用于电器、汽车、飞机、通信、家电等工业领域。例如，PBT经玻璃纤维等改性后，可用于制造要求长期在较高温度的工况下且尺寸要求稳定性高的电子零部件；PBT的击穿电压高，适用于制作耐高电压的零部件。此外，由于PBT熔融状态的流动性好，适合注塑成复杂结构的电气零件，如集成电路的插座、印刷线路板、计算机键盘、电气开关、熔断器、温控开关、保护器、电工工具外壳等，如图1-17所示。

(a) 袋装PBT塑料

(b) 散热风扇

图1-17　PBT塑料及其制品

PBT的注塑参数如表1-11所示。

表1-11　PBT的注塑参数

参数	说　明
烘干	PBT的吸湿性较小，但在高温下对水分比较敏感，成型加工时会使PBT分子降解，色泽变深，表面产生斑痕，故通常应进行干燥处理。干燥常用的方法是在100℃左右的热风环境下烘干1～2h
料筒温度	料筒温度的选择对PBT的成型十分重要，如温度过低，塑化不良，会造成制品缺料、凹陷，收缩不均和无光泽等现象；而温度过高，会造成喷嘴流涎严重，溢边，色泽变深，甚至降解。通常，料筒温度控制在240～280℃，玻璃纤维增强PBT的料筒温度控制在230～260℃为宜

续表

参数	说　明
模具温度	模温与制品的尺寸稳定性、翘曲变形、成型周期和结晶度有直接关系。PBT易于结晶，即使在常温下结晶也很快，故模具温度不需要太高，通常为40～60℃，而玻璃纤维增强PBT的模温稍高，通常为60～80℃
注射压力与速度	PBT熔体黏度低，流动性好，可采用中等程度的注射压力，一般为60～90MPa，玻璃纤维增强PBT为80～100MPa。通常注射压力随塑件厚度的增加而加大，但不要超过100MPa，否则会使脱模困难。由于PBT成型加工范围较窄，冷却时结晶很快，加之流动性好，特别适于快速注射
流道及浇口	成型PBT的模具，其流道在可能的情况下以短粗为佳，以圆形流道效果最好。一般改性和未改性的PBT均可用普通流道，但玻璃纤维增强PBT应用热流道成型才能有好效果。由于点浇口和潜伏式浇口对熔体的剪切作用大，能降低PBT熔料的表观黏度，有利于成型，因此是生产实际中经常采用的浇口，浇口直径应以偏大为好；同时，浇口最好正对型芯腔或型芯，这样可以避免喷射，并使熔料在模腔中流动时回补最小，否则，制品容易产生表面缺陷

1.3.11 POM（聚甲醛）的注塑性能

POM（聚甲醛），又名缩醛树脂、聚氧化亚甲基、聚缩醛，是热塑性结晶型高分子聚合物，被誉为“超钢”或者“赛钢”。POM是一种表面光滑、有光泽的硬而致密的材料，呈淡黄或白色，可在－40～100℃范围内长期使用。POM的耐磨性和自润滑性也比绝大多数工程塑料优越，又有良好的耐油、耐过氧化物性能，但很不耐酸、不耐强碱和不耐太阳光紫外线的辐射。

POM的拉伸强度达70MPa，吸水性小、尺寸稳定、有光泽，这些性能都比尼龙好，POM为高度结晶的塑料，在热塑性塑料中是最为坚韧的塑料之一，其抗热强度、弯曲强度、耐疲劳性强度均表现良好，耐磨性和电性能亦优良。

POM是一种坚韧有弹性的材料，即使在低温下仍有很好的抗蠕变特性、几何稳定性和抗冲击特性。POM既有均聚物材料也有共聚物材料。均聚物材料具有很好的延展强度、抗疲劳强度，但不易于加工；共聚物材料有很好的热稳定性、化学稳定性并且易于加工。无论均聚物材料还是共聚物材料，都是结晶性材料并且不易吸收水分。POM的高结晶程度导致它有相当高的收缩率，可达到2％～3.5％。

POM具有类似金属的硬度、强度和刚性，在很宽的温度和湿度范围内都具有很好的自润滑性、良好的耐疲劳性，并富于弹性，此外它还有较好的耐化学品性。POM以低于其他许多工程材料的成本，正在替代一些传统上被金属所占领的市场，如替代锌、黄铜、铝和钢制作许多部件。自问世以来，POM已经广泛应用于电子电气、机械、仪表、日用轻工、汽车、建材、农业等领域。在很多新领域的应用，如医疗技术、运动器械等方面，POM也表现出较好的增长态势，如图1-18所示。

POM的注塑参数如表1-12所示。

表1-12　POM的注塑参数

参数	说　明
干燥	在通常情况下，POM不需干燥就能注塑成型，但对潮湿原料必须进行干燥，干燥温度以80℃为宜，干燥时间2h左右，具体要求应按供应商的技术要求进行

续表

参数	说　明
熔融温度	POM的熔融范围很窄，表现出热稳定性较差的现象。料筒温度一般设置为180～210℃，当超过240℃或者在允许温度下长时间受热，均会引起分解，甚至焦化变黑。在200℃时，料筒内滞留超过60min，POM就会分解；而210℃时，30min就会分解。因此，成型中断时，应置换料筒内塑料，降低料筒温度。如果发生过热现象，应立即降低料筒温度，用新塑料置换过热的料
模具温度	控制在80～90℃较为合理
注射压力	POM熔点较为敏感，在注塑成型时，要想提高聚甲醛充模流动性，采取提高注射压力的方法比提高温度的方法有效。常用的注射压力为50～140MPa
注射速度	POM应采用中速偏快的速度进行注塑，过慢易产生波纹，过快易产生射纹和剪切过热
背压	背压越低越好，一般不超过20MPa
流道及浇口	流道直径一般为3～6mm，浇口长度为0.5mm，浇口大小要视制品壁厚度而定，圆形浇口直径至少应为制品厚度的0.5～0.6倍，长方形浇口的宽度通常是厚度的2倍或以上，深度为壁厚的0.6倍，脱模斜度为40′～1°30′较好

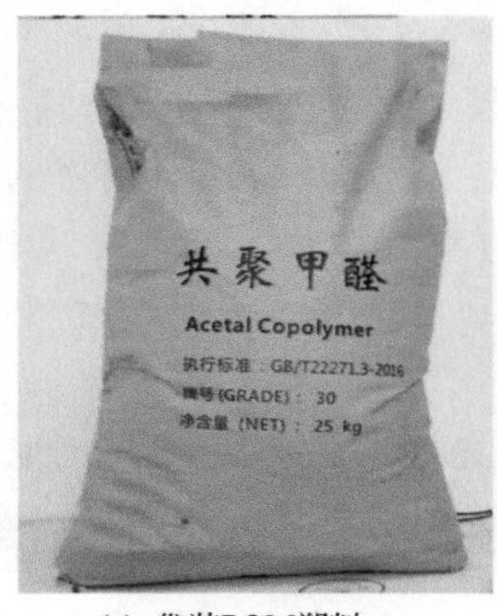

(a) 袋装POM塑料

(b) 热水阀门

图1-18　POM塑料及其制品

第2章

注塑机的类型及结构

2.1 ▸ 注塑机的组成

2.1.1 注塑机的基本结构

注塑机是一种机、电、液一体化的设备，总体结构较为复杂，具体的类型也较多，其中螺杆式注塑机应用最为广泛，其基本结构如图 2-1 所示。

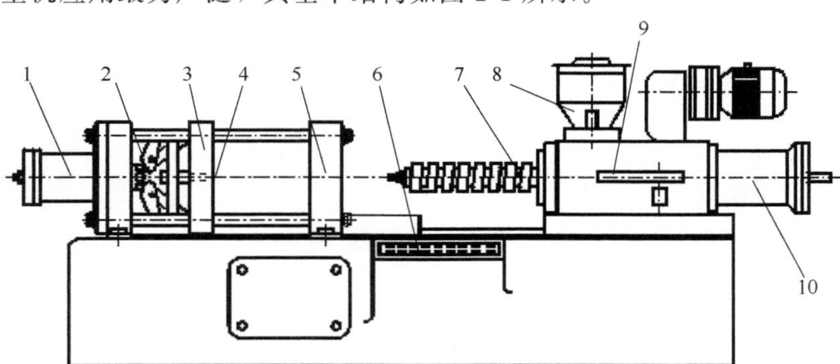

(a) 结构图

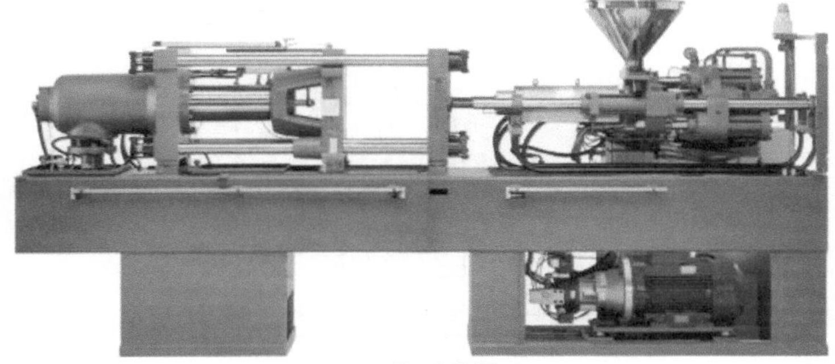

(b) 实物图

图 2-1 螺杆式注塑机

1—锁模液压缸；2—合模机构；3—移动模具安装板；4—顶杆；5—固定板；6—控制台；7—料筒；8—料斗；9—螺杆行程开关；10—注射液压缸

根据结构与功能的不同，一般把注塑机分为机身，注射、合模、液压、润滑、冷却系统，电气与控制系统，安全防护等装置或系统。如图 2-2 所示为海天牌注塑机的主要结构和系统。

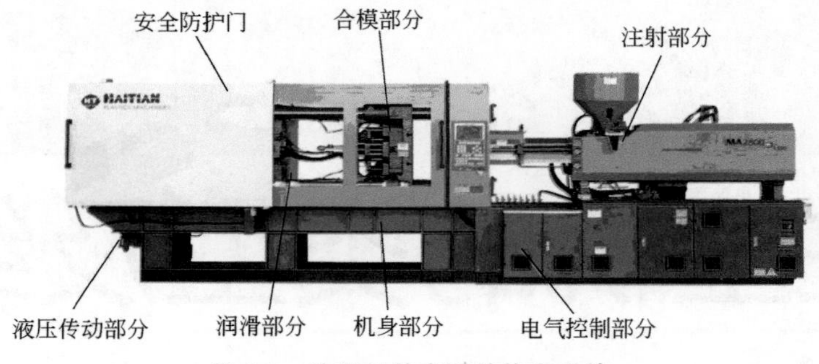

图 2-2　注塑机的主要结构和系统

2.1.2　注塑机的工作过程

不管注塑机的类型是哪一种，其工作过程基本是一样的，都是按照下述过程进行工作：塑化—合模—注射—保压—冷却定型—开模取出制品，如图 2-3 所示，上述过程循环进行，注塑生产即可以连续进行，如图 2-4 所示。

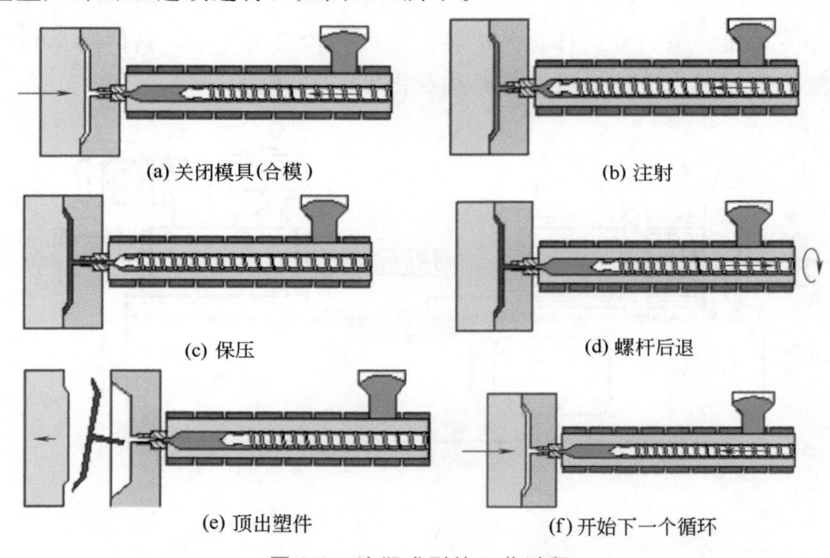

图 2-3　注塑成型的工艺过程

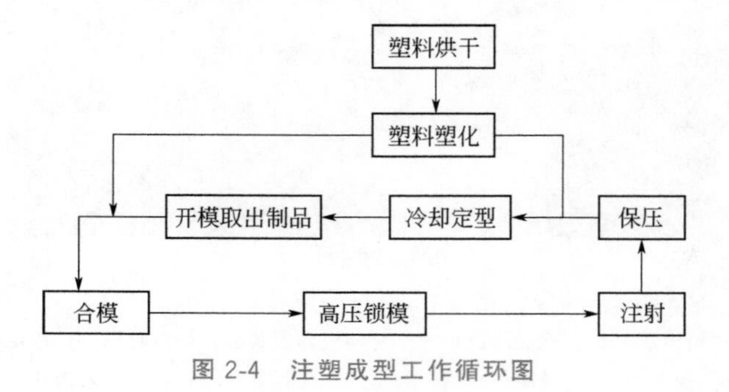

图 2-4　注塑成型工作循环图

2.2 ▸ 注塑机的类型

2.2.1 立式注塑机

立式注塑机如图 2-5 所示。立式注塑机的注塑装置与合模装置的轴线在同一直线上，并与水平面垂直。立式注塑机的优点是占地面积小，模具拆装方便，成型时嵌件的安放比较方便。缺点是机身比较高，机器的稳定性差，加料不方便，塑件脱模后通常靠人工取出，不容易实现全自动化操作。因此，这种形式多用于注塑量比较小的小型注塑机。

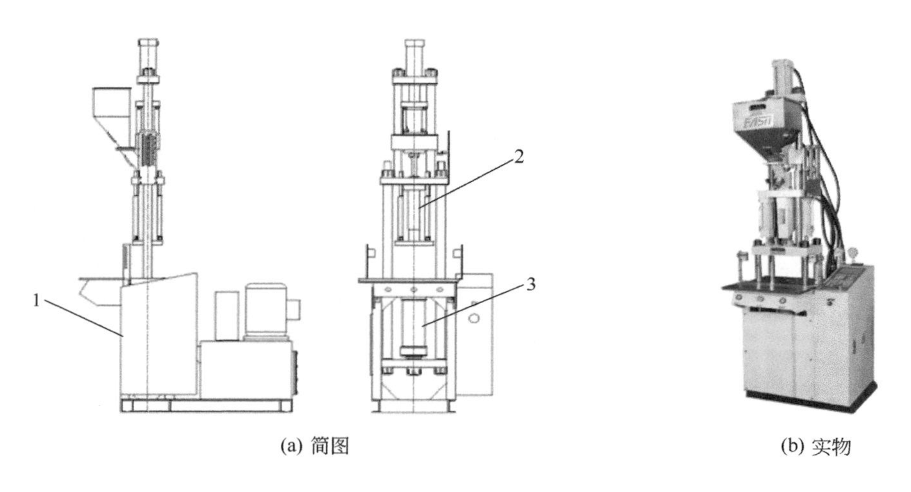

(a) 简图　　(b) 实物

图 2-5　立式注塑机

1—机身；2—注塑装置；3—合模装置

2.2.2 卧式注塑机

卧式注塑机如图 2-6 所示，卧式注塑机的注塑装置与合模装置的轴线重合，并呈水平排列。卧式注塑机的特点是机身低、机器的稳定性好、操作与维修方便。所以，卧式注塑机使用广泛，大、中、小型都适用，是目前国内外注塑机中的基本形式。

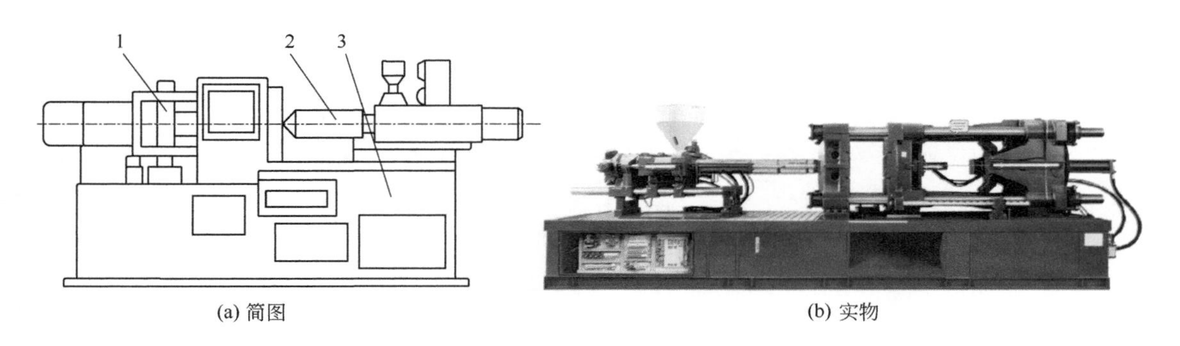

(a) 简图　　(b) 实物

图 2-6　卧式注塑机

1—合模装置；2—注塑装置；3—机身

2.2.3 角式注塑机

角式注塑机如图 2-7 所示。角式注塑机注塑装置的轴线与合模装置的轴线成 90°夹角。因此，角式注塑机的优缺点介于立、卧两类注塑机之间，使用也比较普遍，在大、中、小型注塑机中都有应用。它特别适合于成型中心不允许留有痕迹的塑件，因为使用立式或卧式注塑机成型塑件时，模具必须设计成多模腔或偏置一边的模腔。但是，这经常受到注塑机模板尺寸的限制。在这种情况下，使用角式注塑机就不存在该问题，因为此时熔料是沿着模具的分型面进入模腔的。

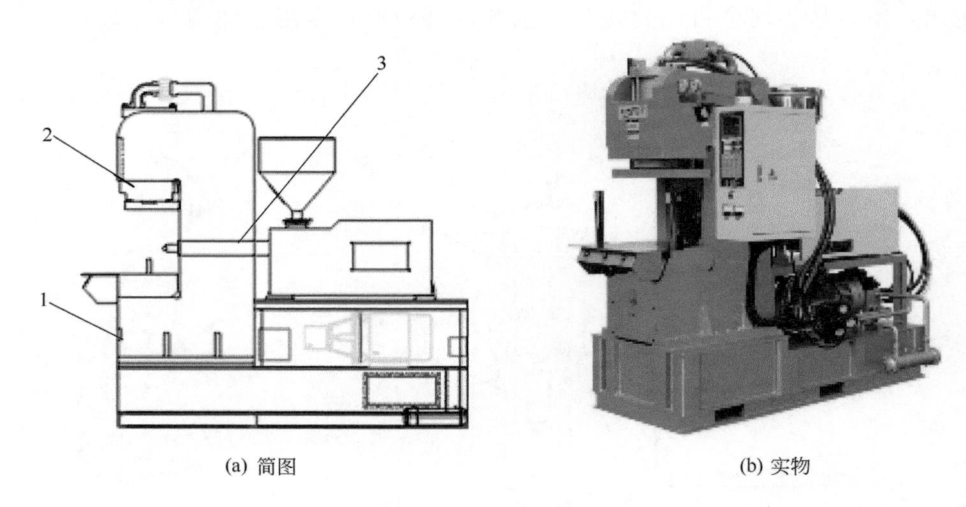

(a) 简图　　(b) 实物

图 2-7　角式注塑机

1—机身；2—合模装置；3—注塑装置

2.2.4 柱塞式注塑机

柱塞式注塑机如图 2-8 所示。柱塞式注塑机的工作原理是，先通过螺杆对塑料进行彻底加热、熔融、塑化后，再利用柱塞将熔体射入模具内。其优点是塑化、注射分开进行，柱塞与料筒的配合比较精密，熔体泄漏少，缺点是结构复杂。

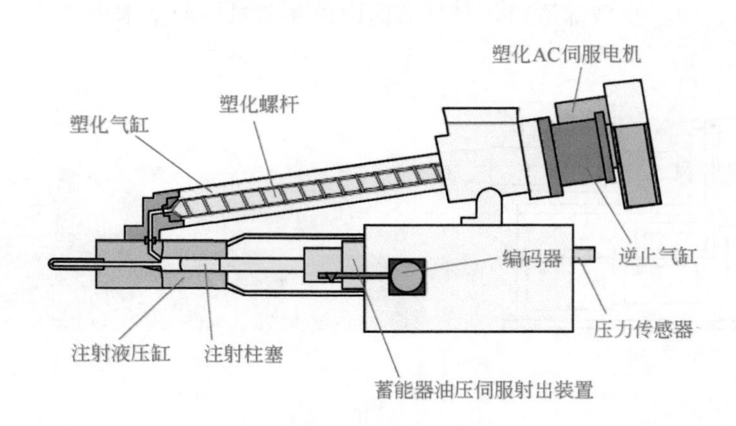

图 2-8　柱塞式注塑机

2.3 ▸ 注塑机的注射装置

2.3.1 注射装置的功能

注塑机的注射装置如图 2-9 所示。其工作过程是，注料斗中加入塑料原料，塑料从料斗落到加料座进入料筒加料口，在液压马达旋转力的带动下，螺杆转动，不断把熔融塑料推送到螺杆头前端，后经注射油缸推动，螺杆前移，止退环受注塑力的反作用后退封住螺杆螺槽，阻止熔融塑料逆向流动，从而将熔融塑料推出喷嘴口射入模具。

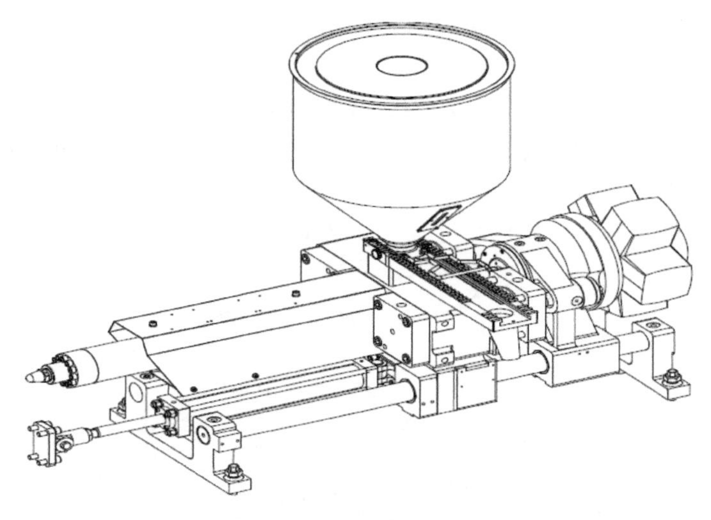

图 2-9　注射装置

2.3.2 注射装置的典型结构

（1）单缸注射——液压马达直接驱动式

单缸注射——液压马达直接驱动螺杆的基本结构形式，如图 2-10 所示。预塑时，液

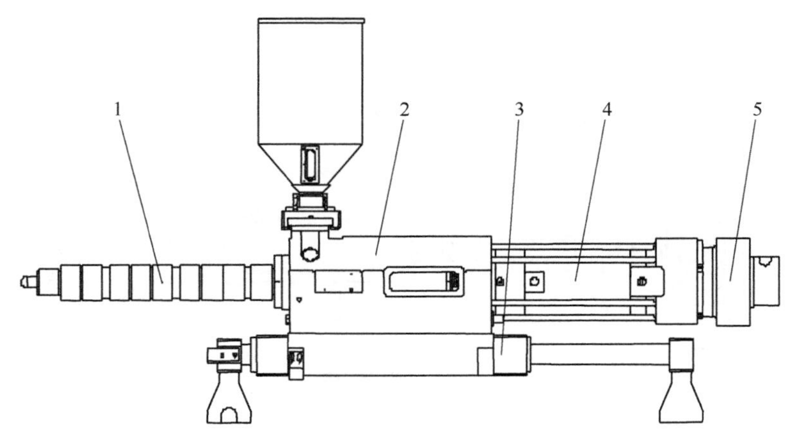

图 2-10　单缸注射——液压马达直接驱动注塑装置结构示意图

1—塑化机构；2—滚动轴承；3—注射油缸；4—整移油缸；5—液压马达

压马达 5 带动塑化机构 1 中的螺杆旋转，推动螺杆中的物料向螺杆头部的储料室内聚集，与此同时，螺杆在物料的反作用力下向后退，所以螺杆做的是边旋转边后退的复合运动（为了防止活塞随之转动，损害密封），在活塞和活塞杆之间装有滚动轴承 2，注射时，注射油缸 3 推动活塞杆前进。活塞杆一端与螺杆键连接，一端与油马达主轴套键连接，在防涎时，注射油缸拉动螺杆直线后移，从而降低螺杆头部的熔体压力，完成防涎动作。

此种结构的特点是，在注射活塞与活塞杆之间布置有滚动轴承和径向轴承，结构较复杂，由于螺杆、液压马达、注射油缸是一线式排列，导致轴向尺寸较大，注射座的尾部偏载因素加大，影响其稳定性。整移油缸 4 固定在注射座下部的机座上。现在许多注塑机常用两个整移油缸平排对称布置固定在前模板与注塑座之间，其活塞杆和缸体的自由端分别固定在前模板和注射座上，使喷嘴推力稳定可靠。

（2）单缸注射——伺服电机驱动式

单缸注射——伺服电机驱动螺杆注射装置的基本结构形式，如图 2-11 所示。此种装置的特点是，预塑时螺杆由伺服电机通过减速箱驱动螺杆，其转速可实现精确的数字控制，使螺杆塑化稳定，计量准确，从而提高了注射精度。伺服电机安装在减速箱的高速轴上，更加节能，但结构复杂，轴向尺寸加长，造成悬臂或重量偏载。而采用高速高精度的

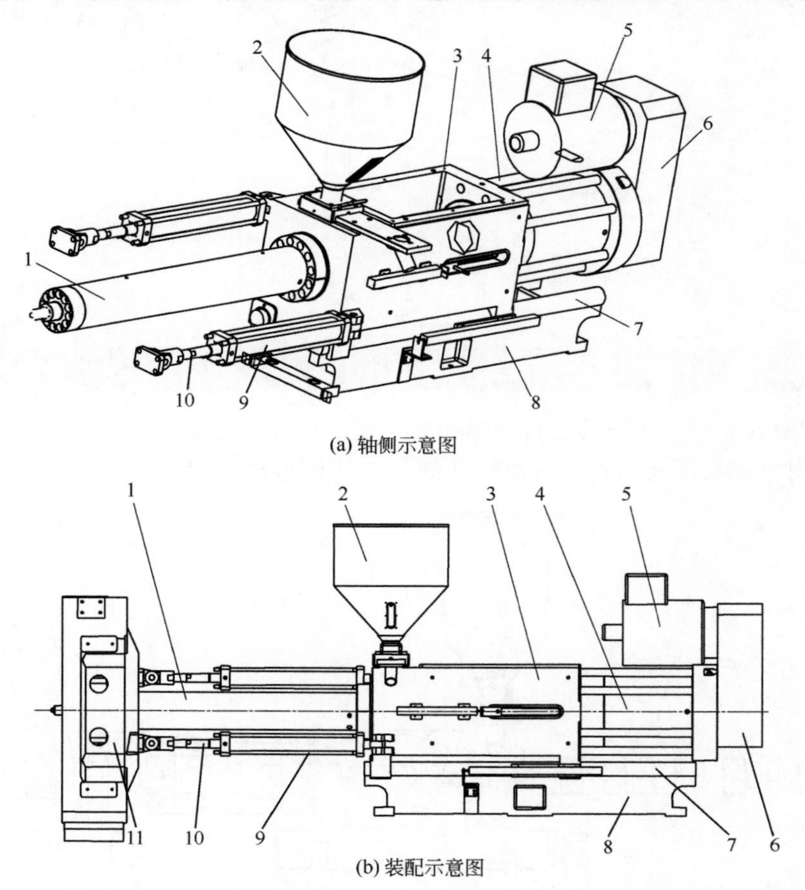

图 2-11 单缸注射——伺服电机驱动螺杆注塑装置示意图

1—塑化机构；2—料斗；3—注塑座；4—注射油缸；5—伺服电机；6—减速箱；7—导轨；8—底座；9—整移油缸；10—活塞杆；11—前模板

齿轮减速箱，则需提高制造成本，否则会加剧噪声。

（3）双缸注射——液压马达直接驱动式

双缸注射——液压马达直接驱动螺杆注射装置的基本结构形式，如图 2-12 所示。预塑时，在塑化机构 1 中的螺杆，通过液压马达 5 驱动主轴旋转，主轴一端与螺杆键连接，另一端与液压马达轴键连接。螺杆旋转时，塑化并将塑化好熔料推到螺杆前的储料室中，与此同时，螺杆在其物料的反作用下后退，并通过推力轴承使推力座 4 后退，通过螺母拉动双活塞杆直线后退，完成计量。注射时，注射油缸 3 的杆腔进油通过轴承推动活塞杆完成动作。活塞的杆腔进油推动活塞杆及螺杆完成注射动作。防涎时，油缸左腔进油推动活塞，通过调整螺母带动固定在推力座上的主轴套及其与之用卡箍相连的螺杆一并后退，四个调整螺母另一个作用是调整螺杆位于料筒中的轴向极限位置，完成防涎动作。

此种塑化装置的优点是轴向尺寸短，各部件重量在注射座上的分配均衡，工作稳定，便于液压管路和阀板的布置，使之与油缸及液压马达接近，管路短，有利于提高控制精度、节能等。

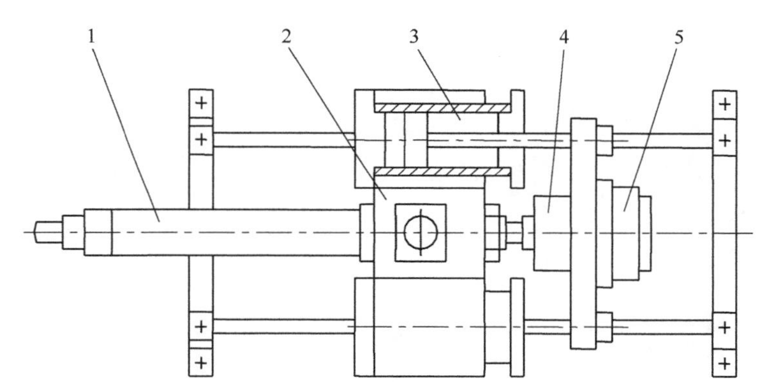

图 2-12　双缸注射——液压马达直接驱动螺杆注塑装置结构示意图

1—塑化机构；2—注射座；3—注射油缸；4—推力座；5—液压马达

（4）电动注射装置

电动注射装置如图 2-13 所示。其工作原理是，预塑时，螺杆由伺服电机驱动主轴旋

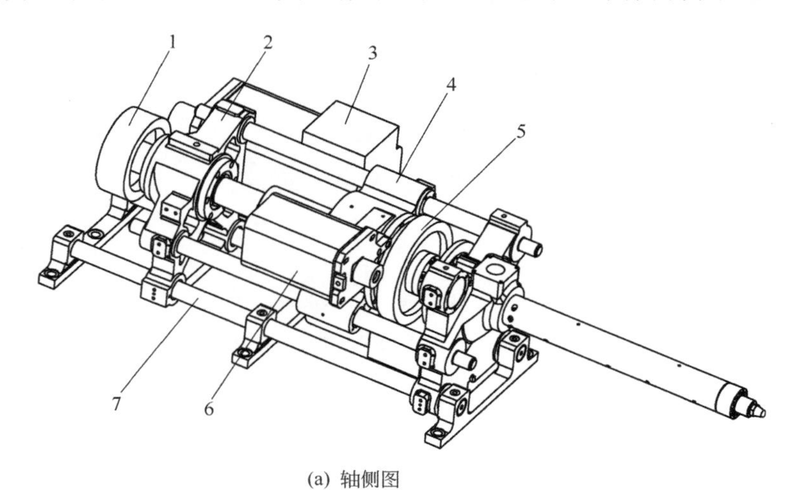

(a) 轴侧图

图 2-13

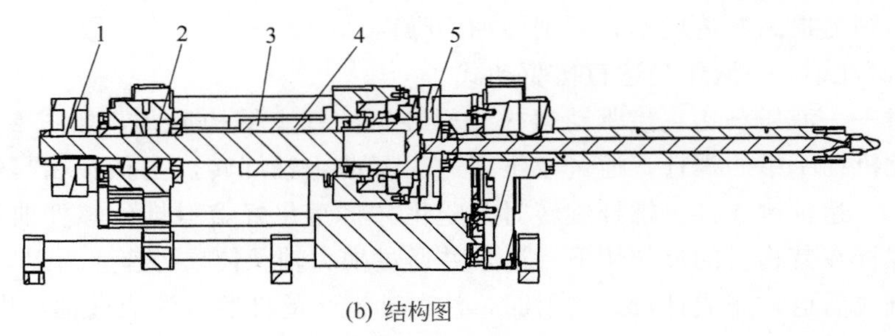

(b) 结构图

图 2-13　电动注射装置

1—同步轮；2—轴承座；3—注射伺服电机；4—传动轴；5—传动座；6—预塑伺服电机；7—导柱

转，主轴通过止推轴承固定在推力座上，与螺杆和带轮相连接。注射时，另一独立伺服电机通过同步带减速，驱动固定在止推轴承上的滚珠螺母旋转，使滚珠丝杠产生轴向运动，推动螺杆完成注射动作。防涎动作时，伺服电机带动螺母反转，螺杆直线后移，使螺杆头部的熔体卸压，完成防涎动作，如图 2-14 所示。

(a) 料筒前端视图

(b) 料筒后端视图　　(c) 伺服电机

图 2-14　FANUC 电动注射装置

1—料斗座；2—注射座；3—注射伺服电机；4—注射同步带及带轮；

5—注射座移动电机；6—注射座拉杆；7—预塑伺服电机

2.3.3　注射装置的关键部件——螺杆

螺杆是注射装置的关键部件，主要功能是对塑料原料进行搅拌、剪切并将熔融的塑料熔体注入模具内。螺杆的基本结构如图 2-15 所示，其几何参数将直接影响塑料的塑化质量、注射效率、使用寿命，并将最终影响注塑机的注塑成型周期和制品质量。普通螺杆螺纹有效长度（L）通常分成加料段（输送段，L_1）、压缩段（塑化段，L_2）、均化段（计量段，L_3）。

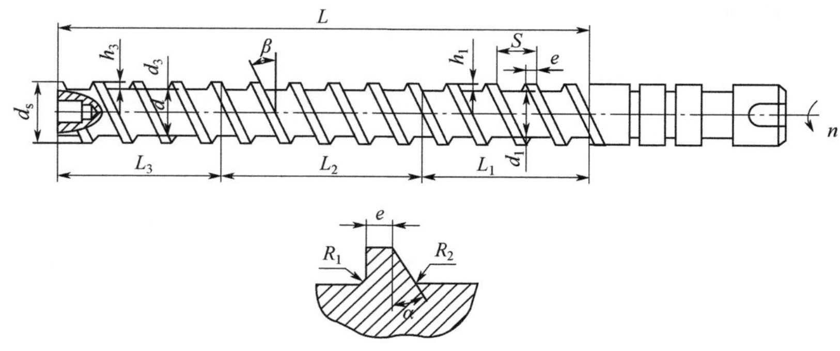

图 2-15　螺杆基本结构示意图

知识拓展

（1）螺杆的类型

根据塑料性质不同，可分为渐变型螺杆、突变型螺杆、通用型螺杆，如图 2-16 所示。

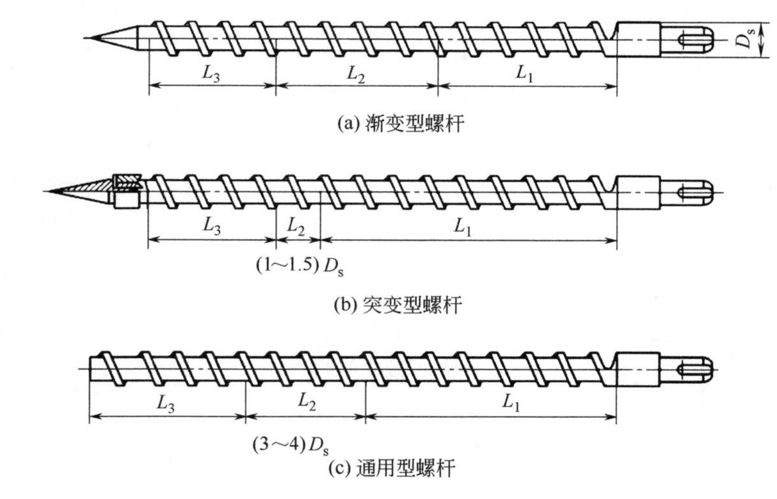

(a) 渐变型螺杆

(b) 突变型螺杆

(c) 通用型螺杆

普通螺杆各段长度

螺杆类型	加料段(L_1)	压缩段(L_2)	均化段(L_3)
渐变型	25%～30%	50%	15%～20%
突变型	65%～70%	15%～5%	20%～25%
通用型	45%～50%	20%～30%	20%～30%

图 2-16　螺杆的类型

① 渐变型螺杆。压缩段较长，塑化时能量转换缓和，多用于聚氯乙烯等，软化温度较宽的、高黏度的非结晶型塑料。

② 突变型螺杆。压缩段较短，塑化时能量转换较剧烈，多用于聚烯烃、聚酰胺类的结晶型塑料。

③ 通用型螺杆。适应性比较强的通用型螺杆，可适应多种塑料的加工，避免频繁更换螺杆，有利于提高生产效率。

（2）螺杆的压缩比（ε）

压缩比是指计量段螺槽深度（h_1）与均化段螺槽深度（h_3）之比。压缩比大，会增强剪切效果，但会减弱塑化能力，但过大的压缩比可能对塑料原料造成过度的剪切，导致原料老化、烧焦等不良现象。

对于通用型螺杆，ε 一般取 2.3～2.6；对于结晶型塑料，如聚丙烯、聚乙烯、聚酰胺以及复合塑料，ε 一般取 2.6～3.0；对于高黏度的塑料，如硬聚氯乙烯、丁二烯与 ABS 共混，高冲击聚苯乙烯、AS、聚甲醛、聚碳酸酯、有机玻璃、聚苯醚等，ε 一般取 1.8～2.3。

（3）螺杆材料与热处理

目前，国内常用的材料为 38CrMoAl，或者日本的 SACM645。国内螺杆的热处理，一般采取镀铬工艺，镀铬之前高频淬火或氮化，然后镀铬，厚度为 0.03～0.05mm。此种螺杆适于阻燃性塑料，如透明 PC、PMMA。但镀铬层容易脱落，耐蚀性差，所以多采用不锈钢材料。

2.3.4 注射装置的关键部件——螺杆头

螺杆头的结构如图 2-17 所示，其作用是预塑时，能将塑化好的熔体放流到储料室中，而在高压注射时，又能有效地封闭螺杆头前部的熔体，防止倒流。

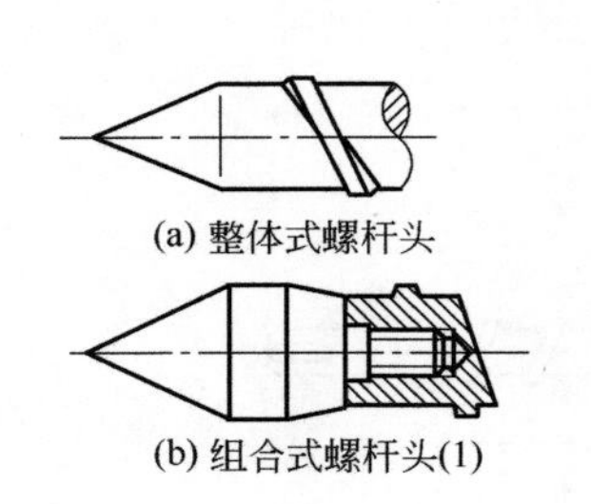

(a) 整体式螺杆头

(b) 组合式螺杆头(1)

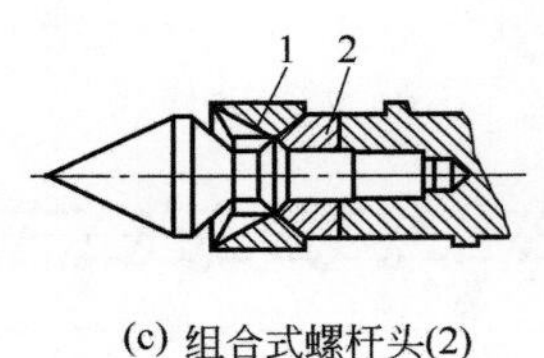

(c) 组合式螺杆头(2)

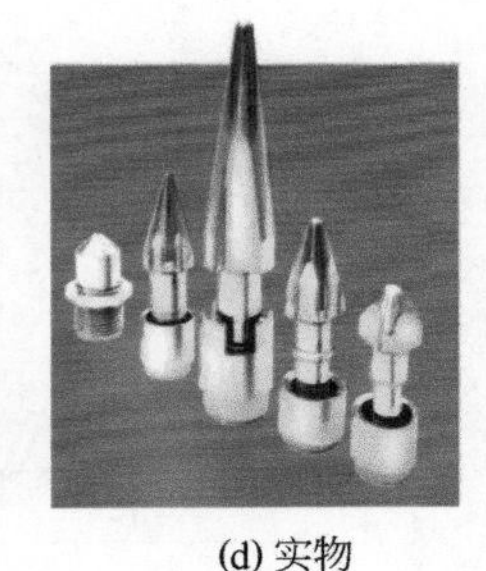

(d) 实物

图 2-17　螺杆头结构示意图

1—前料筒；2—止逆环

螺杆头分两大类：带止逆环的和不带止逆环的。

① 带止逆环的螺杆头。预塑时，螺杆均化段的熔体将止逆环推开，通过与螺杆头形成的间隙，流入储料室中；注射时，螺杆头部的熔体压力形成推力，将止逆环退回，将流道封堵，防止回流。螺杆头的止逆环要灵活、光洁，有的要求增强混炼效果等，因此，具体的结构又有多种形式，如图 2-18 所示。

② 对高黏度物料如 PMMA、PC、AC 或者热稳定性差的物料如 PVC，为减少剪切作用和物料的滞留时间，可不用止逆环。但此时在注射时会产生反流，会延长熔体的充模时间。

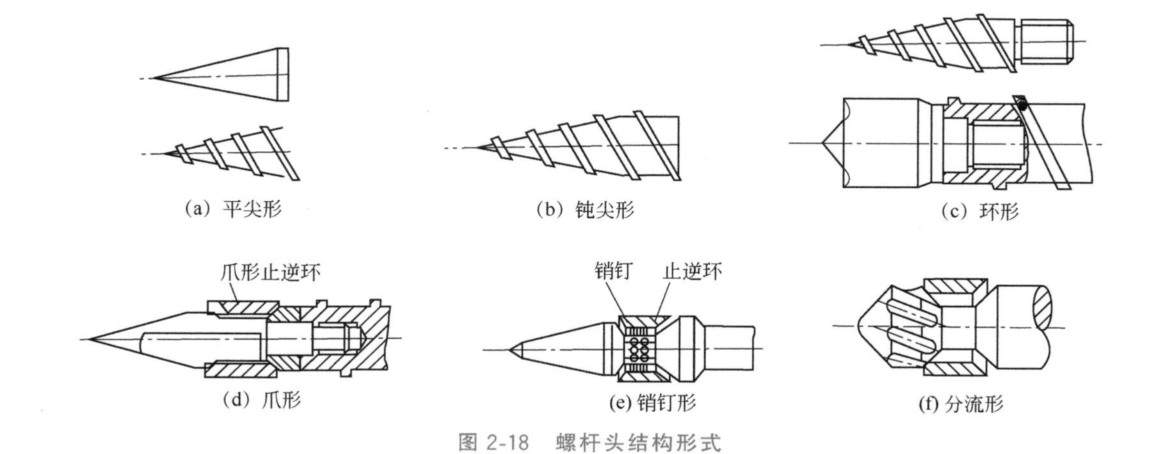

(a) 平尖形　(b) 钝尖形　(c) 环形

(d) 爪形　(e) 销钉形　(f) 分流形

图 2-18　螺杆头结构形式

特别注意

为顺利进行生产，螺杆头应满足如下技术要求：

① 止逆环与料筒配合间隙要适宜，既要防止熔料回泄，又要灵活；

② 既有足够的流通截面，又要保证止逆环端面有回程力，使在注射时快速封闭；

③ 止逆环属易磨损件，应采用硬度高的耐磨、耐蚀合金材料制造；

④ 结构上应拆装方便，便于清洗；

⑤ 螺杆头的螺纹与螺杆的螺纹方向相反，防止预塑时螺杆头松脱。

2.3.5　注射装置的关键部件——料筒

料筒大多数采用整体结构，如图 2-19 所示。料筒是塑化机构中的重要零件，内装螺杆外装加热圈，承受复合应力和热应力的作用。定位子口 1 与料筒前体径向定位，并用端面封闭熔体，用多个螺钉旋入螺孔 2 内将前体与料筒压紧。螺孔 3 装热电偶，要与热电偶紧密接触，防止虚浮，否则会影响温度测量精度。

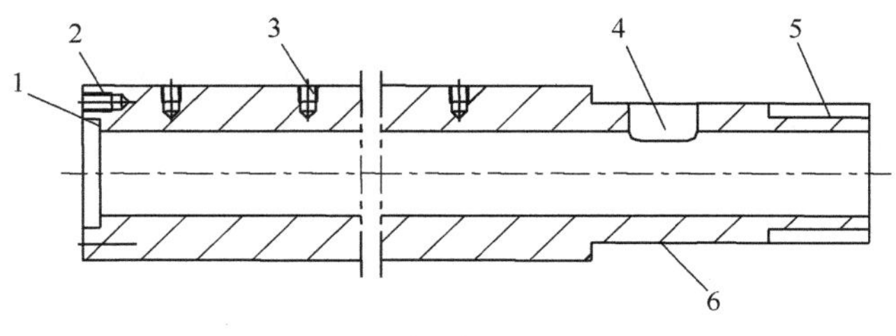

图 2-19　料筒结构示意图

1—定位子口；2，3—螺孔；4—加料口；5—尾螺纹；6—定位

知识拓展

（1）料筒间隙

料筒间隙是指料筒内壁与螺杆外径的单面间隙。此间隙太大，塑化能力降低，注射回泄量增加，注射时间延长；如果太小，由于热膨胀作用，使螺杆与料筒摩擦加剧，能耗加大，甚至卡死，此间隙 $\Delta=(0.002\sim0.005)d_s$，如表 2-1 所列。

表 2-1　料筒间隙值　　mm

螺杆直径	≥15～25	>25～50	>50～80	>80～110	>110～150	>150～200	>200～240	>240
最大径向间隙	≤0.12	≤0.20	≤0.30	≤0.35	≤0.15	≤0.50	≤0.60	≤0.70

（2）料筒的加热与冷却

料筒加热方式有电阻加热、陶瓷加热、铸铝加热，应根据使用场合和加工物料合理配置。常用的有电阻加热和陶瓷加热，后者较前者承载功率大。

① 根据注塑工艺要求，料筒需分段控制，小型机三段，大型机五段。控制长度为$(3\sim5)d_s$，温控精度为±(1.5～2)℃。对热固性塑料或热稳定性塑料，温控精度为±1℃。

② 注塑机料筒内产生的剪切热比挤出机要小，常规情况下，料筒不专设冷却系统，靠自然冷却，但是为了保证螺杆加料段的输送效率和防止物料堵塞料口，在加料口处设置冷却水套，并在料筒上开沟槽。

2.3.6 注射装置的关键部件——喷嘴

喷嘴是连接注射装置与模具流道之间的重要零部件。其主要功能包括：预塑时，在螺杆头部建立背压，阻止熔体从喷嘴流出；注射时，建立注射压力，产生剪切效应，加速能量转换，提高熔体温度均化效果；保压时，起保温补缩作用。

喷嘴可分为敞开式喷嘴、锁闭喷嘴、热流道喷嘴和多流道喷嘴。其中敞开式喷嘴结构形式如图 2-20 所示。敞开式喷嘴结构简单，制造容易，压力损失小，但容易发生流涎。敞开式喷嘴又分为轴孔型和长锥型。轴孔型喷嘴，$d=2\sim3$mm，$L=(10\sim15)d$，适宜中低黏度、热稳定性好，如 PE、ABS、PS 等薄壁制品；长锥型喷嘴，$D=(3\sim5)d$，适宜高黏度、热稳定性差，如 PMMA、PVC 等厚壁制品。

自锁型喷嘴的结构形式有多种，如图 2-21 所示。此种结构主要用于加工某些低黏度的塑料，如尼龙（PA）类塑料，目的是防止预塑时发生流涎。

自锁型喷嘴的具体结构有很多种，其中图 2-21（a）～（f）的自锁原理基本相同，具体是，在预塑时，靠弹簧力通过挡圈和导杆将顶针压住，用其锥面将喷嘴孔封死；注射时，在高压作用下，用熔体压力在顶针锥面上所形成的轴向力，通过导杆、挡圈将弹簧压缩，高压熔体从喷嘴孔注入模具流道，此种喷嘴注射时压力损失大，结构复杂，清洗不便，防流涎可靠性差，容易从配合面泄漏。

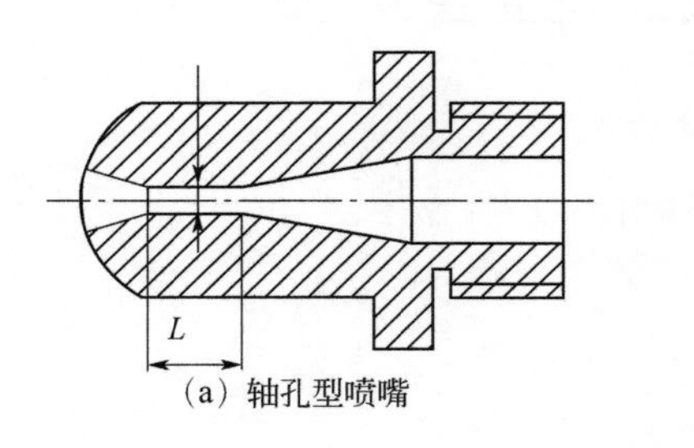

（a）轴孔型喷嘴

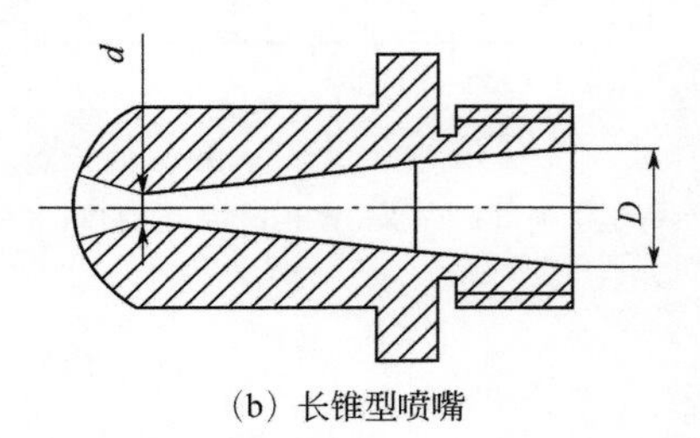

（b）长锥型喷嘴

(c) 实物

图 2-20　敞开式喷嘴结构形式

图 2-21（g）、（h）结构的动作原理是借助注射座的移动力将喷嘴打开或关闭：预塑时，喷嘴与模具主浇套脱开，熔料在背压作用下，使喷嘴芯前移封闭进料斜孔；注射时，

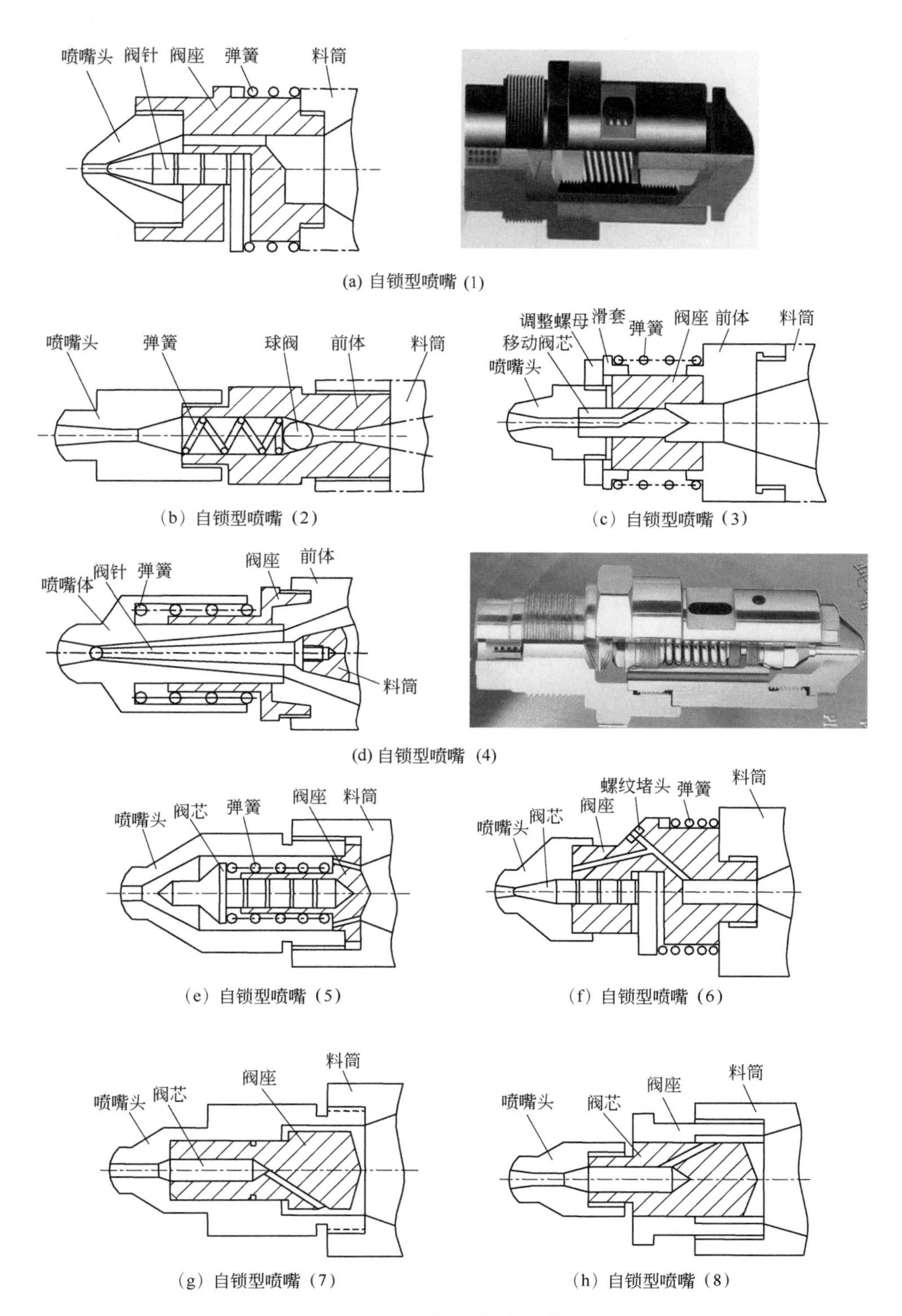

(a) 自锁型喷嘴 (1)

(b) 自锁型喷嘴 (2)

(c) 自锁型喷嘴 (3)

(d) 自锁型喷嘴 (4)

(e) 自锁型喷嘴 (5)

(f) 自锁型喷嘴 (6)

(g) 自锁型喷嘴 (7)

(h) 自锁型喷嘴 (8)

图 2-21 自锁型喷嘴结构形式

注射座前移，主浇套将喷嘴芯推后，斜孔打开，熔体注入模腔。

液压控制式喷嘴的结构形式如图 2-22 所示。喷嘴顶针在外力操纵下，在预塑时封死，注射时打开。此种喷嘴顶针的封口动作参加注塑机的控制程序，需设置喷嘴控制油缸。

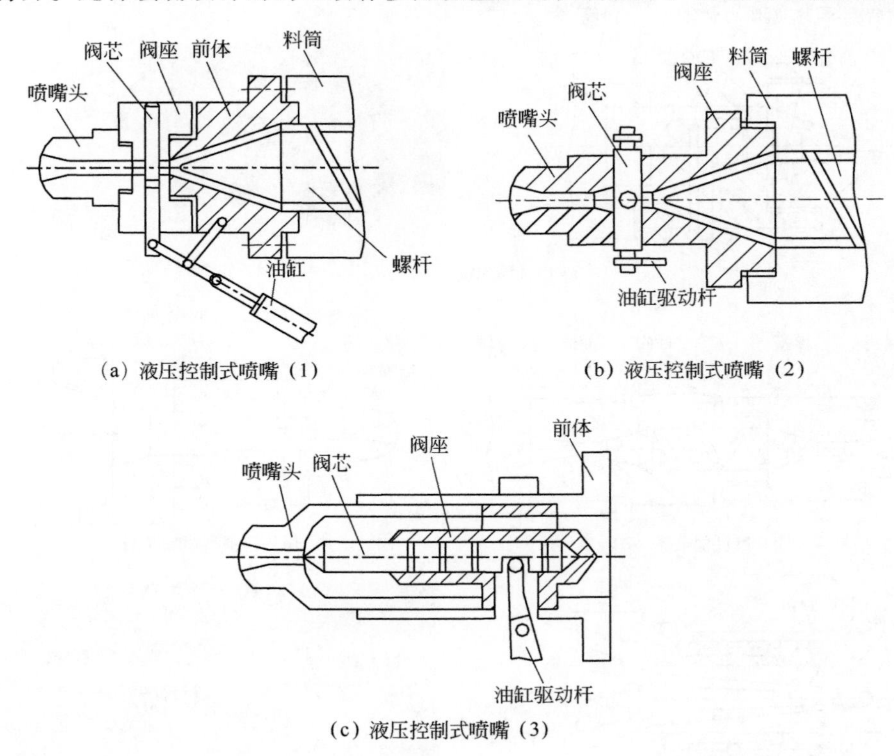

图 2-22　液压控制式喷嘴结构形式

此种结构喷嘴顶针和导套之间的密封十分重要，在较大的背压作用下，熔体有泄漏可能，需与防涎程序配合。

知识拓展

喷嘴的选择与安装。

① 喷嘴安装。喷嘴头与模具的浇口套要同心，两个球面应配合紧密，否则会溢料。一般要求两个球面半径名义尺寸相同，而取喷嘴球面为负公差，其口径略小于浇口套半径0.5～1mm为宜，二者同轴度公差≤0.25～0.3mm。

② 喷嘴口径。喷嘴口径尺寸关系到压力损失、剪切发热以及补缩作用，与材料、注塑座及喷嘴结构形式有关，如表 2-2 所示。

对高黏度物料，取 (0.1～0.6)d_s；低黏度物料，取 (0.05～0.07)d_s (d_s 表示螺杆直径)。

表 2-2　喷嘴口径　　mm

机器注射量		30～200g	250～800g	1000～200g
开式喷嘴	通用料	2～3	3.5～4.5	5～6
	硬聚氯乙烯类	3～4	5～6	6～7
锁闭式喷嘴		2～3	3～4	4～5

2.4 ▸ 注塑机的合模装置

2.4.1 合模装置的功能

合模装置也称锁模装置，如图 2-23 所示，其主要功能是：

① 实现模具的可靠开合动作和行程；

② 在注射和保压时，提供足够的锁模力；

③ 开模时提供顶出制件的行程及相应的顶出力。

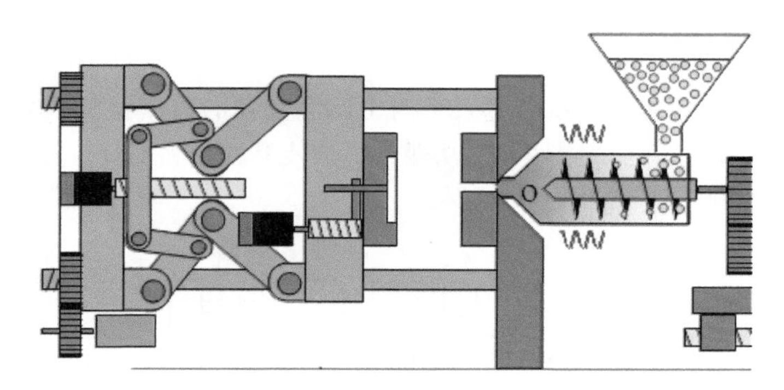

图 2-23　合模装置

如图 2-24 所示，合模装置一般由前后固定模板、移动模板、拉杆、液压缸、连杆、模具调整机构（调模机构）、顶出机构及安全保护机构等组成。具体的类型有三类，分别是液压式、机械式和液压-机械式。

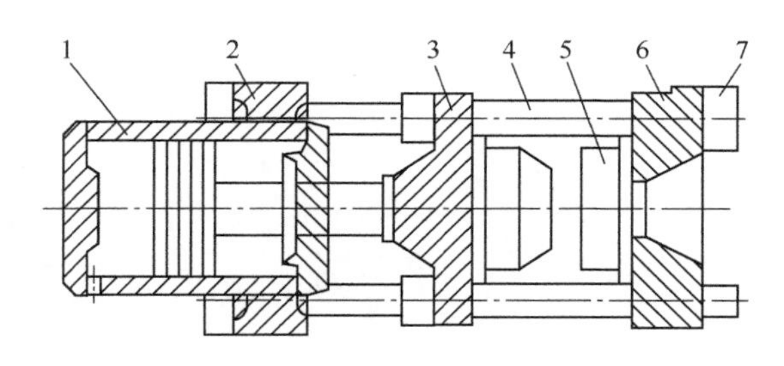

图 2-24　液压式合模装置

1—合模液压缸；2—后固定模板；3—移动模板；4—拉杆；5—模具；6—前固定模板；7—拉杆螺母

2.4.2 合模装置具体结构——单缸直压式合模装置

单缸直压式合模装置如图 2-25 所示，压力油进入液压缸的左腔时，推动活塞向右移动，模具闭合。待油压升至预定值后，模具锁紧。当油液换向进入液压缸右腔时，模具打开。

单缸直压式合模装置结构简单，但难以满足力与行程速度的双重要求。主要用于中、小型机器。

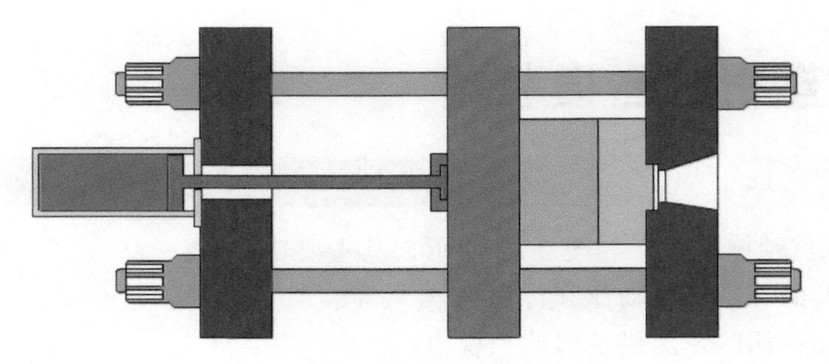

图 2-25 单缸直压式合模装置

2.4.3 合模装置具体结构——充液式合模装置

如图 2-26 所示，充液式合模装置采用两个不同缸径的液压缸分别满足行程速度和力的不同要求；但结构较笨重、刚性差、功耗大，油液易发热和变质。在中、大型机中较常采用。

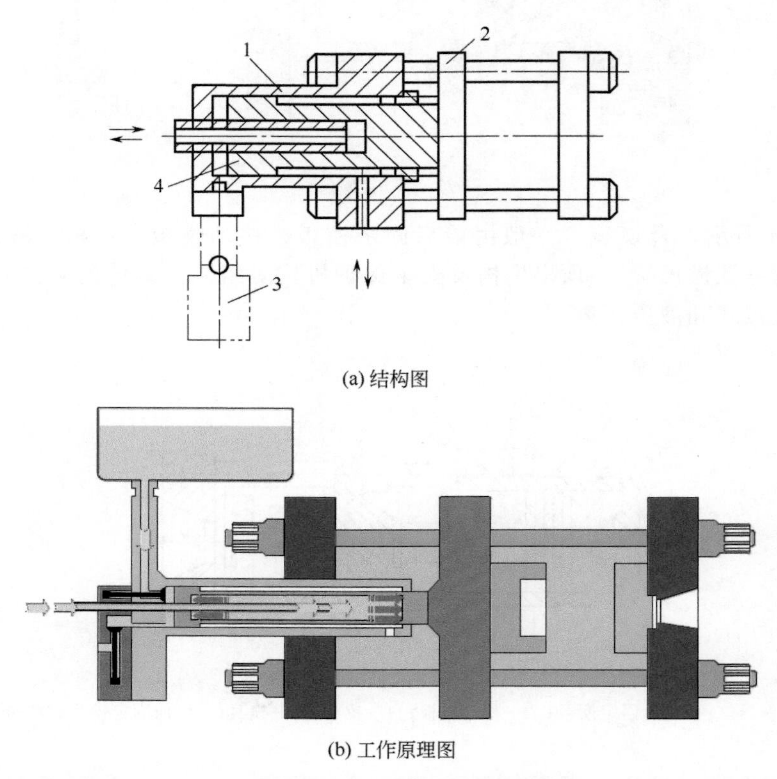

(a) 结构图

(b) 工作原理图

图 2-26 充液式合模装置

1，4—合模液压缸；2—动模板；3—充液阀

2.4.4 合模装置具体结构——增压式合模装置

增压式合模装置如图 2-27 所示，其不需要增大缸径，而是依靠提高油液压力的方法满足锁模力要求，但受密封技术限制。主要用于中小型注塑机。

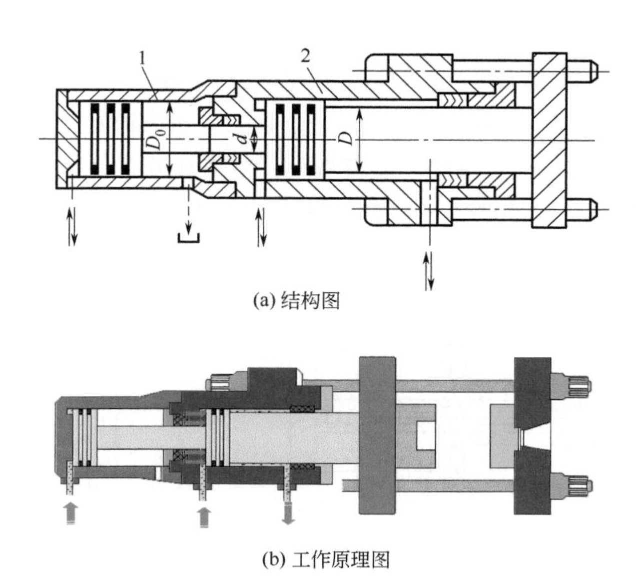

(a) 结构图

(b) 工作原理图

图 2-27　增压式合模装置

1—增压液压缸；2—合模液压缸

2.4.5　合模装置具体结构——充液增压式合模装置

充液增压式合模装置如图 2-28 所示，模具闭合后，压力油进入增压油缸，使合模油缸内的油增压，由于合模油缸面积大及高压油的作用，保证了最终合模力的要求。其特点是，结构紧凑，效率高，主要用于大型机器。

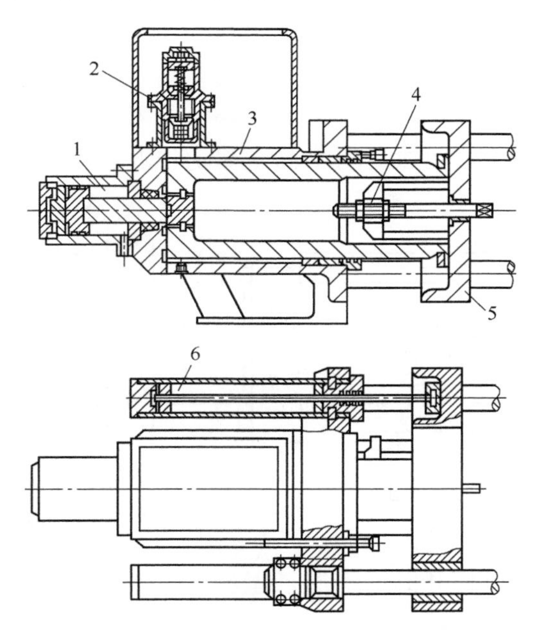

图 2-28　充液增压式合模装置

1—增压液压缸；2—充液阀；3—合模液压缸；

4—顶出装置；5—动模板；6—移模液压缸

2.4.6 合模装置具体结构——稳压式合模装置

稳压式合模装置如图 2-29 所示，其特点是合模液压缸直径较大，产生很大的锁模力，通过锁模活塞、闸板和移模液压缸传到动模板上，使模具可靠锁紧。小直径快速移模液压缸和大直径短行程的稳压合模液压缸组合，减小注塑机尺寸，缩短升压时间。一般用于 3000～5000kN 以上的大型注塑机合模装置。

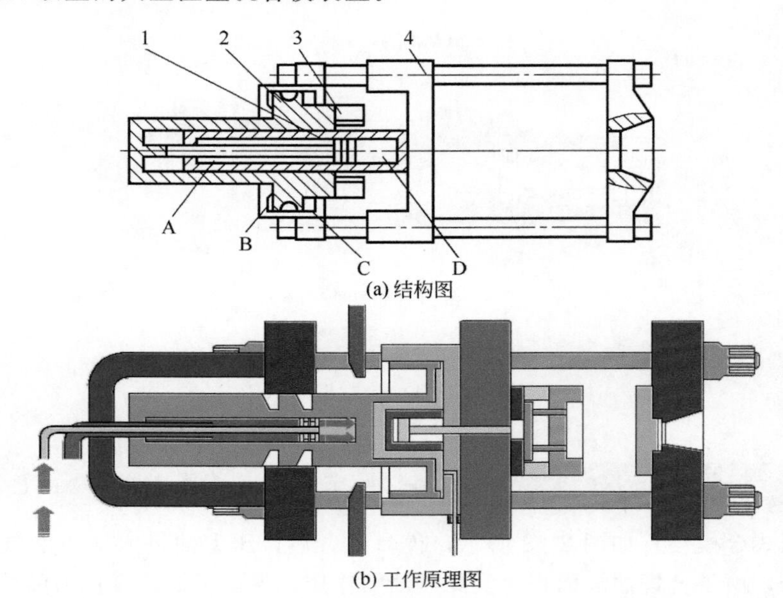

(a) 结构图

(b) 工作原理图

图 2-29 稳压式合模装置（液压-闸板式）

1—移模活塞；2—合模活塞；3—闸板；4—动模板；A，D—行程液压腔；B，C—微调液压腔

2.4.7 合模装置具体结构——液压-单曲肘合模装置

液压-单曲肘合模装置如图 2-30 所示，该装置的特点是，机身长度短，模板易受力不

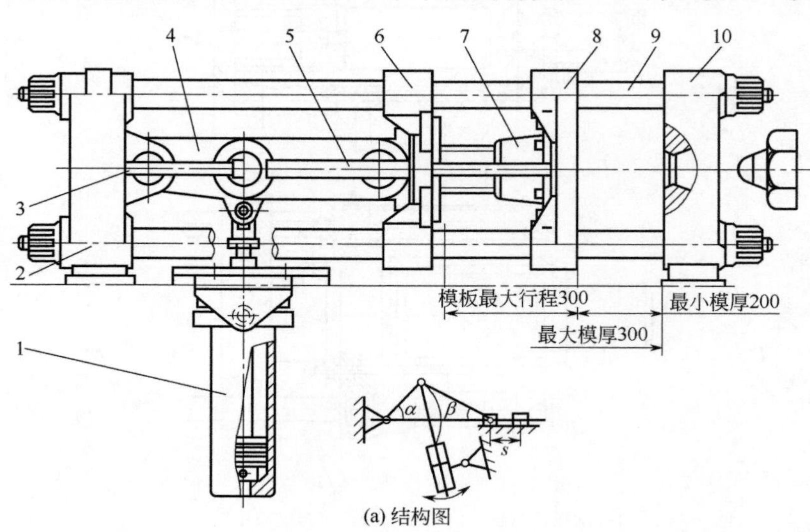

(a) 结构图

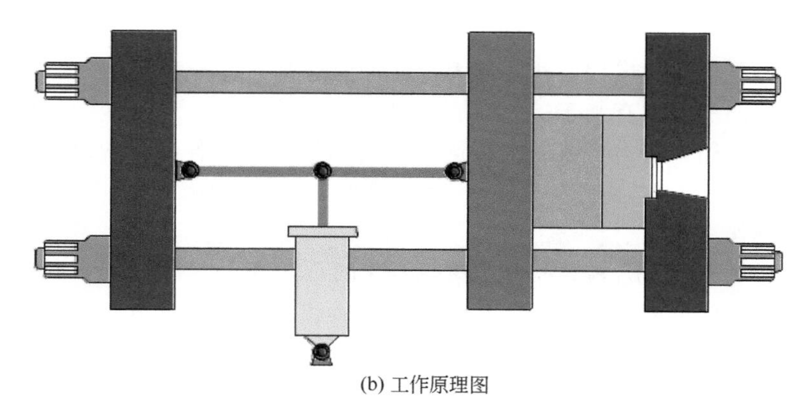

(b) 工作原理图

图 2-30　液压-单曲肘合模装置

1—合模液压缸；2—后模板；3—调节螺钉；4—单曲肘连杆机构；5—顶出杆；
6—支架；7—调距螺母；8—移动模板；9—拉杆；10—前模板

均，两模板距离的调整较容易，具有机械增力作用（10 多倍），主要用于锁模力在 1000kN 以下的小型注塑机。

2.4.8　合模装置具体结构——液压-双曲肘合模装置

如图 2-31 所示，液压-双曲肘合模装置主要由合模液压缸 1、后模板 2、曲肘 3、调距

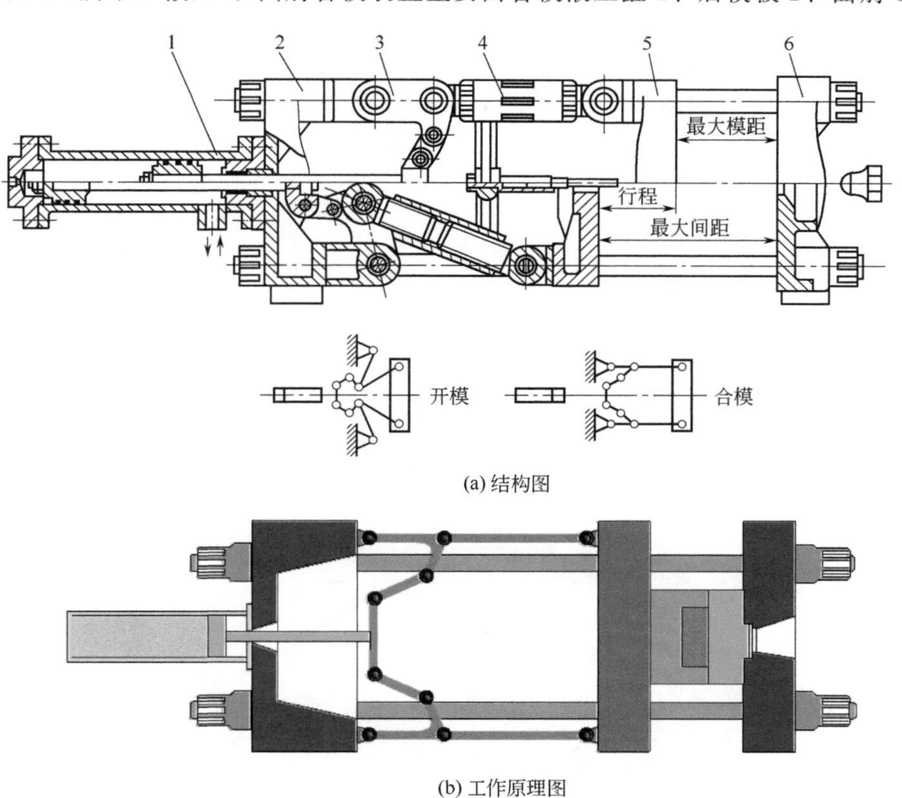

(a) 结构图

(b) 工作原理图

图 2-31　液压-双曲肘合模装置

1—合模液压缸；2—后模板；3—曲肘；4—调距螺母；5—移动模板；6—前模板

螺母 4、移动模板 5、前模板 6 等组成，该机构的特点如下。

① 模板受力条件好，模板尺寸可加大，但行程范围不大；

② 外翻式双曲肘机构有利于扩大开模行程；

③ 具有增力作用，增力倍数的大小同肘杆机构的形式、各肘杆的尺寸以及相互位置有关；

④ 具有自锁作用；

⑤ 模板的运动速度从合模开始到结束是变化的；

⑥ 必须设置专门的调模机构调节模板间距、锁模力和合模速度，不如液压合模装置的适应性强和使用方便；

⑦ 曲肘机构容易磨损，加工精度要求也高；

⑧ 在中、小型注塑机中均有采用。

根据曲肘结构特点，液压-双曲肘合模装置又区分为内翻式、外翻式和液压撑板式，如图 2-32 所示。

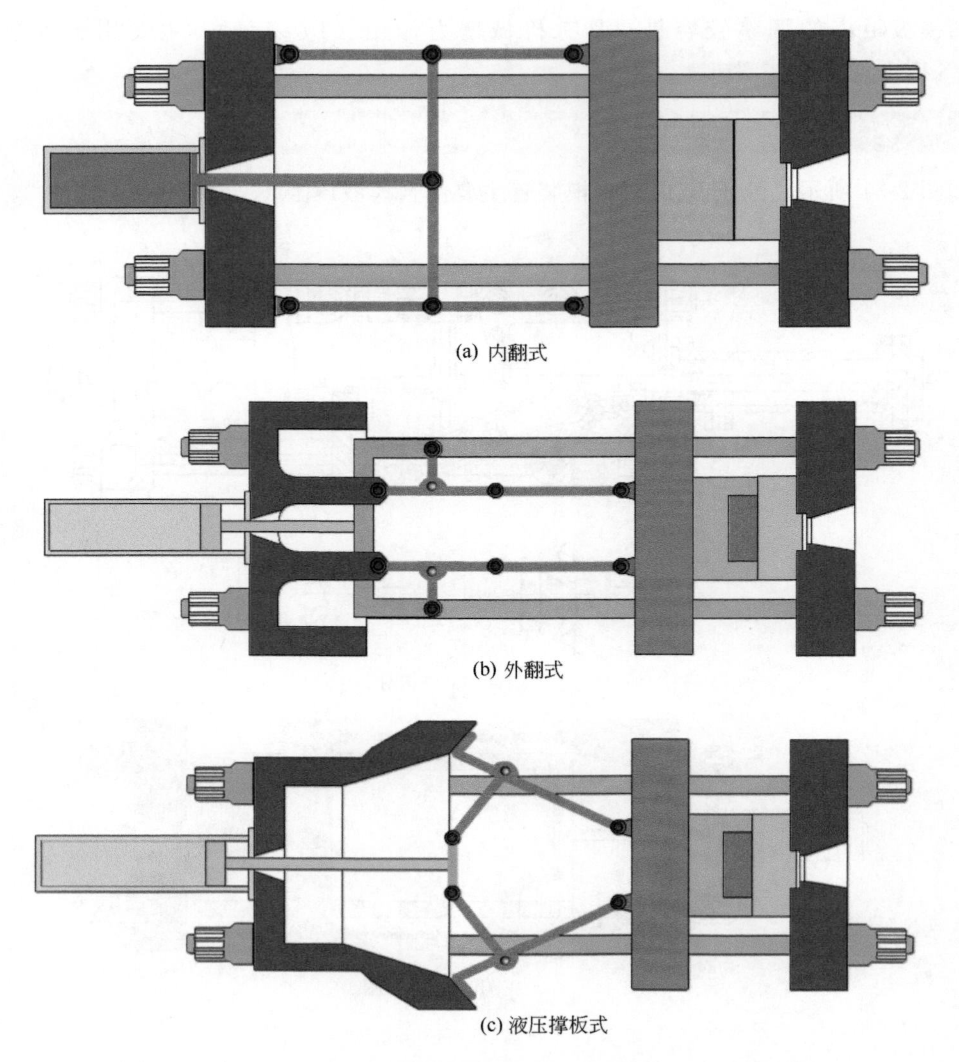

(a) 内翻式

(b) 外翻式

(c) 液压撑板式

图 2-32　液压-双曲肘合模装置类型

2.4.9 合模装置具体结构——机械式合模装置

机械式合模装置如图 2-33 所示，其利用电动机、减速器、曲柄及连杆等机构实现开合模动作和提供锁模力。

其特点如下：

① 体积小、重量轻；

② 结构简单、制造容易；

③ 机构受力及运动特性差；

④ 在运动中产生的冲击和振动较大，可调整的模具厚度范围小；

⑤ 应用较少。

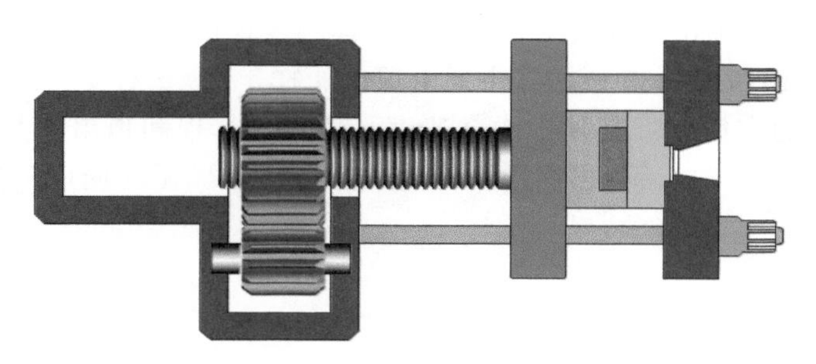

图 2-33　机械式合模装置

2.4.10 调模装置

如图 2-34 所示，调模装置主要由液压马达 1、齿圈 2、定位轮 4、调模螺母的外啮合齿轮 5 等组成，均固定在后模板 3 上。

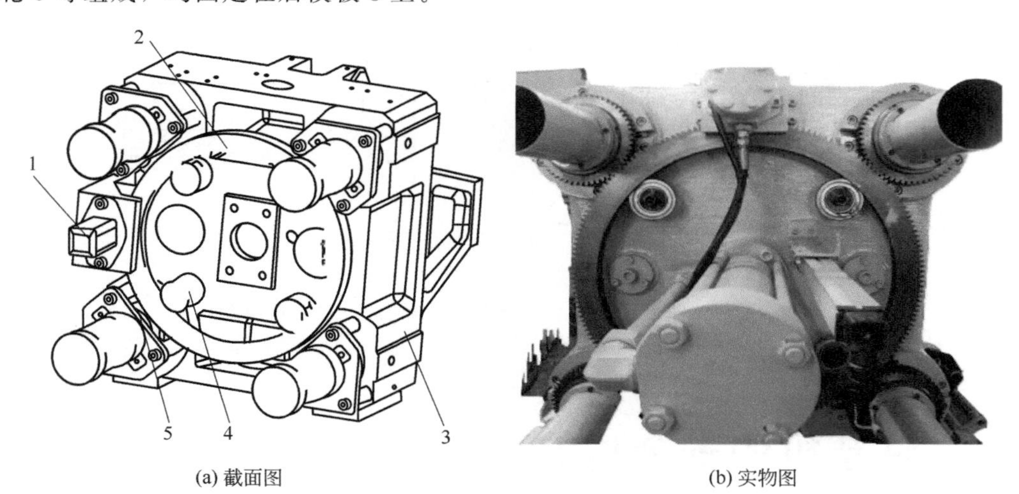

(a) 截面图　(b) 实物图

图 2-34　调模装置

1—液压马达；2—齿圈；3—后模板；4—定位轮；5—外啮合齿轮

调模是利用合模液压缸来实现的，调模行程包含在动模板行程内，为动模板行程的一部分。该类合模装置一般只规定动、定模板间的最大开距，而不明确给出调模行程。

为防止合模液压缸超越工作行程，必须限制模具的最小厚度，严禁注塑机在无模情况下进行合模操作。

2.5 ▸ 注塑机的顶出装置

顶出装置用于开模后顶出塑料制件，常用的具体机构有机械顶出机构和液压顶出机构。

① 机械顶出机构的顶杆长度可调，顶杆的数目、位置随合模装置的特点、制件的大小而定。结构简单，但顶出在开模结束时进行，模具内顶板的复位要在闭模开始后进行。

② 液压顶出机构如图 2-35 所示，主要由顶出油缸 5、顶出杆 11 等组成，其中顶出油缸固定在动模板 3 的支铰座。其顶出力、速度、位置、行程和顶出次数可调并可自行复位，能在开模过程中及开模后顶出制件。有利于缩短注塑机循环周期和实现自动化生产，应用广泛。

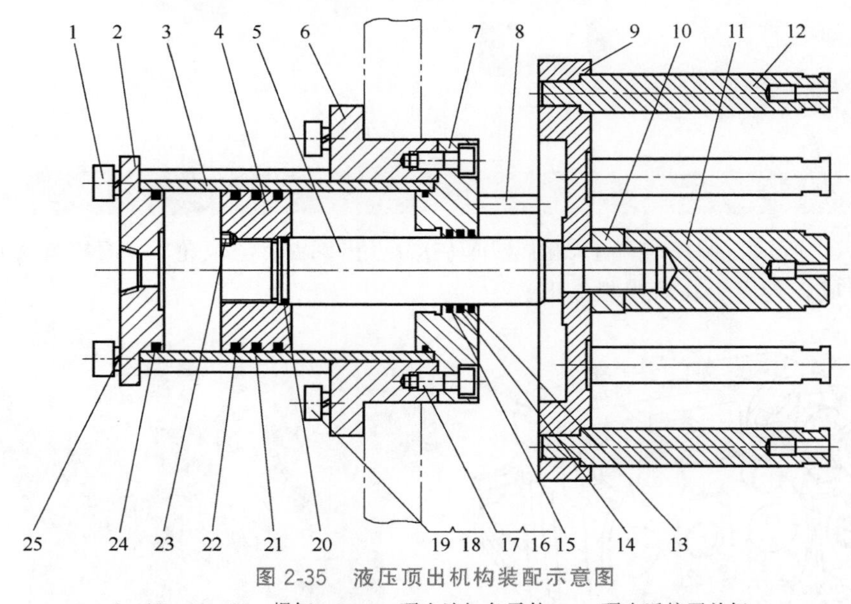

图 2-35　液压顶出机构装配示意图

1，17，19，23—螺钉；2～8—顶出油缸各零件；9—顶出近接开关杆；10～12—顶出机构各件；13～16，18，20～22，24，25—密封圈

2.6 ▸ 注塑机的安全防护装置

为保证人、机和模具的绝对安全，除应设置电气、液压保险外，还应设置安全防护装置（保险装置），如图 2-36 所示，可以防止误动作，预防电气、液压的安全保险装置或程序失灵时，在安全门未关闭的状态下，动模板失去合模能力。

机械保险装置的具体结构如图 2-37 所示。其工作原理是，带有螺纹的机械保险杆 2，通过螺母 1 调节轴向位置并固紧在二板上，保险挡板 3 通过支承套 6、垫圈 9 及螺钉 10 固

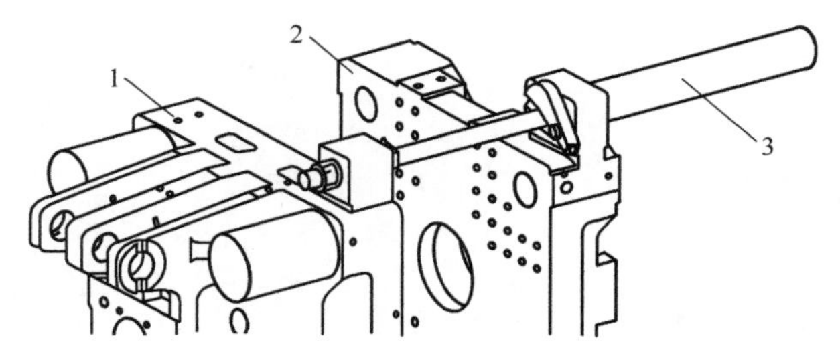

图 2-36　机械保险装置

1—动模板；2—前模板；3—机械保险装置

定在头板上，并以此为支点可以摆动。当安全门未关闭时，挡板 3 在自由状态下，头部重于带有轴承 7 及其螺钉 8 的尾部，向前倾斜，置于保险杆 2 和头板的穿孔之间。在此情况，如果动模板无论何种原因而发生闭模动作都将被挡板 3 阻止，无法继续闭模。而且，这时的曲肘连杆位置处于曲肘角 α 较大的初始状态，这时的力放大比小，所以动模板的推力亦较小，容易被挡板止住。只有当安全门完全关闭时，固定在安全门上的保险触板 11 才压下挡板尾部的轴承，使之前部抬起，让开保险杆进入头板的穿孔位置，才能使二板闭模到底，实现锁模，为此起到对模具及人身安全的保护作用。

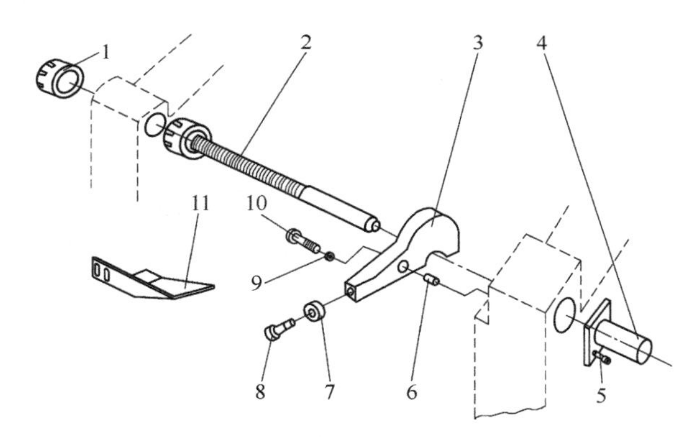

图 2-37　机械保险装置具体结构

1—螺母；2—机械保险杆；3，4—保险挡板及其保险罩；5，8，10—螺钉；
6—支承套；7—轴承及其垫圈；9—垫圈；11—保险触板

第3章 注塑机的操作

3.1 ▸ 注塑机操作流程与要点

3.1.1 准备工作

（1）着装

操作注塑机的人员在上岗前应着工作服、安全帽、安全鞋等，如图 3-1 所示。

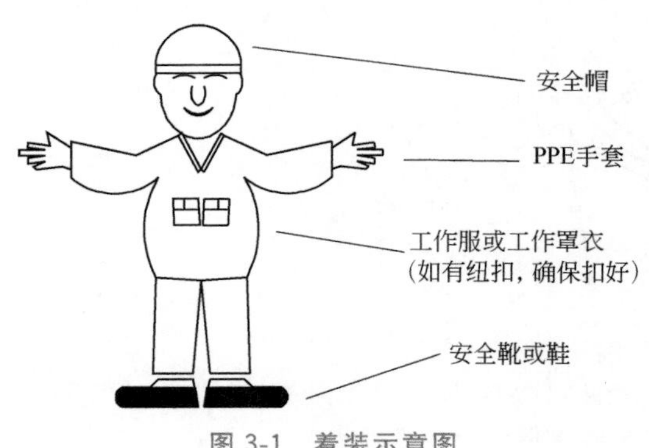

图 3-1 着装示意图

（2）检查注塑机

开机前先检查各种电气开关是否正常，位置是否正确，油箱油位是否符合要求，模具是否和要求的产品一致，原料是否符合产品要求，烘料温度与时间是否符合工艺卡片要求，模具的冷却系统是否良好，油路是否畅通；检查模具安装是否牢靠，是否有其他非操作性标识，尤其对打开的模具要认真检查；对有采用热流道的模具，要待热流道温度达到设定的要求后，才能操作。在此过程中要注意注射时必须关闭安全门，以免高温熔体喷溅烫伤人员；开机空运行，观察注塑机的关模、顶出等动作是否正常。

根据工艺卡片要求，将注塑机料筒烘干温度设定为规定的温度，待料温达到设定的温度 15min 后，开始下一步的工作；根据成型工艺卡片要求，设定好各种压力、速度、时间、位置参数。

（3）选择合适的工作模式

一般往复式螺杆注塑机有四个动作模式：全自动、半自动、手动和点动（多数用在调模上）。各种模式的选择作用如下。

① 全自动。注塑机的全部工作动作按预先调整好的时间和程序自动进行。这种模式下，注塑机的每一个动作周期固定不变，塑料的加入量和在料筒受热塑化程度以及模具温度保持恒定，所以制品的质量和产量都可以得到保证。但是这种动作模式必须满足四个先决条件，

即制品能可靠地从模具上脱出、低压合模保护、故障报警及自动停机等功能均完好。

② 半自动。除锁模为人工操作外，其余过程均为自动进行。采用这种动作模式的目的是能进行人工辅助产品脱模，取出水口料或将嵌件放入模具。由于生产周期大体上固定不变（操作工人的熟练程度不同，会有小的变化），因此制品质量及产量均有保障，是企业生产中常常采用的模式，特别是一些中小规模的企业。

③ 手动。按下某一动作按钮，注塑机仅完成某一动作。采用这种模式时，由于生产周期、操作人员的动作快慢不同，塑料的加入量、塑化程度、模具温度等均可能出现变化，制品的质量、单位时间产量均不太稳定，一般是在观察及调整时使用。

④ 点动。又称调整，即按下某一动作按钮后，注塑机的相应动作将根据按下的时间长短分步运行。这种模式只在更换模架、调整注塑机各个动作之间的配合、对空注射时使用，生产上不能采用。要特别注意的是，点动时注塑机上各种安全保护设置都处于暂时停止工作状态，例如在不关安全门的情况下模具仍然可跟随移动模板开启和闭合，因此采用点动模式操作时应小心谨慎，建议有一定经验的人方可操作。目前，先进的注塑机已取消点动功能，一部分功能由手动模式完成，一部分功能由专门的功能键完成，如自动低压调模、自动对空射出以清洗料筒等。

（4）安全注意事项

为了保护注塑机螺杆，应确保注塑机料筒各段温度达到设定的温度后 15～30min，再开始操作螺杆。

① 为防止螺杆损坏，在无料空转的情况下，应以 60r/min 以下的速度进行试运转。

② 操作人员的手和脸部不可靠近注射喷嘴的前端。

③ 在注塑工作前应完成模具的安装。

④ 下一注塑步骤中未注明的操作都应在手动状态下进行。

（5）油温检查

液压油的最佳工作温度大都为 45℃左右，如果液压油的温度低于 40℃，油的黏性会过高；而高于 55℃，则油的黏性过低。

为在注塑加工开始时机器就能处于最佳状态，如果液压油的温度低于 40℃，应先做液压油预热工作。预热的方法是只启动油泵电动机进行空运转，也可以进行某一动作，如顶出杆顶出、回收等。

3.1.2 模具的安装

（1）准备工作

安装模具前，应认真检查、核对、清理模具，如图 3-2 所示。

(a) 检查模具

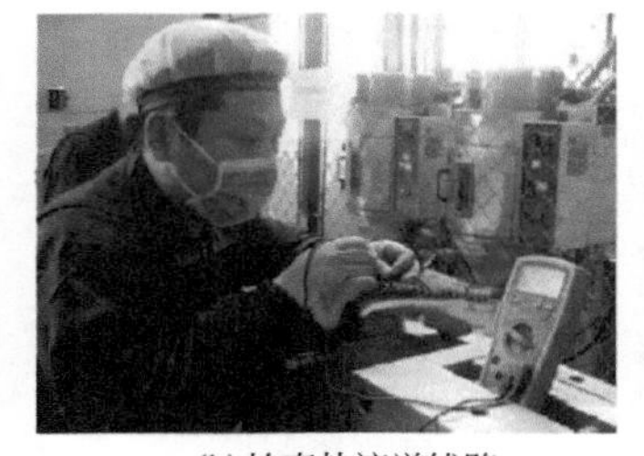

(b) 检查热流道线路

(c) 清洗模具及内部零件

图 3-2

(d)用生料带(水胶布)装好水嘴

(e)清洗模具接触面

(f)模具放在“模具待生产区”

(g)将模具搬运到生产线上

(h)将模具放置到注塑机旁的支承架上

(i)用气枪检查模具的冷却水道

(j)将吊环安装到模具上

(k)工具车放在机器旁

图 3-2 模具安装前的准备工作

(2)模具的装夹

装夹模具的流程及所需工具如图 3-3 所示。

(a) 找叉车

(b) 拿吊环

(c) 起吊模具

(d)将模具吊入注塑机中

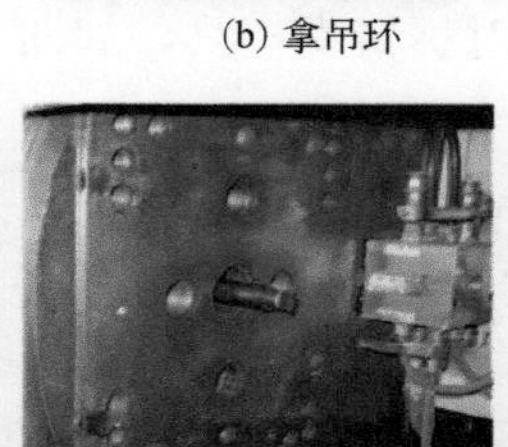

(e)安装顶杆

(f) 调整注塑机的锁模厚度

(g) 按正螺钉孔的位置

(h) 调整锁模块并锁紧螺钉

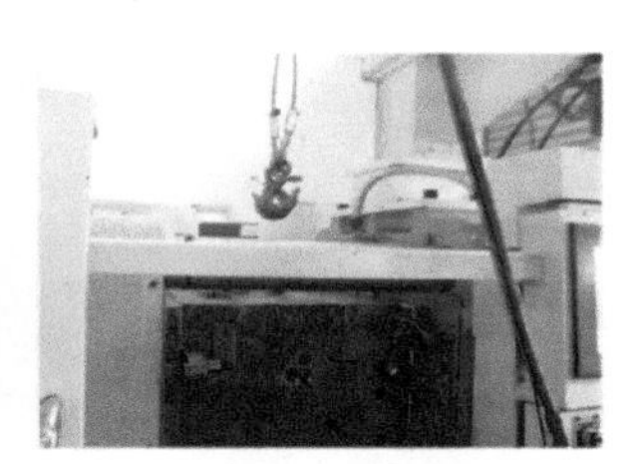

(i) 松开吊车

(j) 松开吊环

(k) 吊车归位

(l) 检查冷却水道

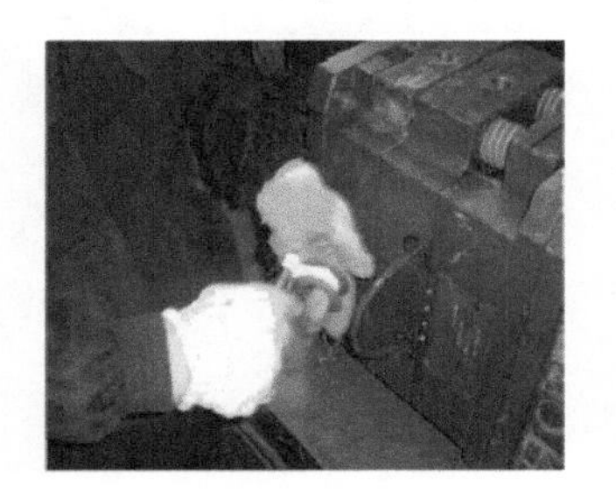

(m) 缠上生料带（水胶带）

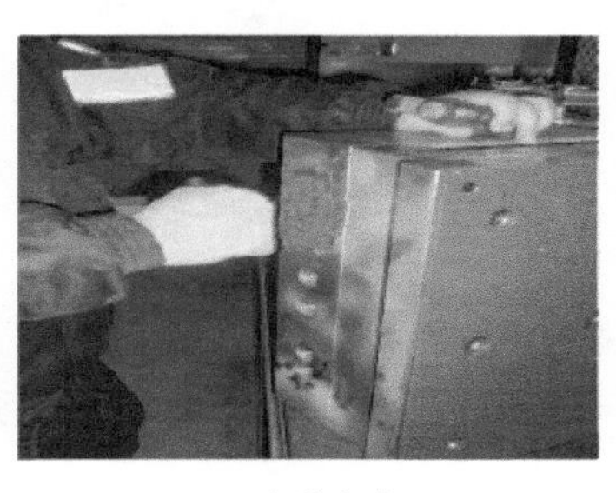

(n) 安装水嘴

(o) 连接冷却水管

(p) 水温机升温

(q) 打开控制面板

(r) 调整注塑机的锁模高度

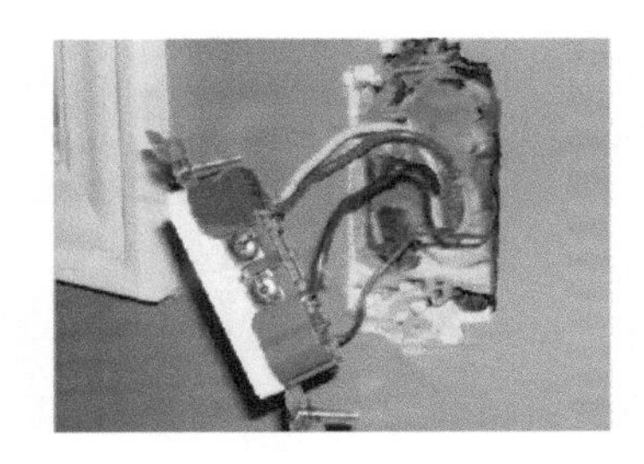

(s) 调整注塑机的顶杆限位开关

(t) 调试开关灵敏度

(u) 输入工艺参数值

图 3-3

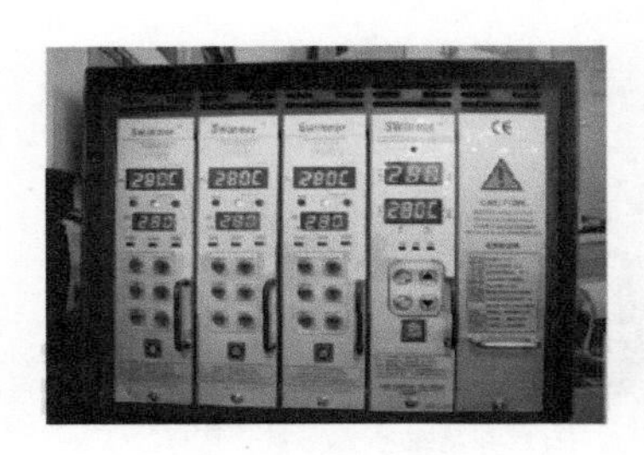

(v)热流道加热、升温

(w)对空试射出熔体

(x)换料

(y)找连接管

(z)料筒前移

(a′)注塑出样品

图 3-3　装夹模具流程

特别注意

安装模具时，注塑机的动作模式必须处在手动模式或调模状态下，以确保生产安全。同时，要特别注意以下事项。

在模具完全闭合后，进行喷嘴中心与模具浇口中心的对准度及接触可靠性的调校，确保喷嘴中心准确地对准模具浇口中心；在喷嘴与模具接触之前，交替地旋转注射座开关至中间位置和前进位置。如果喷嘴没有正确地调整至对准中心，可按需要进行上下和左右调整。调整方法如图 3-4 所示。

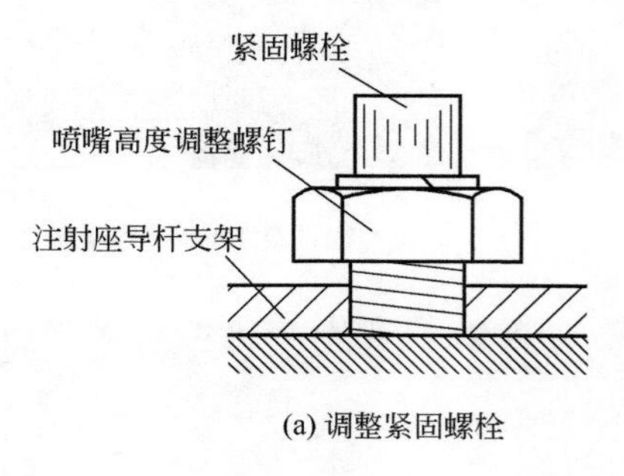

(a) 调整紧固螺栓

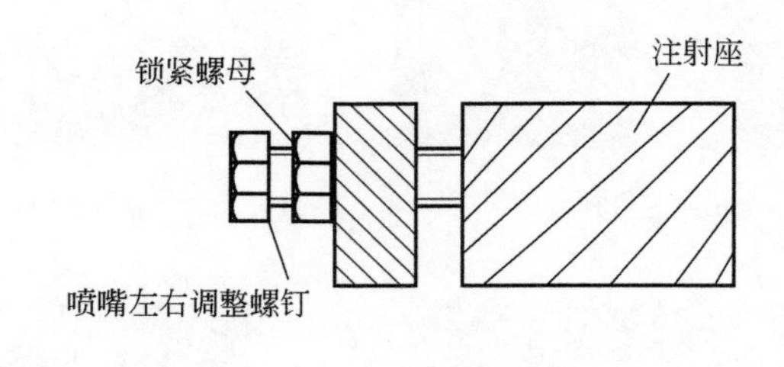

(b) 调整锁紧螺母

图 3-4　喷嘴中心调整方法

松开注射座前后导杆支架上的紧固螺栓和两侧的锁紧螺母，根据需要调整喷嘴高度调整螺钉，纠正上下偏差；调整喷嘴左右调整螺钉，纠正左右偏差。调整完毕，拧紧紧固螺栓和锁紧螺母。

在此过程中要注意的是，移动喷嘴前务必先观察喷嘴的长度以及模具进料口的深度是否合适，避免可能导致的喷嘴或电热圈的损坏。

3.1.3 注塑机运行过程中的注意事项

① 注塑机合模前，操作人员要仔细观察顶杆是否复位、模具型腔内是否有产品或异物，如发现产品、机械或模具有异常情况，应立即停机，待查明原因、排除故障后再开机生产。

② 对空注射喷出的熔体凝块，要趁热撕碎或压扁，以利于回收再用；一般不要留存1.5cm厚以上的料块。

③ 生产过程中的水口料或自检废品应放入废料箱，废料箱严禁不同品种、颜色的废料以及其他杂物混入。生产时，如水口料掉在模具流道中或产品掉在型腔内，只可以用铜棒小心敲出或用烫料机清理，严禁采用铁棒或其他硬物伸进模具勾、撬，以免碰伤、划伤模具；特别是高光镜面模具的成型零件，不得用手触摸，若有油污必须擦拭时，只能用软绒布或者脱脂棉进行。

④ 当需要进行机器或模具的检修时，而人的肢体又必须进入模具或模具合模装置内时，一定要关闭油泵马达，以防机器误动作伤人或损坏机器、模具。

⑤ 停机时间较长后、重新生产前要进行对空注射时，车间人员人应远离喷嘴，以防止喷溅、烫伤事故的发生。

⑥ 每次停机时，螺杆必须处于注射最前的位置，严禁预塑状态下停机，停机后应关闭全部电源。

⑦ 凡因模具原因造成产品质量问题，需要检修模具时，必须保留两件以上未做任何修剪（带有水口料）的制品，以方便检修模具、查找原因。

⑧ 每次更换模具后，都要试注三件完整的制品进行质量首检，所有合格制品都需轻拿轻放，不得碰撞，装箱不能太紧，避免挤压擦伤。

3.1.4 注塑机的停机操作

注塑机在很多情况下都需要停机，如订单完成、模具或设备出现故障、缺少材料等，停机不是简单地把机器关掉一走了之，而是遵循一定的程序，并做好相应的工作后才能一步一步地关掉机器。下面是停机操作的一些步骤及相应注意事项。

① 停机前保留3～5模次制品作为样品，该样品作为下次生产的参考或作为模具、机器设备修模的依据。

② 注塑机停机时将料筒内的存料尽可能减到最少，为此，应先关闭料斗上的供料阀门，停止塑料的供应。如果是订单完成，正常生产停机，可以将料筒内的塑料全部注塑完毕，直至塑化量不足，机器报警为止。如果是模具故障导致的故障停机，应将螺杆空转一段时间，将料筒内的料对空注射干净，以免螺杆加料段螺槽在停机后储满粒料，而这部分粒料在料筒停止加热后，受余热作用会变软粘成团块，在下次开机时会像橡胶一样“抱住”螺杆，随螺杆一起转动而不能前进，阻止新料粒的进入。极端情况下，积存的冷粒料块还会卡住螺杆，使螺杆难以转动，此时只好大大提高料筒温度使其熔融，而过高的温度又可能导致塑料烧焦炭化；当热敏性高的塑料在螺杆槽与料筒内壁间隙中形成炭化物质时，情况则更为严重，将螺杆牢牢粘着，不能转动，拆卸也甚为吃力。

③ 如果停机时间超过15min，则应用PP清洗料筒，特别是热敏性塑料，更应及时停机清洗料筒。

④ 停机前，如果只是短时间停机（模具、机器、塑料等均正常），模具动、定半模应先合拢，两者间保留 0.5～2mm 的间隙，而千万不能进行高压锁模将模具锁紧，因为模具长期处于强大的锁模力下，将使拉杆长期处于巨大拉力而产生变形。如果是较长时间停机，则最好将模具拆下。

⑤ 射台（注射座）后退接近底部。

⑥ 将注塑机的马达关闭。

⑦ 将料筒电源关闭。

⑧ 将注塑机总电源关闭。

⑨ 将模温机、机械手、干燥机、自动上料机、输送带等辅助设备的电源关闭。

⑩ 关闭高压空气及冷却水的阀门。需注意的是，关闭冷却水时要注意入料口处的冷却水需待料筒温度降至室温时才能关闭。

⑪ 关闭车间电控柜内该注塑机的电源。

⑫ 将零件自检，将不合格品做好标识并放置到指定的位置。

⑬ 清扫机台，做好“5S”工作。

⑭ 做好注塑机的维护保养工作，特别是格林柱（注塑机合模拉杆）、导轨等活动部位要及时涂敷润滑油，易生锈部位应清洗干净后涂敷防锈油等。

⑮ 做好各项记录，如生产记录、设备停机原因、设备点检记录、维护保养记录等，以备下一次生产时参考。

总的要求是，停机后总体状况应做到机台内外无油污、灰尘，无杂物堆置，设备周围打扫干净，无污物垃圾，工装设备擦洗干净，摆放整齐，无损伤缺少。

3.1.5 模具的拆卸

如图 3-5 所示，从注塑机上拆下模具时，必须确保注塑机的动作模式处于手动模式下，并按照下面的步骤逐步进行。

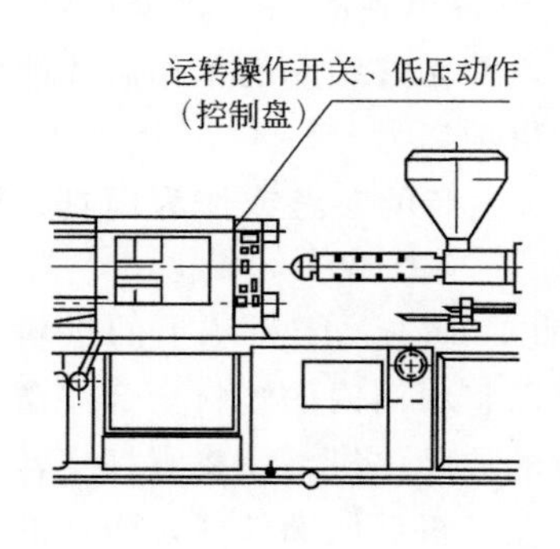

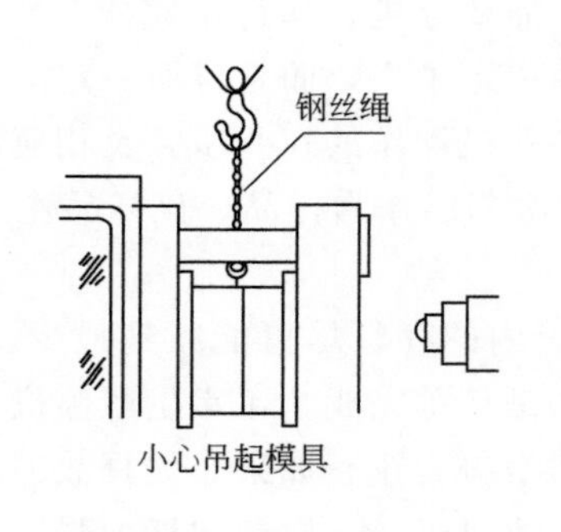

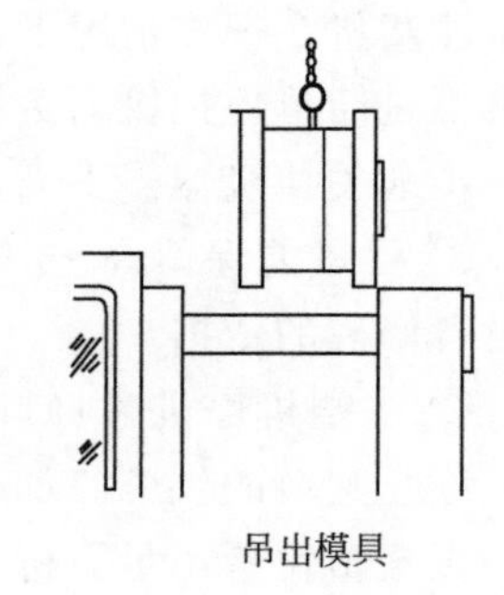

图 3-5 拆卸模具

① 启动油泵马达。

② 把模具完全闭合。

③ 关停油泵马达。

④ 打开安全门，用锁模器将模具动、定部分锁紧；用吊环螺栓连接到模具上，将缆绳套入起吊设备，准备起吊。此过程要保证注塑机开启时，模具的两半不会分开。

⑤ 卸下模具的连接管路和与模板固定的压板、螺栓。

⑥ 启动油泵马达。

⑦ 按开模按钮，开模。

⑧ 当开模操作完成时，关停油泵马达。

⑨ 把模具从注塑机上吊出并把它放在合适的地方。

3.2 国产注塑机的操作与调试（以海天牌注塑机为例）

目前，海天塑机集团注塑机所使用的控制器有中国台湾弘讯、日本 FUJI（富士）、奥地利 KEBA、意大利 GEFQAN 等，相应的操作系统及其界面略有不同，但以前两者最为常见。

3.2.1 操作面板

（1）操作面板

注塑机的操作面板（如图 3-6 所示）为注塑机的人机交互界面，并可以实时监测生产过程，工作中显示各种故障诊断。

（2）界面选择

系统提供 10 个功能键（F1～F10，见图 3-7）来选择界面，它将全部界面分为 2 组不同主选项（A 组界面和 B 组界面）。

A 组界面中包含 8 组副选单（模座、射出、储料、托模、中子、座台、温度和快设），如图 3-8 所示。

B 组（相对 A 组下一组）中又包含 7 组副选单（生管、校正、IO、模具、其他、系统和版本），如图 3-9 所示。

A 组界面的下层参数如图 3-10 所示。

B 组界面下层参数如图 3-11 所示。

（3）数字输入

图 3-12 中的数字键用于阿拉伯数字、英文字符和特殊符号的输入。

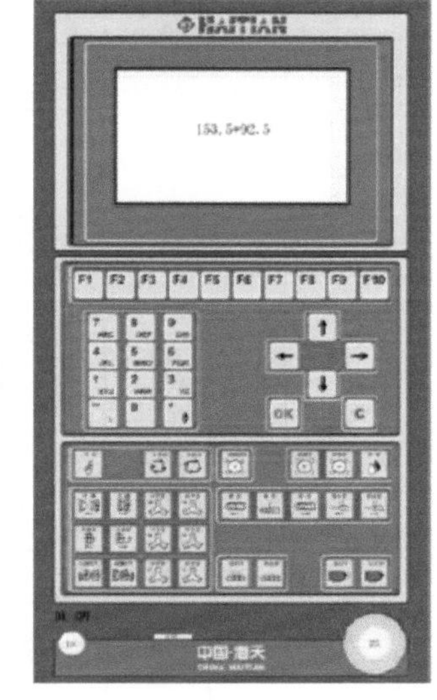

图 3-6 操作面板

图 3-7 功能键

图 3-8 A 组界面

图 3-9　B 组界面

A组键										
F1 状态										
F2 模座 →	F1 状态	F2 模座	F3 功能	F4 参一	F5 参二	F6 组态				F10 返回
F3 射出 →	F1 状态	F2 射出	F3 阀门	F4 功能	F5 曲线	F6 参数	F7 组态			F10 返回
F4 储料 →	F1 状态	F2 储料	F3 清料	F4 功能	F5 曲线	F6 参数	F7 组态			F10 返回
F5 托模 →	F1 状态	F2 托模	F3 吹气	F4 功能	F5 参数	F6 组态				F10 返回
F6 中子 →	F1 状态	F2 中一	F3 中二	F4 中三	F5 功能	F6 参数	F7 组态			F10 返回
F7 座台 →	F1 状态	F2 座台	F3 参数							F10 返回
F8 温度 →	F1 状态	F2 温度	F3 功能	F4 参数						F10 返回
F9 快设 →	F1 状态	F2 快设	F3 参数							F10 返回
F10 下组										

图 3-10　A 组界面的下层参数

B组键										
F1 状态										
F2 生管 →	F1 状态	F2 警报	F3 测一	F4 测二	F5 测三	F6 曲线	F7 计数	F8 参数	F9 记录	F10 返回
F3 校正	F1 状态	F2 AD	F3 DA1	F4 DA2	F5 DA3	F6 DA4			F9 储料	F10 下组
F4 I O →	F1 状态	F2 PB1	F3 PB2	F4 PC1	F5 PC2	F6 设PB	F7 设PC	F8 测PA	F9 诊断	F10 返回
F5 模具 →	F1 状态	F1 储存	F3 读取	F4 复制	F5 删除	F6 机器				F10 返回
F6 其他 →										F10 返回
F7 系统 →	F1 状态	F2 系统	F3 资料	F4 权级	F5 控制	F6 重置	F7 建置			F10 返回
F8 版本 →										F10 返回
F10 下组										

图 3-11　B 组界面下层参数

（4）光标移动

图 3-13 中的光标移动键用于光标上下左右的移动。

（5）参数确认/取消

如图 3-14 所示，在参数输入框输入数值或字符之后，进行参数的确认及取消。

（6）模式操作

模式选择键如图 3-15 所示。

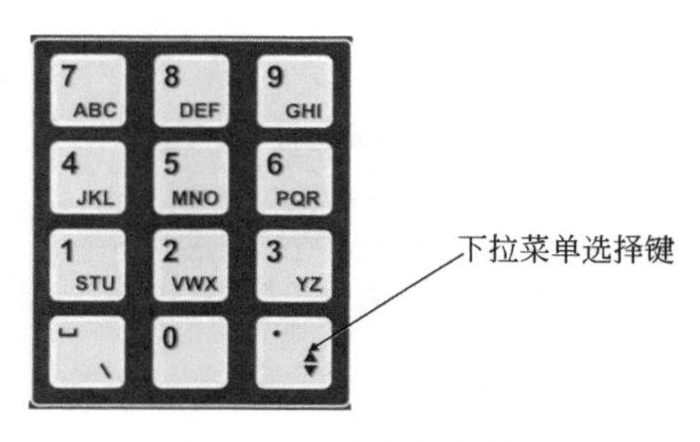

图 3-12　数字输入键

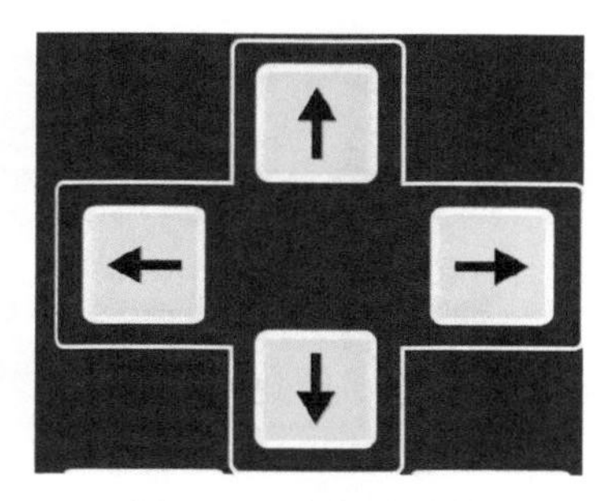

图 3-13　光标移动键

手动键：按下此键，机器进入手动模式。

图 3-14　确认与取消键

半自动键：按下此键，机器进入半自动循环，每一循环开始，均需打开关闭前安全门一次，才能继续下一个循环。

全自动键：按下此键，机器进入全自动循环，只需在第一个循环时，打开关闭前安全门一次，在接下来的循环中，不需要打开关闭前安全门。

图 3-15　模式选择键

特别注意

① 调模使用。本键提供两项功能，按第一次为粗调模，屏幕显示由手动切换为粗调模。在此状态下，调模进退才能动作，同时为了方便及安全装设模具，此时操作开关模、射出、储料、射退、座台进退的压力速度均使用内设的低压慢速，运动中也不随着位置变化而变换压力和速度，但开模、储料及射退会随位置到达而停止，因此在装设模具时，建议在粗调模模式下进行操作。

② 按第二次时为自动调模，在操作者将模具装好后，设定好开关模所需的压力、速度、位置等参数后，可使用自动调模，当安全门关上后，计算机会依所设定的关模高压自动调整模厚，直至所设定的高压与实际压模压力一致才完成。

③ 如要恢复手动，直接按下手动键即可，但注意在调模状态下是无法进入自动状态的，需恢复为手动才可以。

（7）动作操作

控制注塑座、开闭模等动作的界面如图 3-16 所示。

开模键：手动状态下，按此键会根据设定的开模参数进行开模动作，如果有设定中子动作，则会联锁进行中子动作，按键放开或开模到设定行程，则动作停止。

合模键：手动状态下并且安全门关上，按此键即会根据设定的合模参数进行合模动作，如果有设定中子动作，则会联锁进行中子动作，按键放开或者合模到底后，则动作

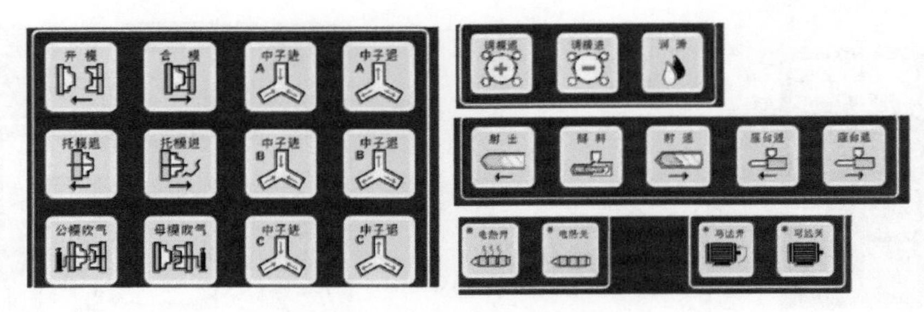

图 3-16　动作操作界面

停止。

脱模退键：手动状态下，按此键即会根据设定的脱模退参数进行脱模退动作，按键放开或者脱模退到底后，则动作停止。

脱模进键：手动状态下，按此键即会根据设定的脱模进参数进行脱模进动作，按键放开或者脱模进终止后，则动作停止。

公模吹气键：公模吹气选择使用，在手动状态下按下公模吹气键，可于开关模的任何位置根据设定的吹气时间进行吹气。

母模吹气键：母模吹气选择使用，在手动状态下按下母模吹气键，可于开关模的任何位置根据设定的吹气时间进行吹气。

中子 A 进/中子 A 退键：中子 A 功能选用，在手动状态下按下进/退键，并且当前模板位置在中子动作位置有效区内，可进行中子 A 进/退动作，按键放开可停止动作。

中子 B 进/中子 B 退键：中子 B 功能选用，在手动状态下按下进/退键，并且当前模板位置在中子动作位置有效区内，可进行中子 B 进/退动作，按键放开，动作停止。

中子 C 进/中子 C 退键：中子 C 功能选用，在手动状态下按下进/退键，并且当前模板位置在中子动作位置有效区内，可进行中子 C 进/退动作，按键放开可停止动作。

调模退键：粗调模模式下，按下调模退键，可根据设定的调模退参数进行调模退动作，按键放开则动作停止。

调模进键：粗调模模式下，按下调模进键，可根据设定的调模进参数进行调模进动作，按键放开则动作停止。

射出键：手动状态下，当料管温度已达到设定值，且预温时间已到，按此键则进行注射动作。

储料键：手动状态下，当料管温度已达到设定值，且预温时间已到，按下此键一次，可进行储料动作，如果中途要停止储料，再按一次储料键即可。

射退键：手动状态下，当料管温度已达到设定值，且预温时间已到，按此键则做射退动作，按键放开可停止动作。

座台进键：手动状态下，任何位置座台进均可动作，可是当座台进接近座台进终了时，会转换为慢速前进，以防止射嘴与模具撞击，达到保护模具的效果。

座台退键：手动状态下，按此键，则进行座台退，座退位置到达后或者座退时间结束后，停止座退。

电热开键：手动状态下按此键后，料管会开始加温，自动状态时此键无效，状态显示画面会显示电热图形。

电热关键：手动状态下按此键后，料管停止加温，自动状态时此键无效，状态显示画面会显示电热图形。

马达开键：手动状态下，按此键则马达运转，自动状态时此键无效，状态显示画面会显示马达图形。

马达关键：手动状态下，按此键则马达停止，自动状态时此键无效，状态显示画面会显示马达图形。

3.2.2 基本操作

状态界面，图标标注界面，电热、马达和通信状态界面分别见图 3-17～图 3-19。

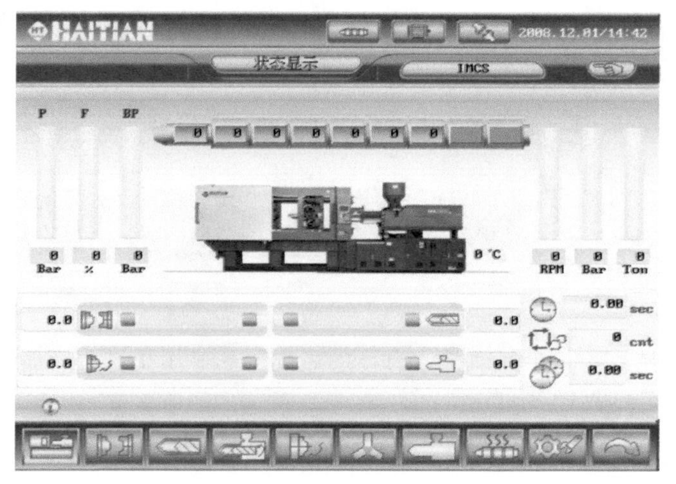

图 3-17　状态界面

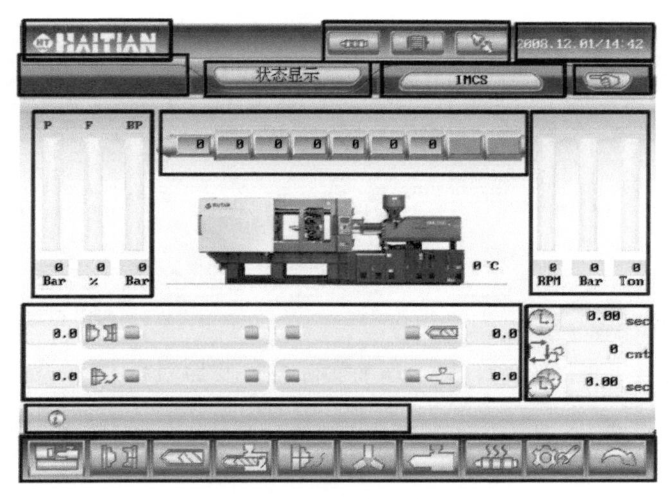

图 3-18　图标标注界面

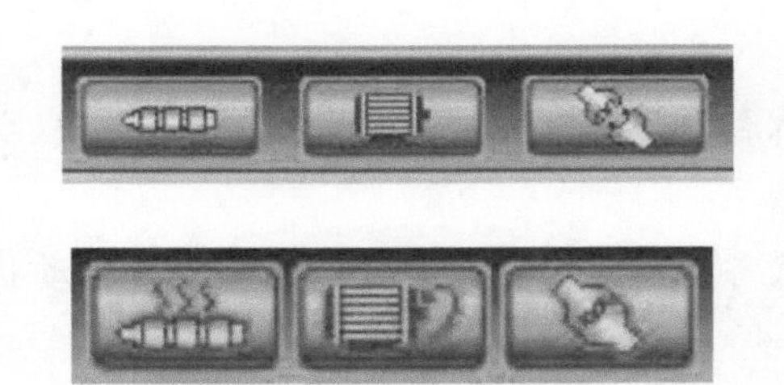

图 3-19　电热、马达和通信状态界面

特别注意

① 电热、马达、通信没有启动，则用灰色图标显示；

② 电热、马达、通信已经启动，则用橙色图标显示。

动作状态显示栏如图 3-20 所示。

① 动作状态栏，用动作小图标的方式显示当前正在进行的动作。

② 采用图标方式，占地空间小，可同时显示多个动作，方便监视机器动作状态。

当前模具名称显示见图 3-21。

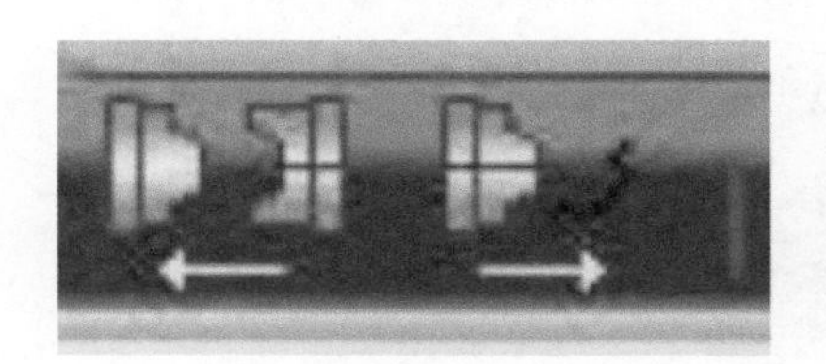

图 3-20　动作状态显示栏

图 3-21　当前模具名称显示

当前模具名称显示，每个界面都有自己的名称，此栏用于显示当前使用的模具名称。

当前操作状态显示见图 3-22。

压力流量输出值状态显示见图 3-23。

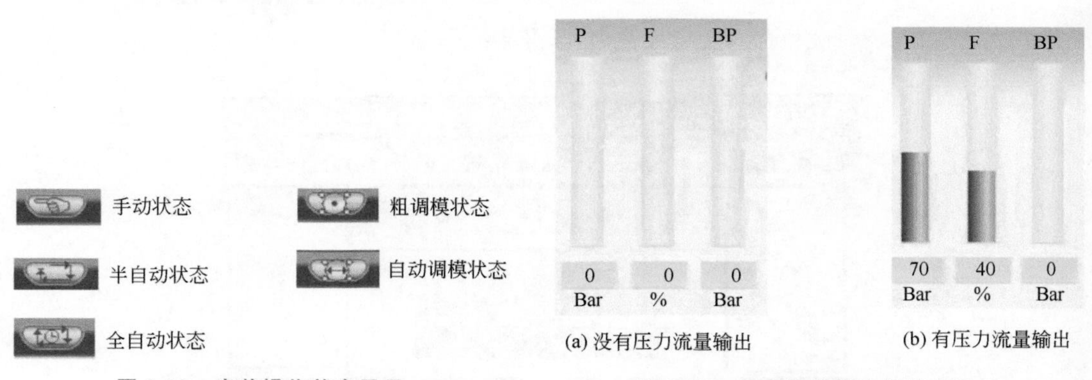

图 3-22　当前操作状态显示

图 3-23　压力流量输出值状态显示

料筒加温状态显示见图 3-24，显示当前实际料温及加温状态。

图 3-24　料筒加温状态显示

RPM、注射压力及合模吨位状态显示见图3-25。

位置尺显示栏见图3-26，分别显示模座、脱模、注射、座台的实际位置。

计时与计数显示见图3-27。

警报栏及消息提示栏见图3-28。

界面提示栏见图3-29，有10个图标，对应F1～F10，在界面选择键上按下对应的键，则可进入对应的界面。

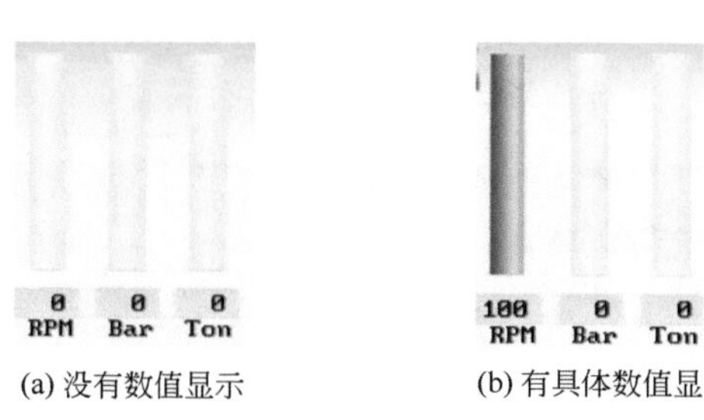

(a) 没有数值显示 (b) 有具体数值显

图 3-25 RPM、注射压力及合模吨位状态显示

图 3-26 位置尺显示栏

(a) 没有警报时的状态

(b) 出现警报时的状态

图 3-27 计时与计数显示

图 3-28 警报栏及消息提示栏

开关模参数界面见图3-30，可设定常用的开关模参数，主要包含位置、压力和流量参数。

图 3-29 界面提示栏

图 3-30 开关模参数界面

3.2.3 开关模的设定

开关模的设定界面见图3-31，设定常用的开关模功能选项（见图3-32），主要有差动合模、开模连动等选项，设定常用的开关模参数，主要包含位置、压力和流量参数。

特别注意

再循环计时：等待下一次关模的延迟时间。

开模连动：可选择不用或选择使用托模（顶出）或中子（A/B/C/D）。

连动位置：开始动作的位置点。

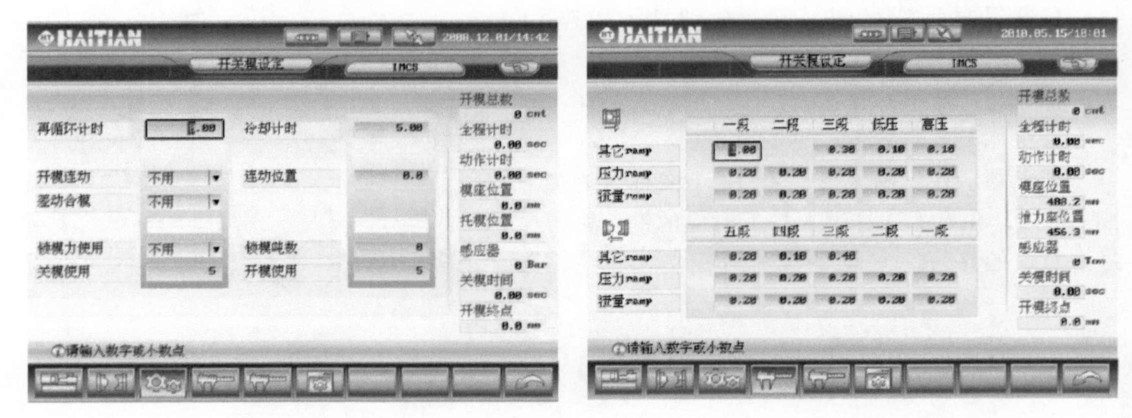

图 3-31　开关模的设定界面　　　　图 3-32　开关模设定功能

开关模参数——设定开关模各段动作的斜率，见图 3-33。

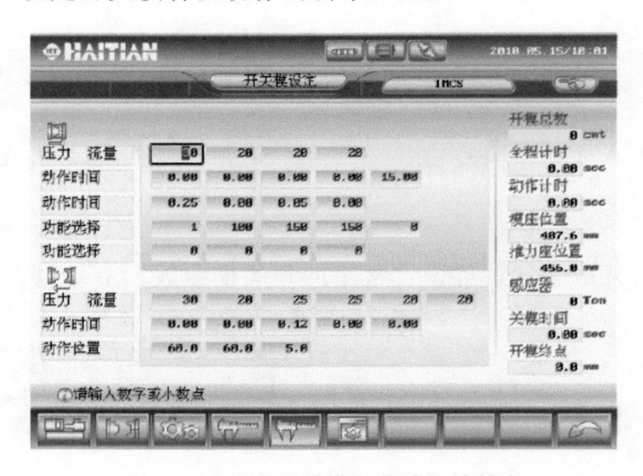

图 3-33　设定开关模各段动作的斜率

开关模参数——设定开关模动作的其他内部参数，见图 3-34。

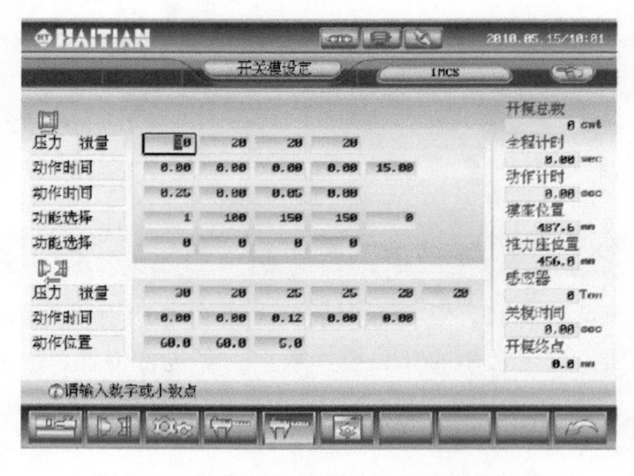

图 3-34　设定开关模动作的其他内部参数

开关模参数——开关模组态界面，见图 3-35。用于对机器某些功能的开启及关闭。

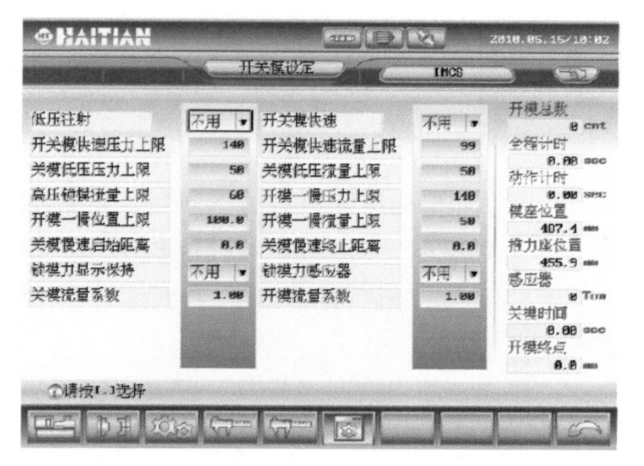

图 3-35　开关模组态界面

3.2.4　注射参数的设定

设定基本的注射参数，主要包含位置、压力和流量参数，见图 3-36。

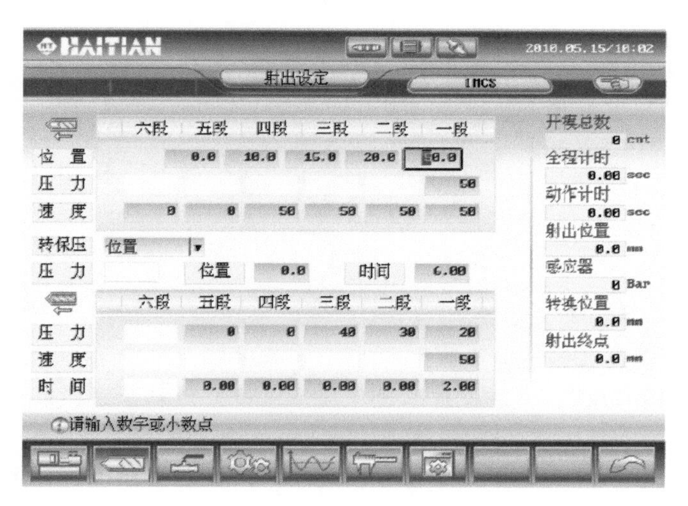

图 3-36　基本的注射参数设定

特别注意

① 对射出的控制，区分为射出段与保压段两种。射出分为六段，各段有自己的压力及速度设定，各段的切换均使用位置距离来同时切换压力及速度，适合各种复杂、高精密度的模具，而射出切换保压可以用时间来切换，亦可以用位置来切换或两者互相补偿，其运用应根据具体模具的构造、原料的流动性及效率等因素进行考虑，方法巧妙各有不同，但整个调整性都已被归纳其中，都可以调整出来。

② 保压最多可使用六段压力、六段速度，保压切换是使用位置、时间或压力的，待最后一段计时完毕，即代表整个射出行程已经完成，自行准备下一步骤。

③ 使用者也可以固定使用射出时间来射出，只要将保压切换点位置设定为零，让射

出永远也到达不到保压切换点，此手动射出时间就等于实际射出时间，但是就会失去监控这一项的功能，而且不良品也较难被发现，不能及时做出调整。

④ 由于每一模料管里原料的流动性都不同，其变动性越小，对应的成品的良品率会越高，因此计算机会在射出的起始位置、射出动作计时及射出监控部分做检查，当超过其上、下限时，即会发出警报，以提醒使用者注意。

射出阀门界面见图 3-37。系统根据实际模具的不同和客户制品的实际工艺要求，提供 10 组热流道浇口控制，用以在注射和保压阶段对模具上的浇口进行顺序控制。

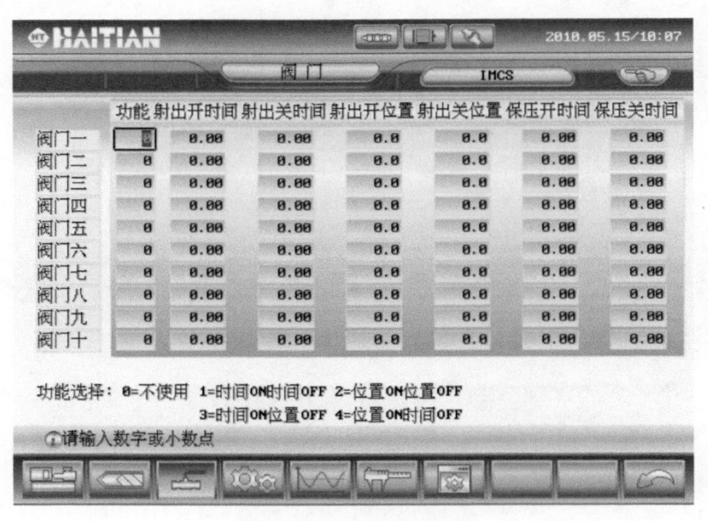

图 3-37　射出阀门界面

特别注意

界面中各个选择项的含义如下。

① 不使用：此模式下热流道不动作。

② 时间 ON 时间 OFF：某一流道的动作顺序在设定的起始螺杆位置打开，开到设定的动作时间后关闭。

③ 位置 ON 位置 OFF：某一流道的动作顺序在设定的起始螺杆位置打开，开到设定的终止螺杆位置后关闭。

④ 时间 ON 位置 OFF：某一流道的动作顺序在设定的一定的注射阶段时间进行后开始，开到设定的终止螺杆位置后关闭。

⑤ 位置 ON 时间 OFF：某一流道的动作顺序在设定的起始螺杆位置打开，开到设定的动作时间后关闭。

⑥ 保压阶段则使用时间 ON 时间 OFF 模式。

射出功能界面见图 3-38，用于设定常用的注射功能，主要有射出增速、射出快速、液压喷嘴等选项。

射出曲线界面见图 3-39，用以显示注射速度、实际曲线及保压的设定。

射出参数界面见图 3-40，用于设定注射及保压的动作斜率。

射出组态界面见图 3-41，用于对机器的某些功能进行开启及关闭。

图 3-38　射出功能界面

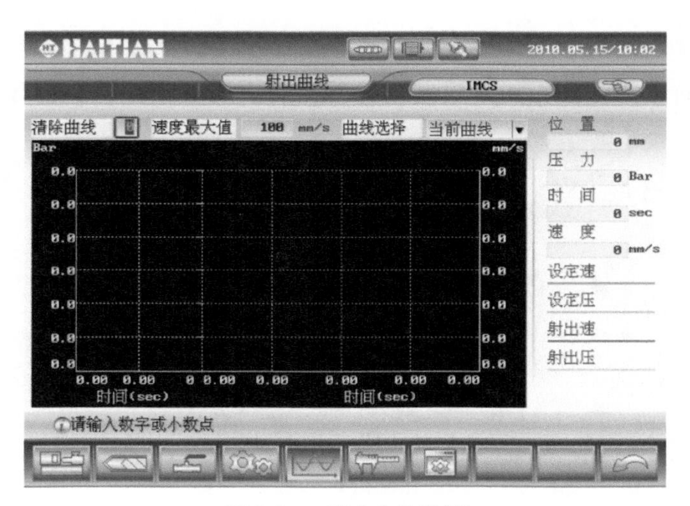

图 3-39　射出曲线界面

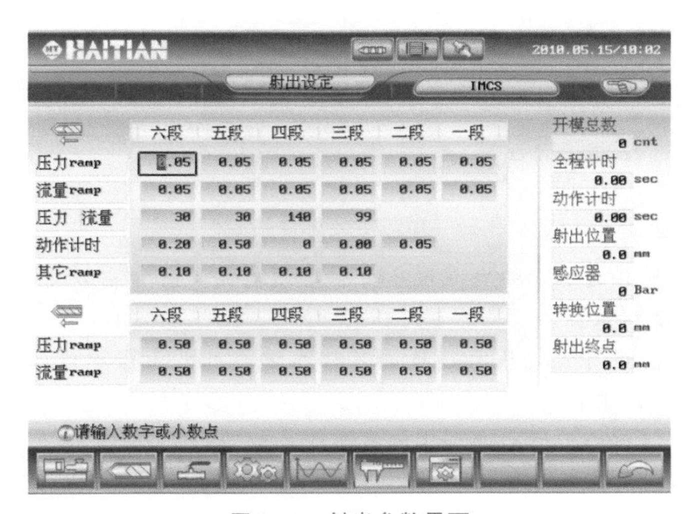

	六段	五段	四段	三段	二段	一段
压力ramp	0.05	0.05	0.05	0.05	0.05	0.05
流量ramp	0.05	0.05	0.05	0.05	0.05	0.05
压力 流量	30	30	140	99		
动作计时	0.20	0.50	0	0.00	0.05	
其它ramp	0.10	0.10	0.10	0.10		

	六段	五段	四段	三段	二段	一段
压力ramp	0.50	0.50	0.50	0.50	0.50	0.50
流量ramp	0.50	0.50	0.50	0.50	0.50	0.50

图 3-40　射出参数界面

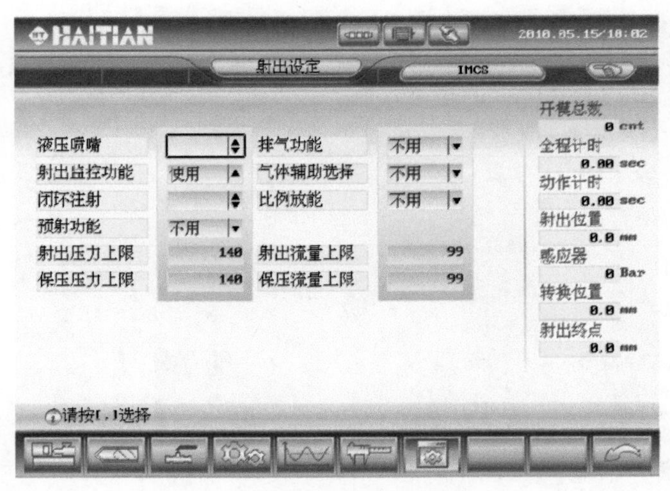

图 3-41　射出组态界面

3.2.5　储料射退的设定

储料射退界面见图 3-42，用于设定基本的储料射退参数，主要包含位置、压力和流量参数。

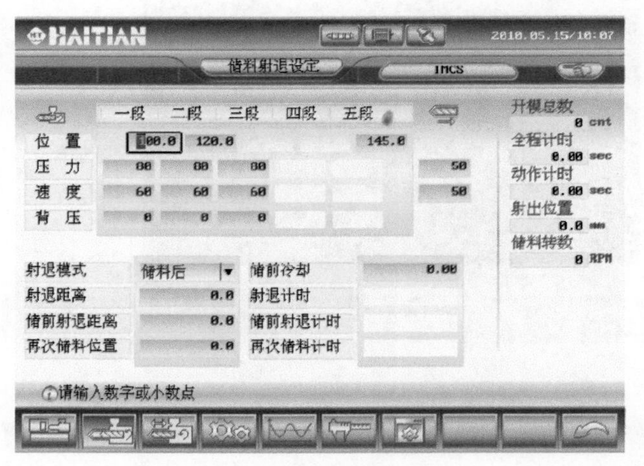

图 3-42　储料射退界面

特别注意

界面中各选择项的意义如下。

① 储料设定：储料过程，共有五段压力、速度控制，可自由设定其启动、中途及末段所需的压力、速度和位置。

② 射退设定：射退可设定压力速度，其动作方式可分为位置或时间，若选用位置，只需输入所需的射退距离。

③ 储前冷却：储前冷却时间亦可作储料前的冷却功能用。

④ 再次储料：在射出前先做储料动作。

⑤ 储前射退：储料前先做射退动作。

⑥ 冷却计时：射出完毕即开始计时冷却。

自动清料界面见图 3-43。

自动清料：在手动状态下操作者欲清除料管中的储料，可由此设定清料的次数和每次清料储料的时间，其操作方式为在粗调模状态下，按射出键（先决条件为次数和时间不得为 0）。可选择使用或不用。

图 3-43 自动清料界面

储料功能界面见图 3-44，用于设定常用的储料功能选项，主要有储前射退方式、射退控制方式、储料连动功能等选项。

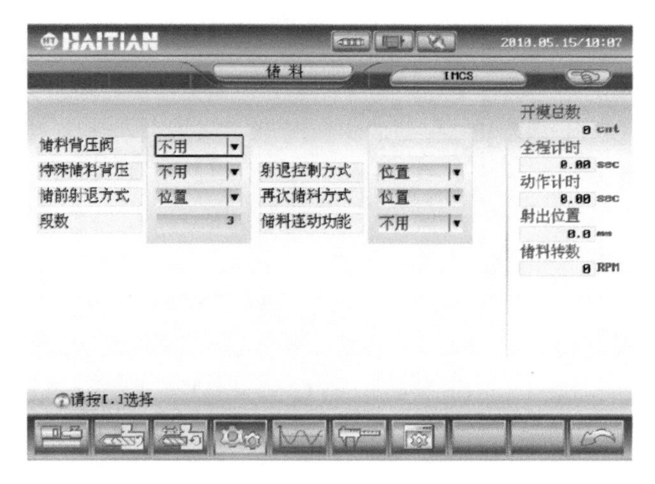

图 3-44 储料功能界面

储料曲线界面见图 3-45，用以显示储料 RPM、实际曲线及储料被压的设定。

储料组态界面见图 3-46，用于对机器的某些功能进行开启及关闭。

3.2.6 脱模吹气的设定

脱模界面，设定基本的顶出（也叫托模）参数（见图 3-47），主要包含位置、压力等参数。

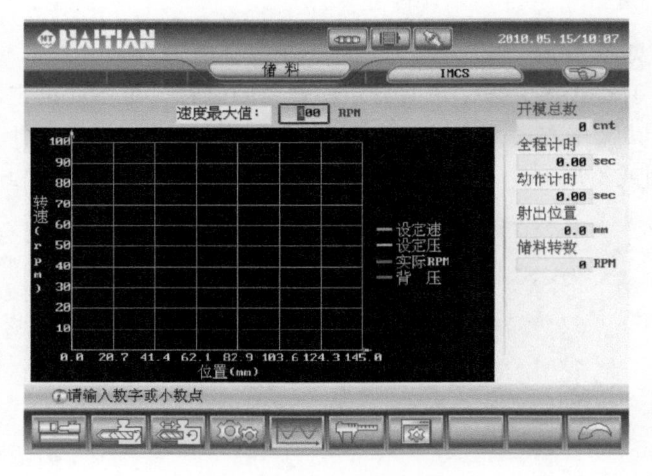

图 3-45 储料曲线界面

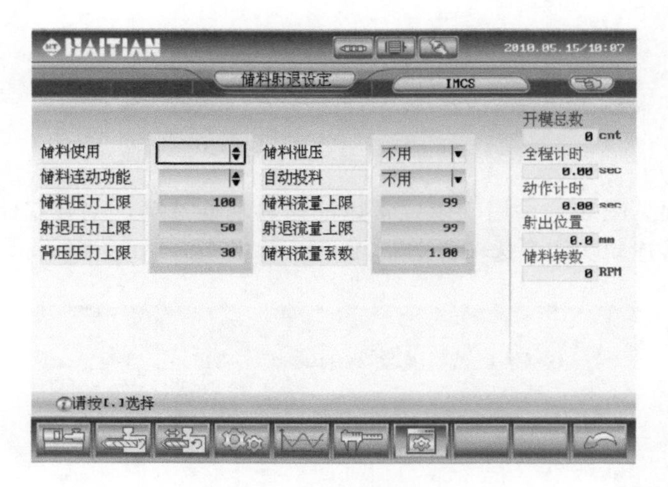

图 3-46 储料组态界面

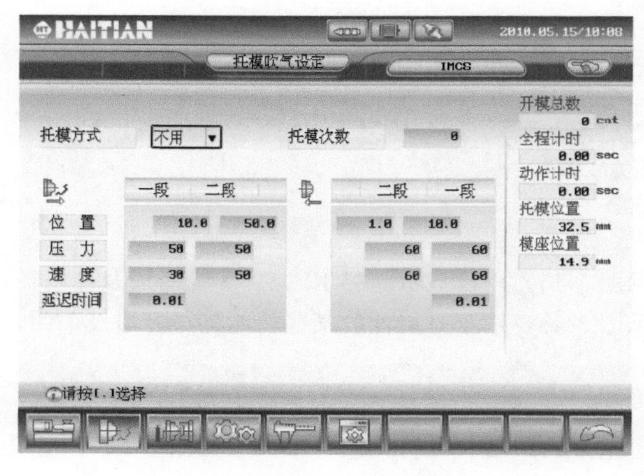

图 3-47 基本的顶出（托模）参数

特别注意

托模次数，即用于设定托模进退所需的次数。托模种类共有如下 3 种模式可以选择。

① 停留。指托模停留。使用此功能，一律限定为半自动，此时按全自动按键无效，顶针会在顶出后即停止，等待成品取出，关上安全门才做顶退，顶退动作结束后才关模。

② 定次。即计数托模方式，根据托模次数的设定值进行托模。

③ 振动。即振动托模，顶针会依据所设定的次数，在托进终止处做短时间的来回快速托模，造成振动现象，使成品脱落。

吹气界面——公母模吹气设定见图 3-48。系统提供固定及活动模板吹气（选用），可做 A～F 组分别吹气，以位置控制动作点，时间计时吹气延迟时间。若托模已完毕，需等待吹气完成，才能关模。

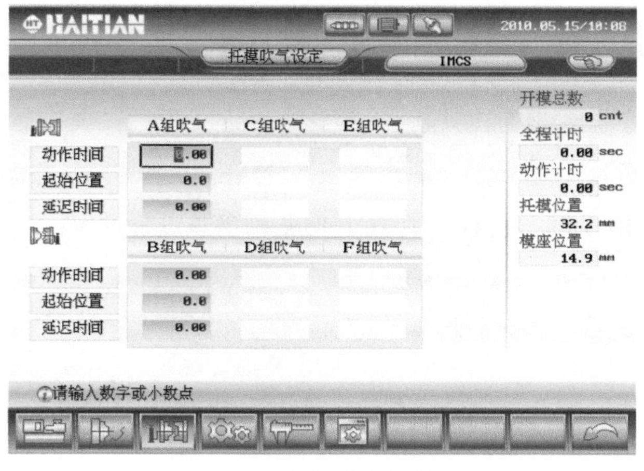

图 3-48　公母模吹气设定

脱模吹气功能界面见图 3-49。

界面中各选择项的含义如下。

① 电眼检出选择：设定为使用，可进行电眼自动功能。

② 再次顶出：设定为使用，如果第一次顶出失败，则会再次进行顶出动作。

③ 自动安全门：设定为使用，则可操作自动门（此功能为选配）。

脱模参数界面——脱模的动作斜率设定见图 3-50。

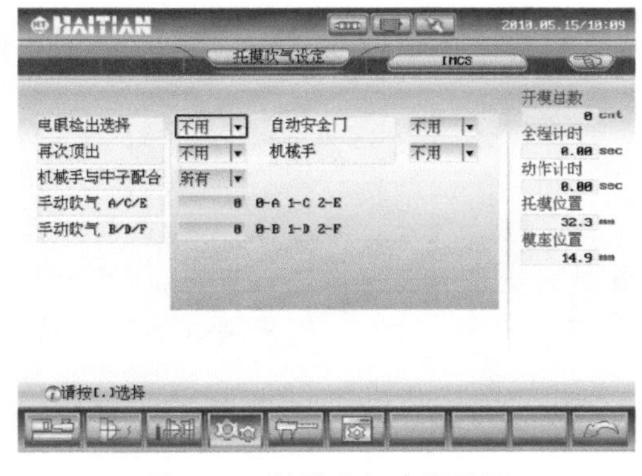

图 3-49　脱模吹气功能界面

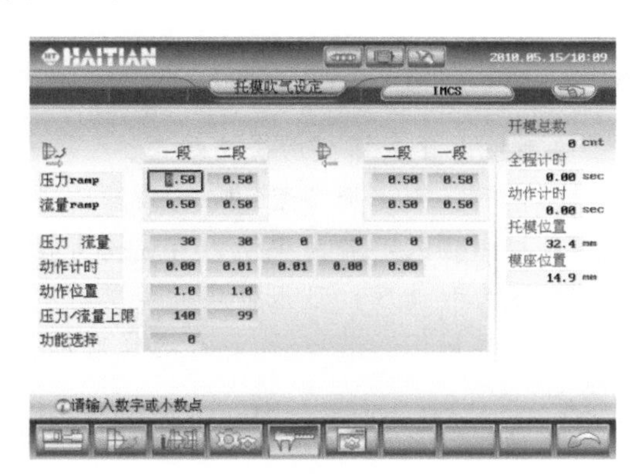

图 3-50　脱模的动作斜率设定

脱模组态界面见图 3-51，用于对机器某些功能进行开启及关闭。

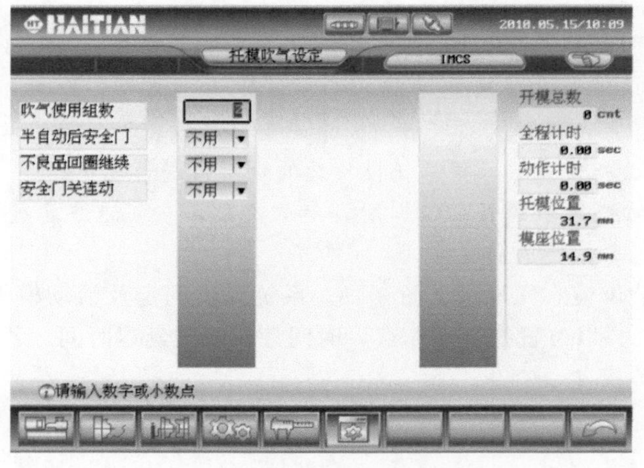

图 3-51　脱模组态界面

3.2.7　中子设定

中子 AB 界面见图 3-52，可对中子 A/B 的基础参数进行设定。

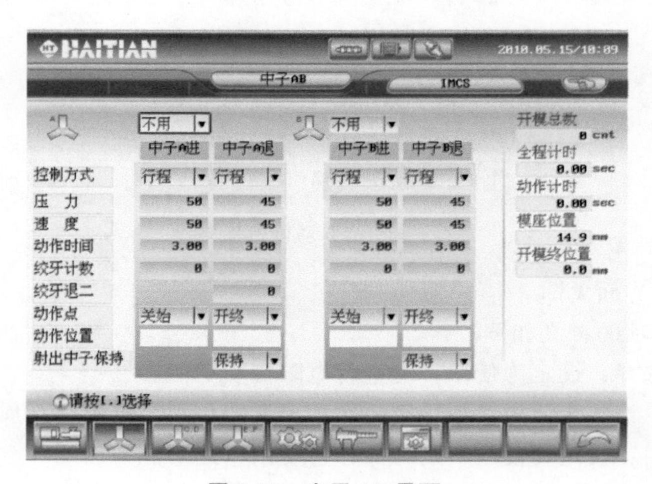

图 3-52　中子 AB 界面

特别注意

界面中主要选择项的含义如下。

① 中子：可选择不用/中子/绞牙。

② 控制方式：若为中子，可选择行程/时间方式；若为绞牙，可选择计数/时间方式。

③ 压力和速度：可根据实际需要对中子/绞牙进退的压力和速度进行设置。

④ 动作时间：若中子/绞牙选择时间方式，则动作时间为中子/绞牙进退的输出持续时间。

⑤ 动作点：中子/绞牙动作的起始位置，可选择关始/中途/开终。

⑥ 动作位置：若动作点选择中途，可在开模行程内设定任一位置动作。

⑦ 射出中子保持：若选保持，则在射出过程中，中子的液压阀继续保持打开状态。

中子 CD 界面见图 3-53，可对中子 C/D 的基础参数进行设定。

中子 EF 界面见图 3-54，可对中子 E/F 的基础参数进行设定。

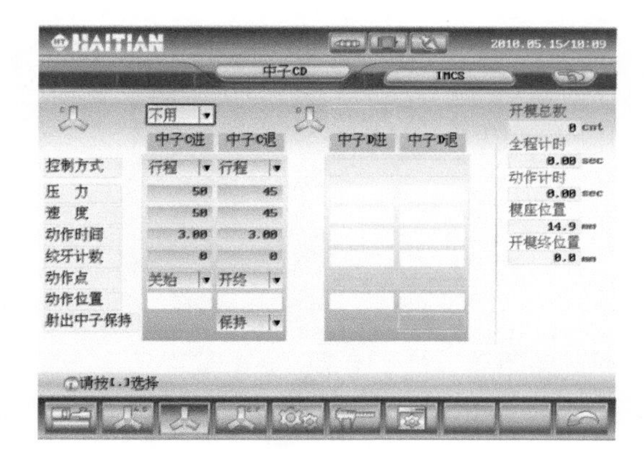

图 3-53　中子 CD 界面

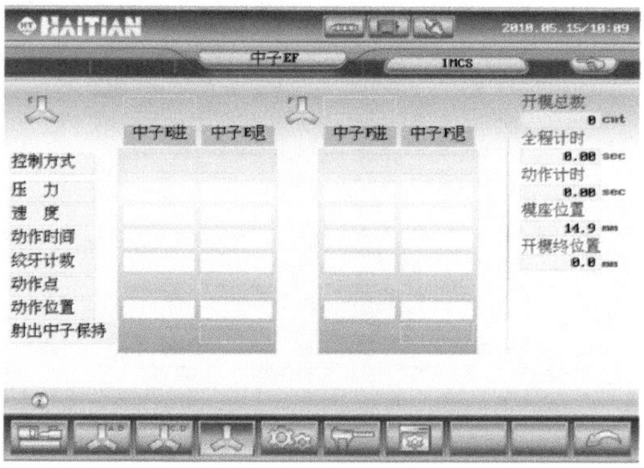

图 3-54　中子 EF 界面

中子功能界面见图 3-55。

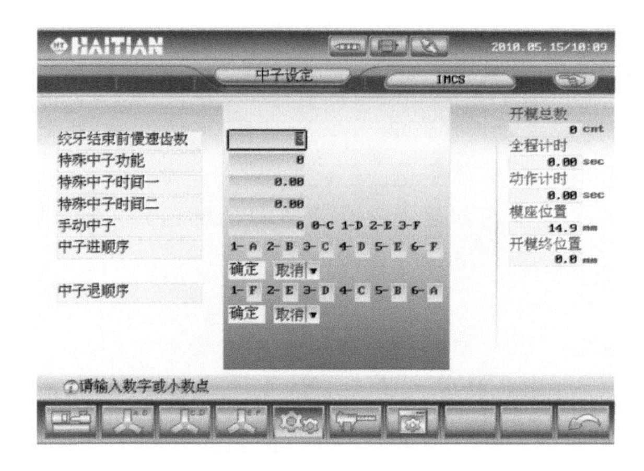

图 3-55　中子功能界面

特别注意

界面中相关的选择项含义如下。

① 绞牙结束前慢速齿数：用于设定绞牙动作结束前旋转减慢的齿数。

② 特殊中子功能：用于输入特殊中子代码。

③ 特殊中子时间一：预留给特殊中子使用。

④ 特殊中子时间二：预留给特殊中子使用。

⑤ 手动中子：若输入 0/1/2/3，则在手动状态下按中子 C 进/退，执行中子 C/D/E/F 的功能。

⑥ 中子进顺序：在选用多组中子的时候，各组中子进的顺序。

⑦ 中子退顺序：在选用多组中子的时候，各组中子退的顺序。

中子参数界面见图 3-56，可设定中子的动作斜率及动作延迟。

中子组态界面见图 3-57，用于设定中子的动作组数及压力流量上限。

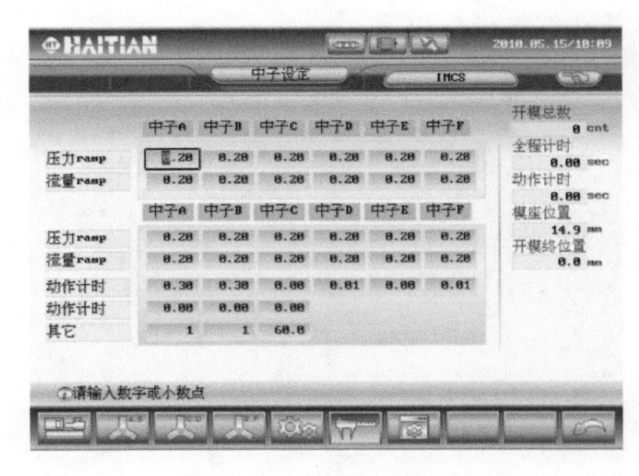

图 3-56　中子参数界面

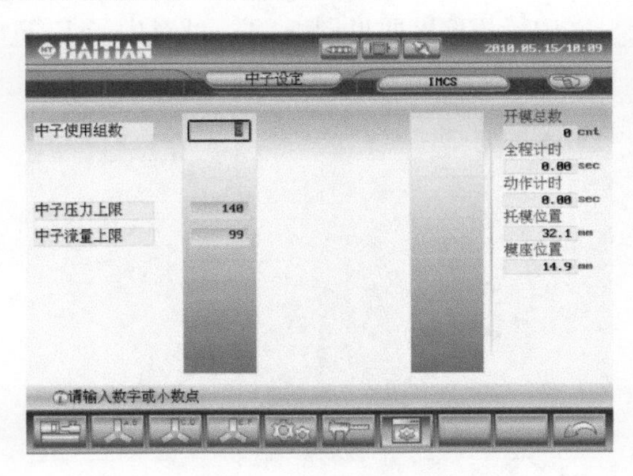

图 3-57　中子组态界面

3.2.8　座台/调模设定

座台/调模设定界面见图 3-58。

特别注意

界面中主要选择项的含义如下。

① 储料后：在储料结束后座台后退。

② 开模前：在开模动作前座台后退（表示冷却计时已到）。

③ 射出后：在射出完成后，座台后退。

④ 不用：表示座台不活动。

⑤ 调模设定：调模的慢速作为调模进、退启动的速度使用，一旦调模盘开始计数后，则转换为快速动作。至于计数，计算机将自动计算，无需设定。

座台/调模参数界面见图 3-59，可设定座台/调模动作斜率及动作延迟。

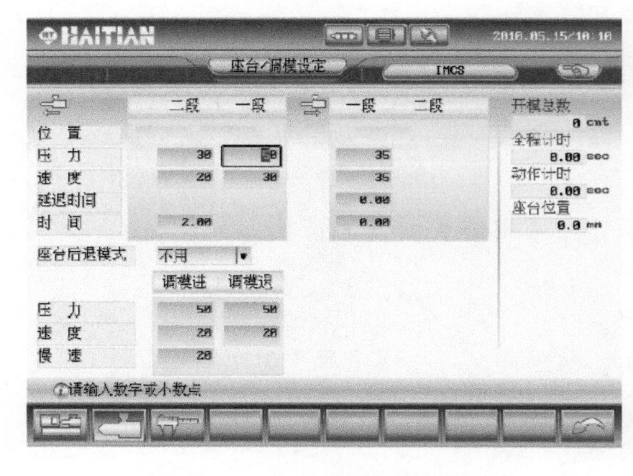

图 3-58　座台/调模设定界面

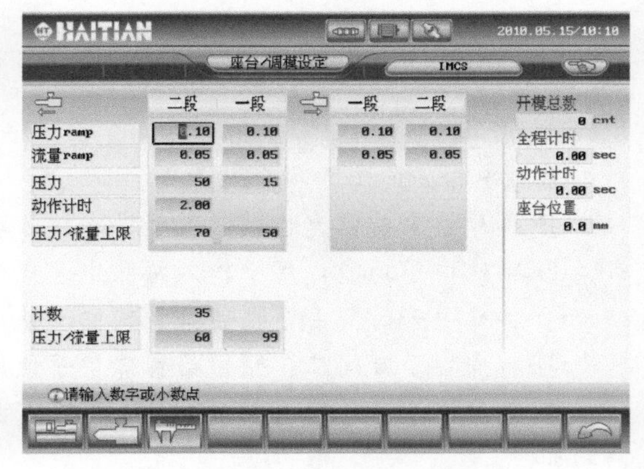

图 3-59　座台/调模参数界面

3.2.9 温度设定

温度设定界面见图 3-60，用于设定料筒加热的目标温度，并且可查看对应各段的实际温度。

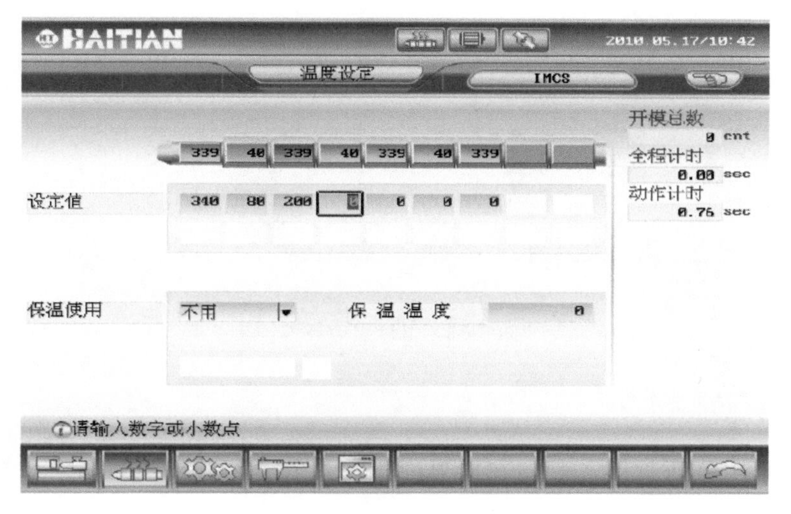

图 3-60 温度设定界面

特别注意

电热圈颜色说明如下。

① 蓝色：加热回路正常。

② 绿色：加热回路正在工作。

③ 红色：加热回路异常。

温度定时加热界面见图 3-61。定时加温：当用户要使用定时加温时，可设定加温时间且选择“使用”，当到达预设时间，计算机便会自动开启电热开关。

温度设定界面见图 3-62，此界面包含温度设定的所有内部参数。

温度组态界面见图 3-63，可设定温度的内部功能选项。

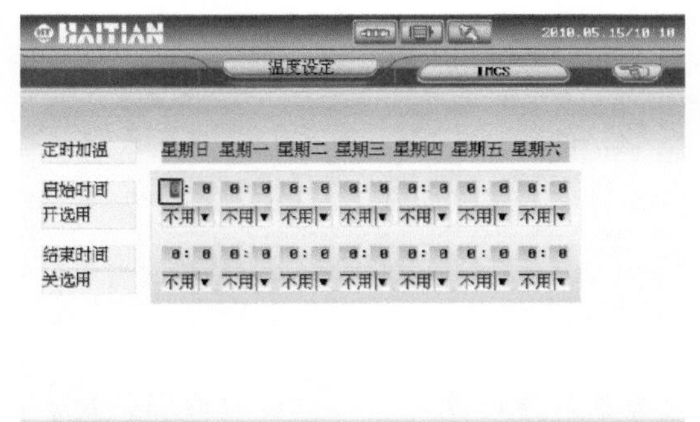

图 3-61 温度定时加热界面

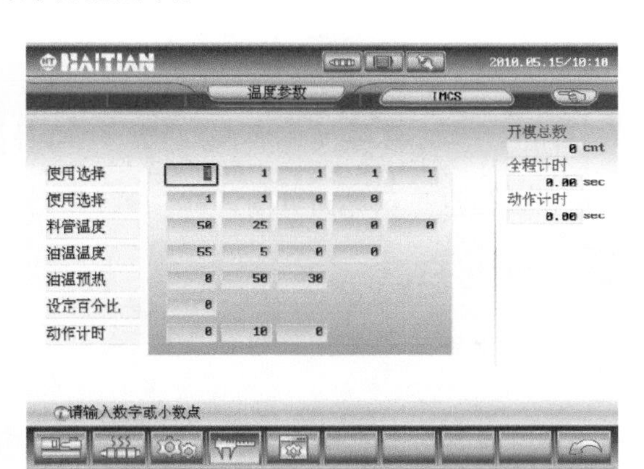

图 3-62 温度设定界面

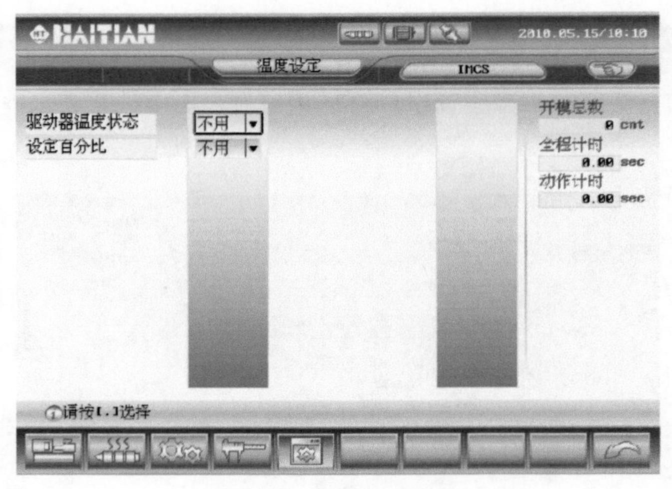

图 3-63　温度组态界面

3.2.10　主要参数的快速设定

参数快速设定界面见图 3-64，在此界面下可以快速设定关模、开模、托模、注射、保压、储料、射退及温度等参数。

快速参数界面见图 3-65，此界面主要用来设定机器润滑的相关参数。

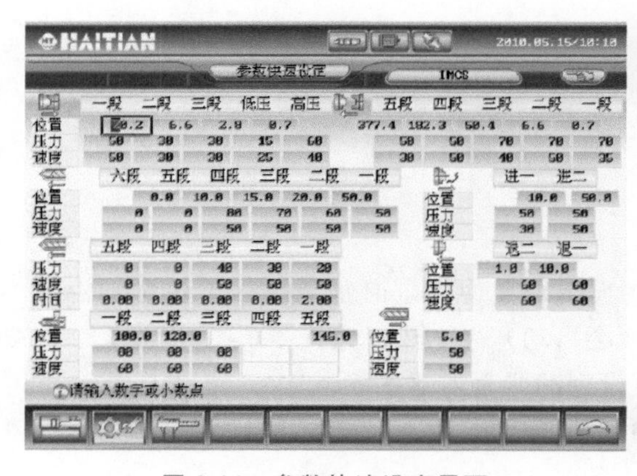

图 3-64　参数快速设定界面

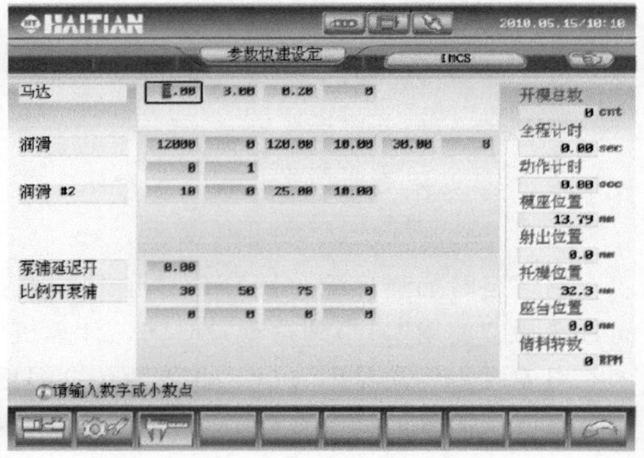

图 3-65　快速参数界面

3.2.11　生产管理

错误信息显示界面见图 3-66。

特别注意

界面中各主要选择项的含义如下。

① 显示起始序号：此界面最多可显示 10 组警报数据，若用户要看前面的警报数据，输入其序号便会出现在界面上，该系统最多可记忆 200 组警报数据，且关电再开机资料仍会被保存。

② 错误储存总数：记录警报总数。

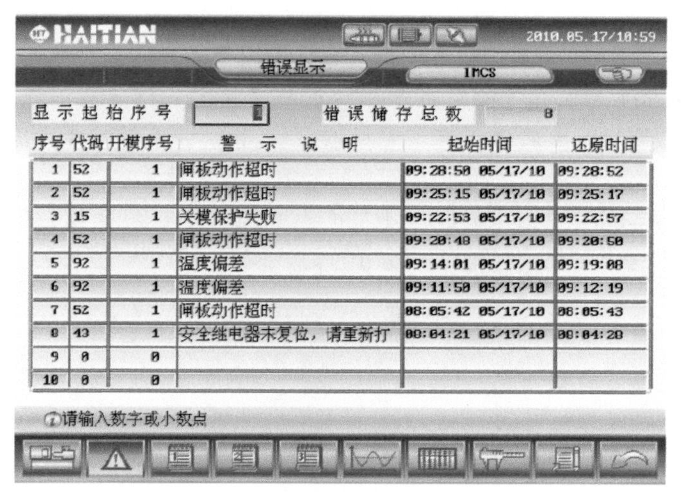

图 3-66　错误信息显示界面

③ 序号：表示显示序号为 1 一直递增至 200。

④ 起始时间：为错误产生时间。

⑤ 还原时间：排除错误信息时间。

监测一界面见图 3-67。

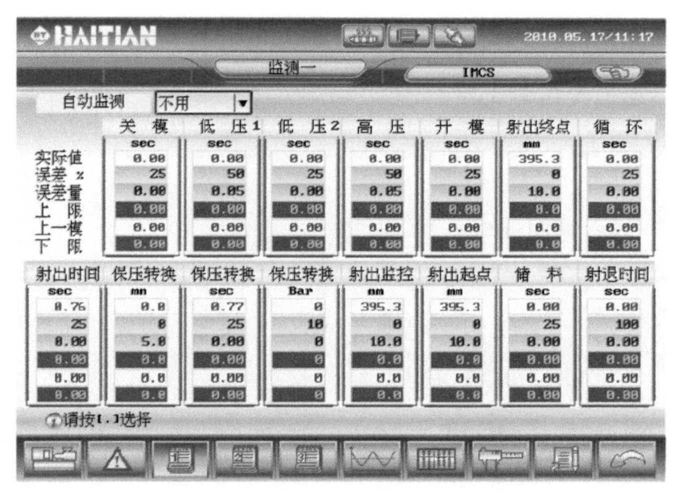

图 3-67　监测一界面

特别注意

界面中主要选择项的含义如下。

① 计算机提供自动监测和自动警报系统，它允许每个动作参数设定其警报上下限，当实际动作参数超过其上下限，该机器便会停止动作且发出警报，并在错误界面记录警报时间、警报模式。

② 当机器开始操作，其自动警报是关闭的，直到自动警报起始模数到达，计算机才会启动自动警报且使用启动警报模数的动作参数来作为警报参考数据，当自动生产中其动

作时间超过警报上下限，计算机便会发出警报且机器会在开模完成后停止。

③ 自动警报可以在生产稳定后再开启，当机器刚开始操作，其动作参数较为不稳定，所以必须考虑当机器生产较为平顺后再来启动自动警报。

④ 其上下限的设定，由实际生产参数结合误差率和误差量求得。假如用户一起使用误差率或误差量来计算其值的上下限，可使用以下公式来计算：

最大值：RV＋（RV＊X/100）＋Y，RV＝参考值

最小值：X＝误差百分比（e.g. 10 for 10%），RV－(RV＊X/100)－Y，Y＝误差量

⑤ 各监测值含义如下。

a. 关模：关模整个行程的时间。

b. 低压：关模低压行程时间。

c. 高压：关模高压行程时间。

d. 开模：开模整个行程时间。

e. 开模终点：开模完成时的位置。

f. 循环：自动时一循环的时间。

g. 托模：托模行程时间。

h. 射出时间：射出所需的全部时间。

i. 保压转换：射出转保压的位置。

j. 保压转换：射出转保压的时间。

k. 保压转换：射出转保压的压力。

l. 射出监控：射出及保压结束的位置。

m. 射出起点：射出开始的位置。

n. 储料：储料行程的时间。

o. 射退时间：射退所需的时间。

监测二、监测三界面见图3-68、图3-69。

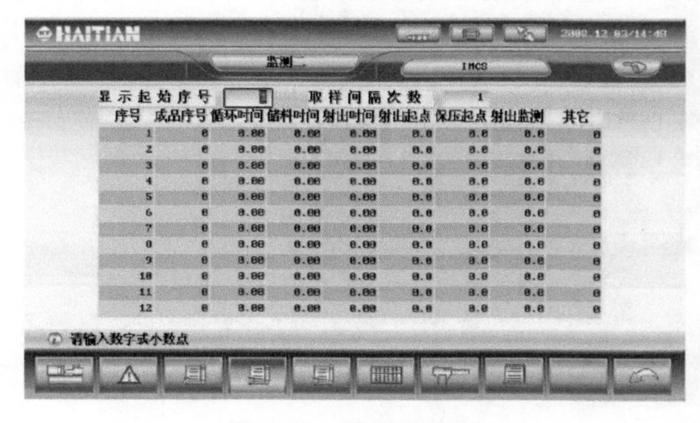

图3-68 监测二界面

图3-69 监测三界面

特别注意

监测二、监测三界面是比较重要的生产参数，且需要在生产期间严格监控其误差变化。当经由不同生产周期的比较来调整相关的设定数据，改善其生产质量，计算机最多可储存500组资料，且一次最多显示14组数据。界面中主要选择项的含义如下。

① 显示起始序号：选择想要查的起始模数。

② 取样间隔次数：输入想要的取样间隔数。

③ 重置（不用/重置）：假如要清除监测二/三数据，应选择“重置”输入。

质量曲线界面见图 3-70。

生产设定参数界面见图 3-71。

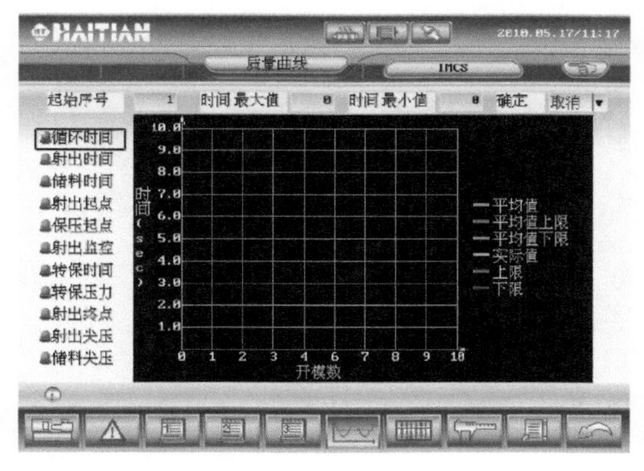

图 3-70　质量曲线界面

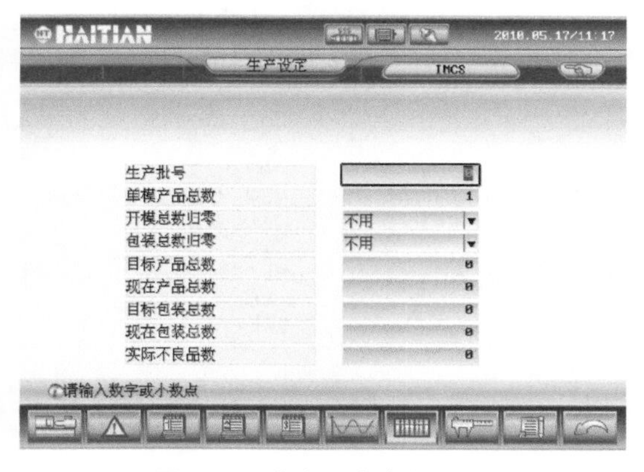

图 3-71　生产设定参数界面

特别注意

界面中主要选择项的含义如下。

① 开模总数归零：若想将开模总数完成归零，则应在此设定“使用”，再按“OK”键。

② 目标产品总数：设定想要的生产总数，当开模总数达到设定值，计算机便会报警开模总数已到并停止机台运作，除非开模数归零，否则注射台无法进行自动运行。

③ 现在产品总数：指目前实际生产数。

④ 目标包装总数：设定所需装箱数，若已达到设定的包装数，则警报器会响，界面提示包装总数已到，通知客户，但机器并不会停机，继续下一模动作。

⑤ 现在包装总数：指目前实际的包装数。

警报参数界面见图 3-72。

记录界面见图 3-73。

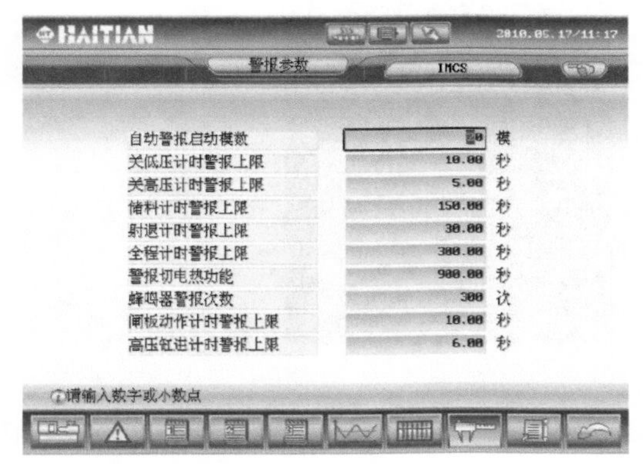

图 3-72　警报参数界面

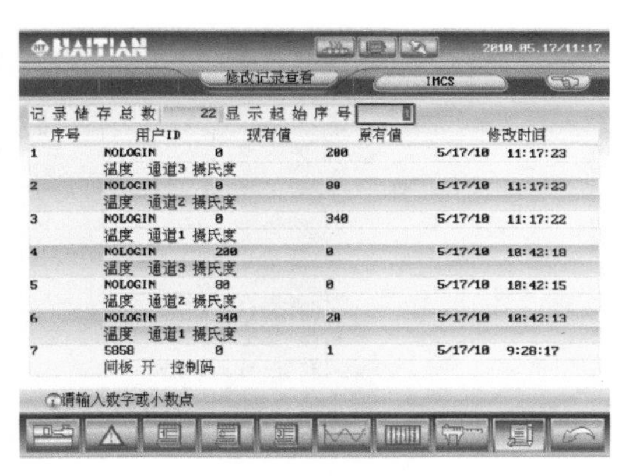

图 3-73　记录界面

3.2.12 参数校正

归零资料界面见图 3-74。

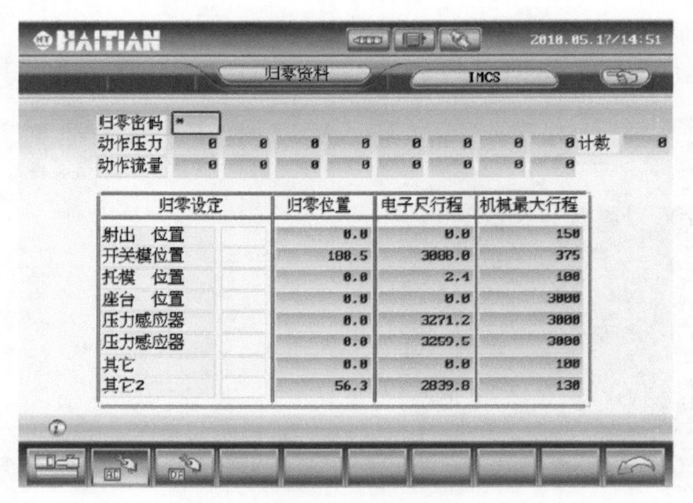

图 3-74 归零资料界面

特别注意

设定过程中应注意以下几点。

① 因为更换位置尺或某些机械零件修改，所以需重新校正归零位置（只能在手动状态下）。

② 应输入密码。

③ 应将所需归零的参数在操作前归零。

④ 将该归零设定值改为 1 再按“OK”键确认，便完成归零动作。

DA 界面见图 3-75。

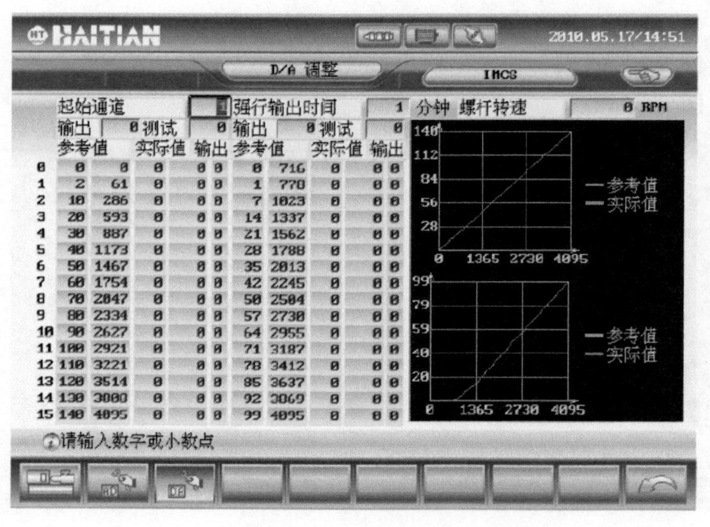

图 3-75 DA 界面

特别注意

界面中主要选择项的含义如下。

① 强行输出时间：在 DA 校正输出测试时，对应通道持续输出计时，当计时达到此限制时，将自动切断其输出。

② 测试：校正时，输入需要测试的压力或者流量设定值。

③ 输出：主机回馈的对应通道的响应值。

④ 参考值：系统对 DA 曲线的预设值。

⑤ 实际值：根据实际需要对 DA 曲线进行调整后的校正值。

经验总结

操作方式举例（第一组比例阀）。

从 0～140 中选取需要做测试的节点，如 60。在测试处输入 60，系统会立即反馈输出响应值 60。然后，通过观察机器本身的系统压力表或者外部压力测试工具，得到实际的压力值，假设为 58。在对应的节点处，将 60 改为 58 即可。假设得到的实际压力为 58.5，则在对应的节点处，将 60 改为 58 或者 59，然后通过调整对应的二进制数字量输出值，来达到微调的目的。

3.2.13 I/O 的设定

PB1 界面见图 3-76。

PB2 界面见图 3-77。

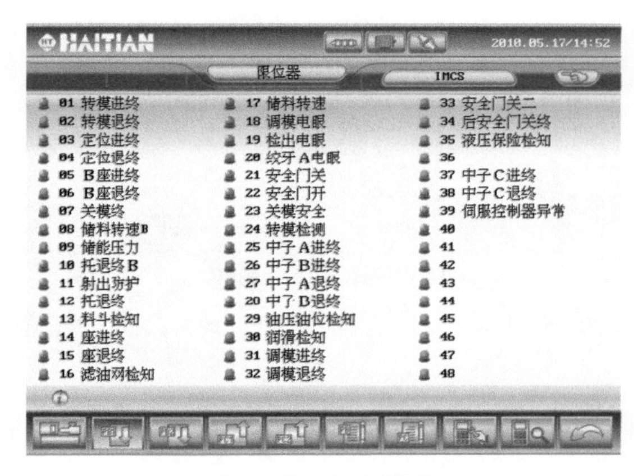

图 3-76 PB1 界面

图 3-77 PB2 界面

PC1 界面见图 3-78。

PC2 界面见图 3-79。

设定输入界面见图 3-80。如果 PB 板故障，用户可以通过此界面将故障点转换到未使用的输入点上。

设定输出界面见图 3-81。如果 PC 板故障，可以通过此界面将故障点转换到未使用的输出点上。

面板按键测试界面见图 3-82。

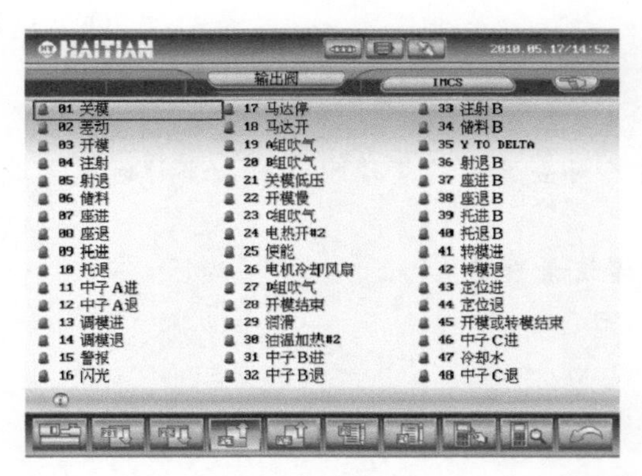

图 3-78　PC1 界面

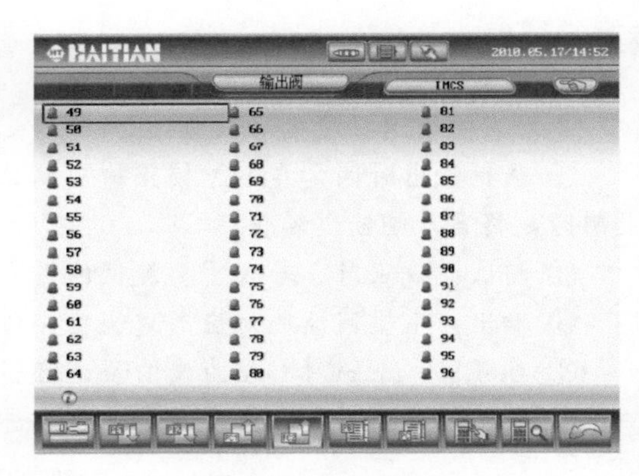

图 3-79　PC2 界面

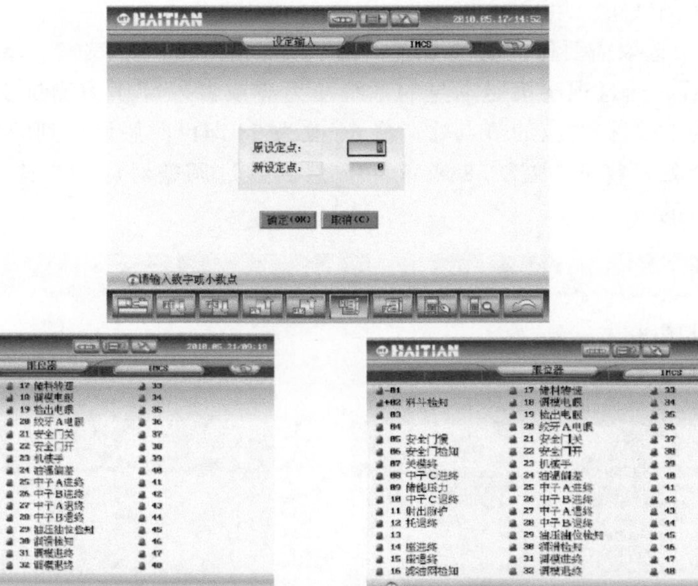

(a) PB点更换前

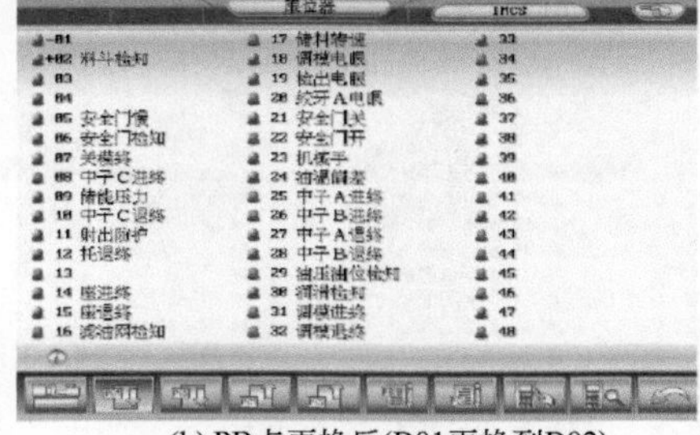

(b) PB点更换后(B01更换到B02)

图 3-80　设定输入界面

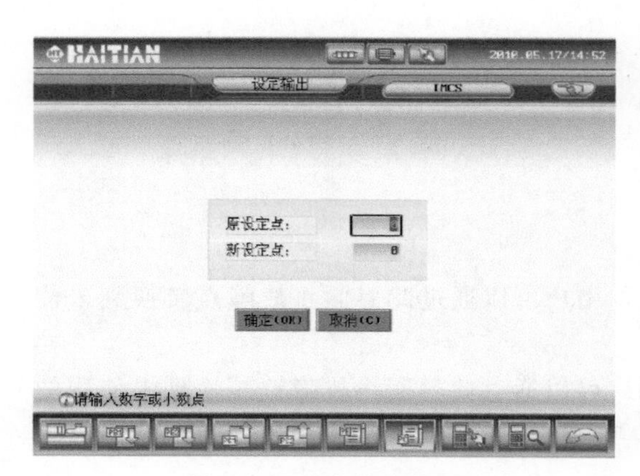

图 3-81　设定输出界面

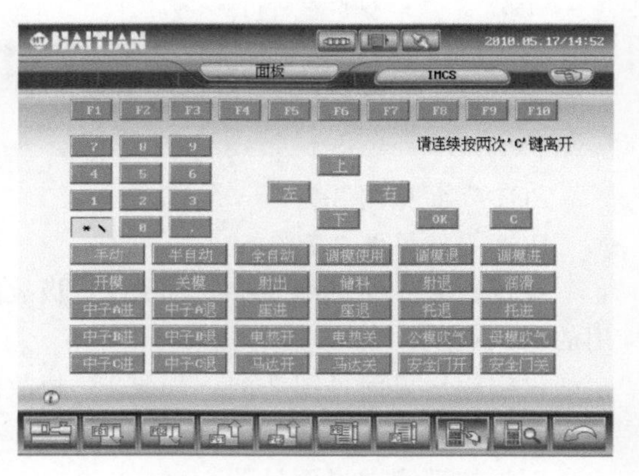

图 3-82　面板按键测试界面

经验总结

前述界面用来测试操作面板上所有的按键，当用户按面板上任何一键，界面上相对应的键会变黄色。按 F1 键后界面变化如图 3-83 所示。

诊断界面见图 3-84，供软件调试程序使用。

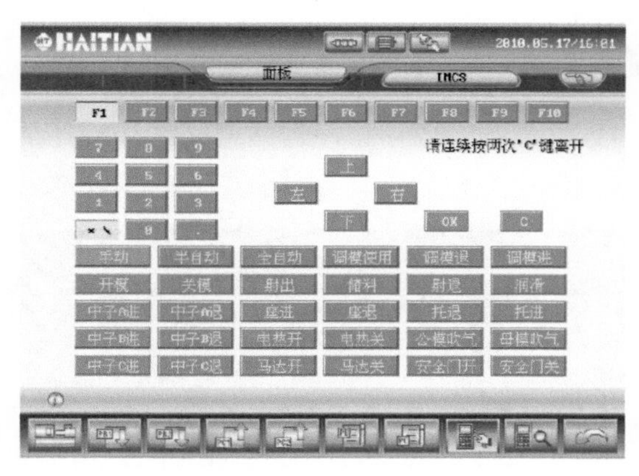

图 3-83　按 F1 键后的界面

图 3-84　诊断界面

3.2.14　模具数据的设定

模具储存界面见图 3-85。

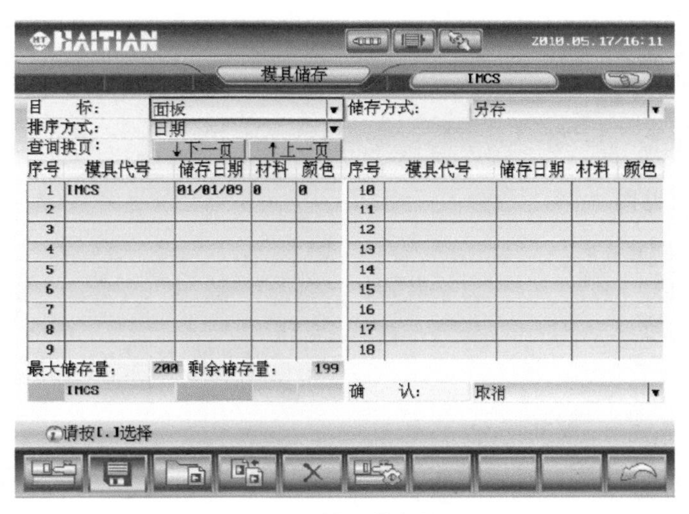

图 3-85　模具储存界面

特别注意

界面中主要选择项的含义如下。

① 目标：0 表示面板，1 表示记忆卡，选择模具储存的目标盘。

② 起始序号：改变模具显示的选单。

③ 选用模具序号：选择欲作为来源模具的选单号码。

④ 储存方式：覆盖，另存。

⑤ 覆盖：将来源模具数据覆盖至另一已存在的模具中。

⑥ 另存：将来源模具的名称数据复制为另一已不存在的模具中，这需要再选定模具号码并自行设定“模具名称”＋“材料”＋“颜色”，储存日期会自动产生，无需自行键入。

⑦ 最大储存量：可储存最多的模具数据的数量。

⑧ 剩余储存量：还可储存多少模具数据的数量。

读取模具界面见图 3-86。

删除模具界面见图 3-87。

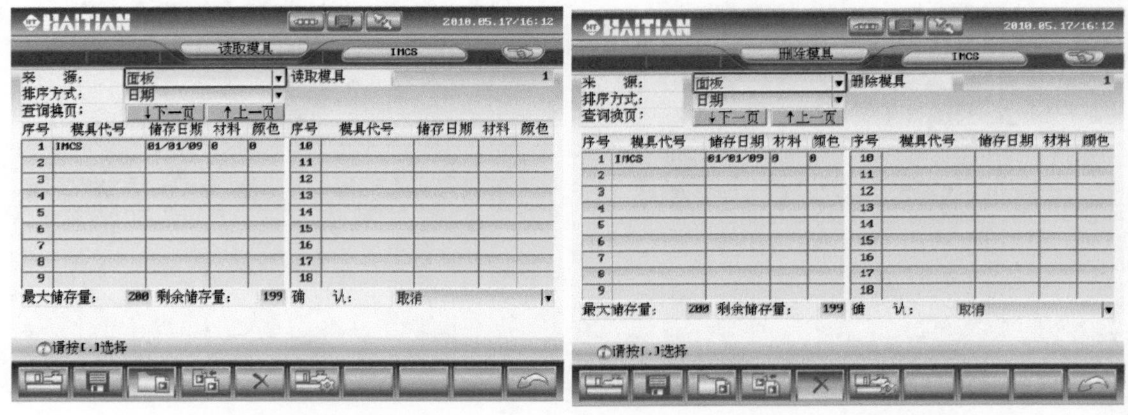

图 3-86 读取模具界面

图 3-87 删除模具界面

外部储存界面见图 3-88。

3.2.15 系统参数的设定

系统参数界面见图 3-89。

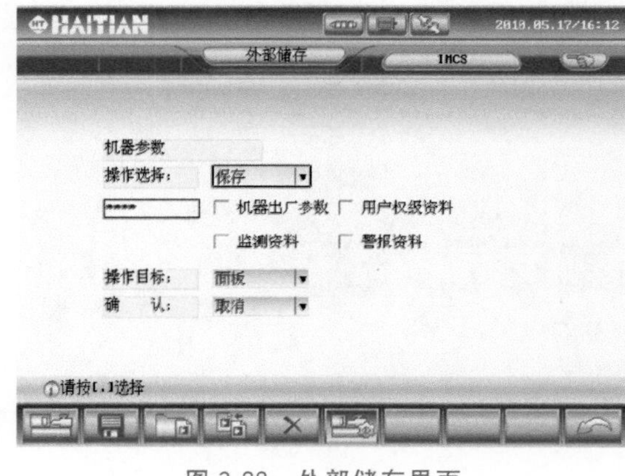

图 3-88 外部储存界面

图 3-89 系统参数界面

工具栏图形/文字选择见图 3-90。

资料界面见图 3-91。

权级界面见图 3-92。

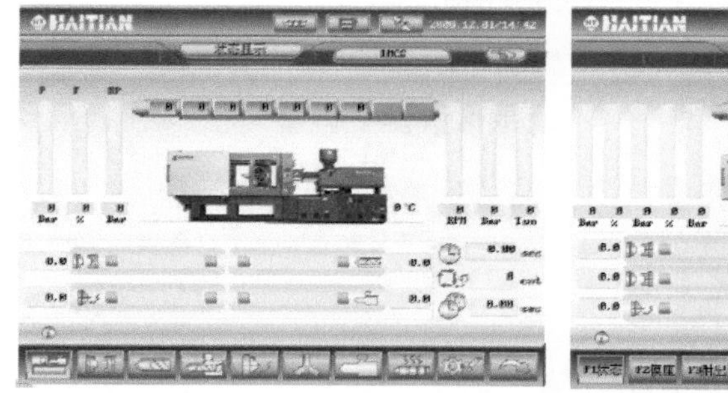

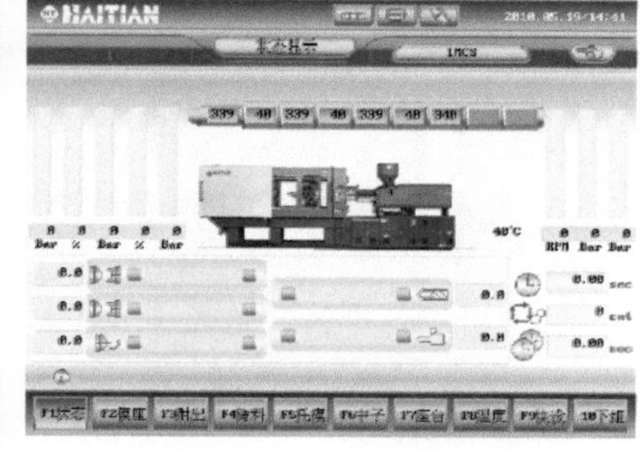

图 3-90　工具栏图形/文字选择

图 3-91　资料界面

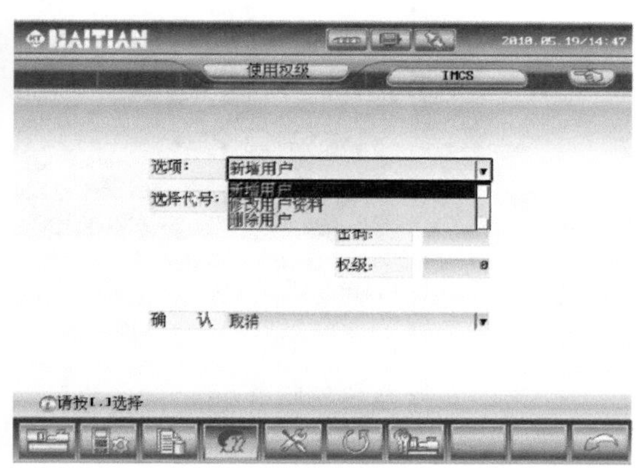

图 3-92　权级界面

控制界面见图 3-93。

重置界面见图 3-94。

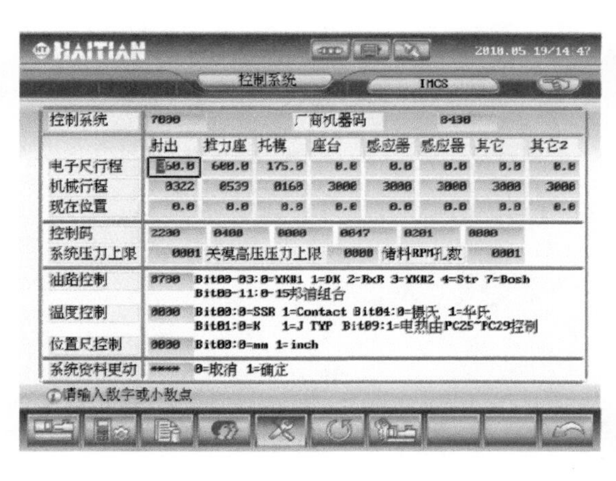

图 3-93　控制界面

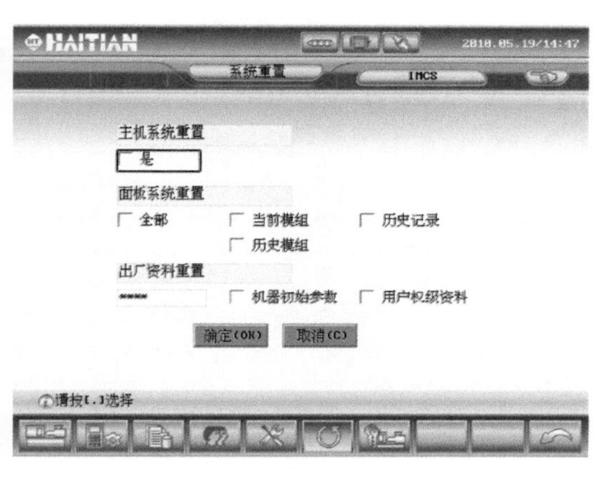

图 3-94　重置界面

3.2.16 程序的传输

程序传输流程见图 3-95。

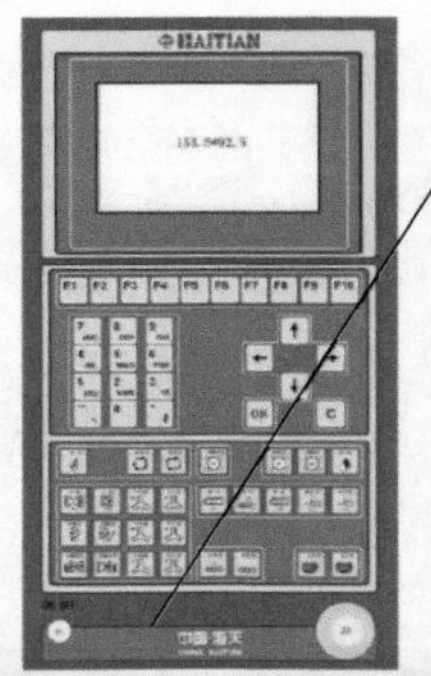

1．将程式传输盘（U盘）插入面板上的U盘插口。

2．重新启动面板。

3．当面板出现第一个画面时，约10～12s后，按F10键一次，然后在1s内按F8键一次，可进入程序更新画面。

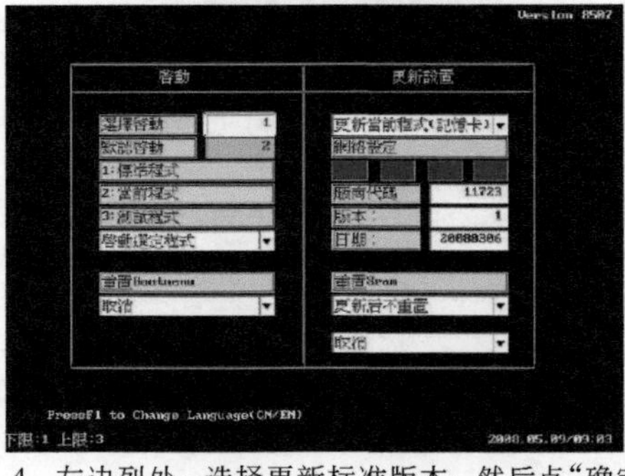

5. 右边列处，再选择更新当前程式（记忆卡）。厂商代码：输入7ht，版本，需要看U盘中的程式版本，如果程式为7ht_411_0874_update，则输入“411”；日期，需要看U盘中的程式版本，如果程式为7ht_411_0874_update，则输入“0874”，即：
厂商代码：7ht
版本：411
日期：0874

6．按“确认”进行传输。

7．大约50s，传输完成，重新启动面板即可。

4．左边列处，选择更新标准版本，然后点“确定”，可以将目前使用的程式存为标准版本，防止程序传输失败无法启动。更新程序左边列一般不用管，默认即可。

图 3-95 程序传输流程

U 盘中文件存放见图 3-96。

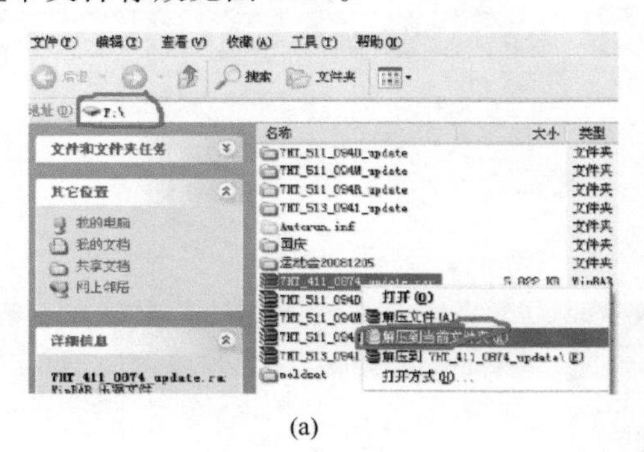

(a)

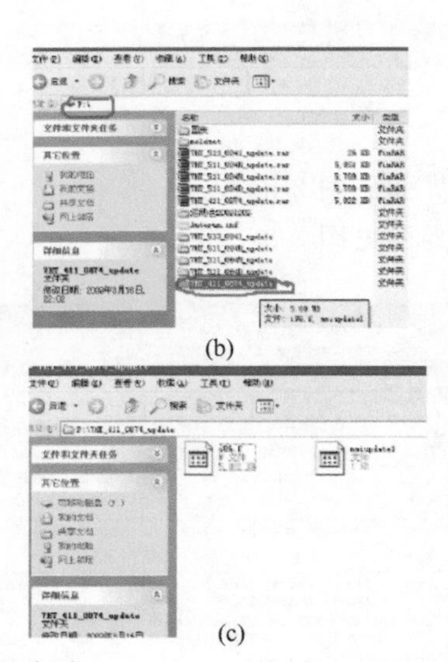

(b)

(c)

图 3-96 U 盘中文件存放

经验总结

U 盘中文件存放说明如下。

① 如果是一个名为 7ht_411_0874_update.rar 的压缩文件，将该压缩文件放入 U 盘根目录中（打开 U 盘就能看见该文件而不是在 U 盘的某个文件夹中），选择解压到当前文件夹→产生一个名为 7ht_411_0874_update 的文件夹，保证该文件夹在 U 盘根目录下［图 3-96（b）］，并且 7ht_411_0874_update 文件夹下不能包含文件夹［图 3-96（c）］。产生作用的是解压后的文件夹，压缩文件本身是否存放在 U 盘不影响程式传输。

② 如果程序更新有配置版本，则先传输标准版本，再传输配置版本。一般标准版本，版本码以“11”结尾，而配置版不是。如 7ht_511_092J_update 为标准版本，7ht_513_093R_update 为配置版本。U 盘存放方式两者相同。

3.3 进口注塑机的操作与调试（以克劳斯玛菲牌注塑机为例）

3.3.1 克劳斯玛菲注塑机简介

克劳斯玛菲（KRAUSS-MAFFEI，简称 KM）公司是全球著名的高端注塑机制造商，其 C 系列注塑机在我国拥有较多的用户，该型号注塑机的结构如图 3-97 所示。

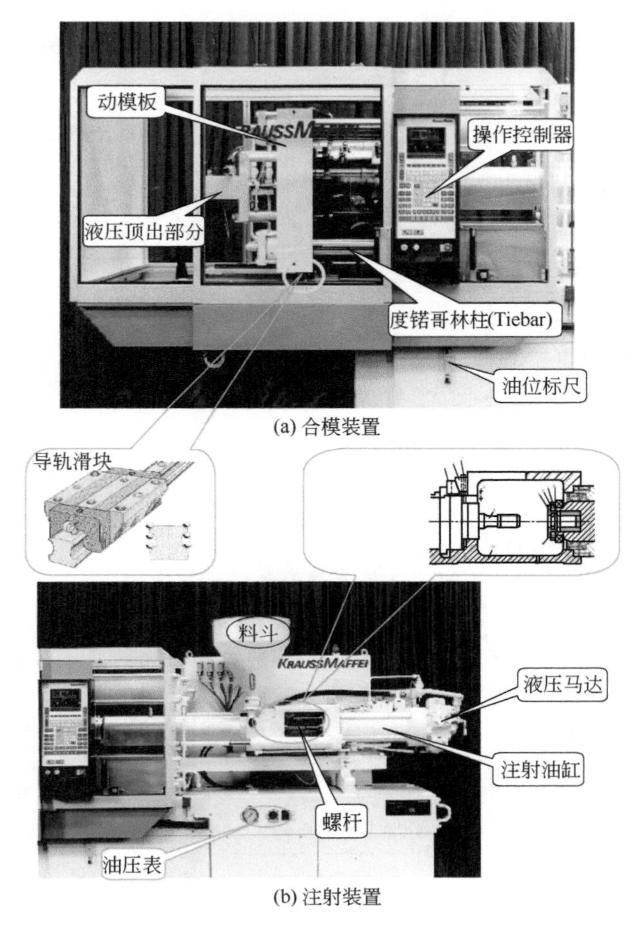

图 3-97 克劳斯玛菲 C 系列注塑机结构

3.3.2 克劳斯玛菲注塑机的操作系统

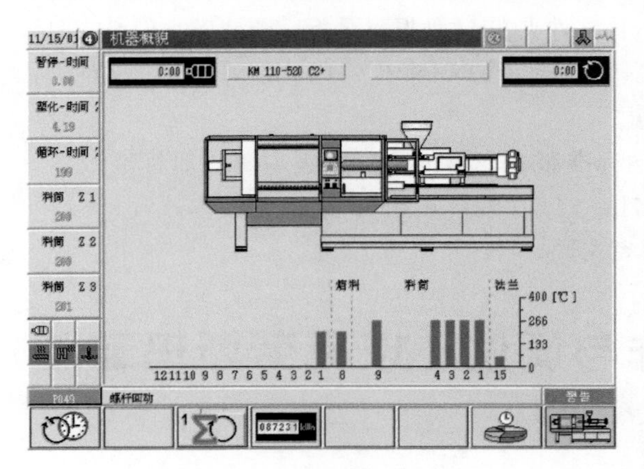

图 3-98 系统初始化

(1) 系统的启动

先决条件：24V DC 供电正常，系统完整无异常。

启动主电源后，MC4 操作面板所有指示灯会闪动，显示屏出现电脑自检数据，待完全检测后进入如图 3-98 所示界面。

如果无法启动系统，应检查 24V DC 供电是否正常，检查 24V DC 保险丝是否正常，NT500 供电装置是否正常，SR503 卡的红色警示灯是否亮起，根据屏幕故障提示排除问题。

(2) 操作系统界面（见图 3-99）

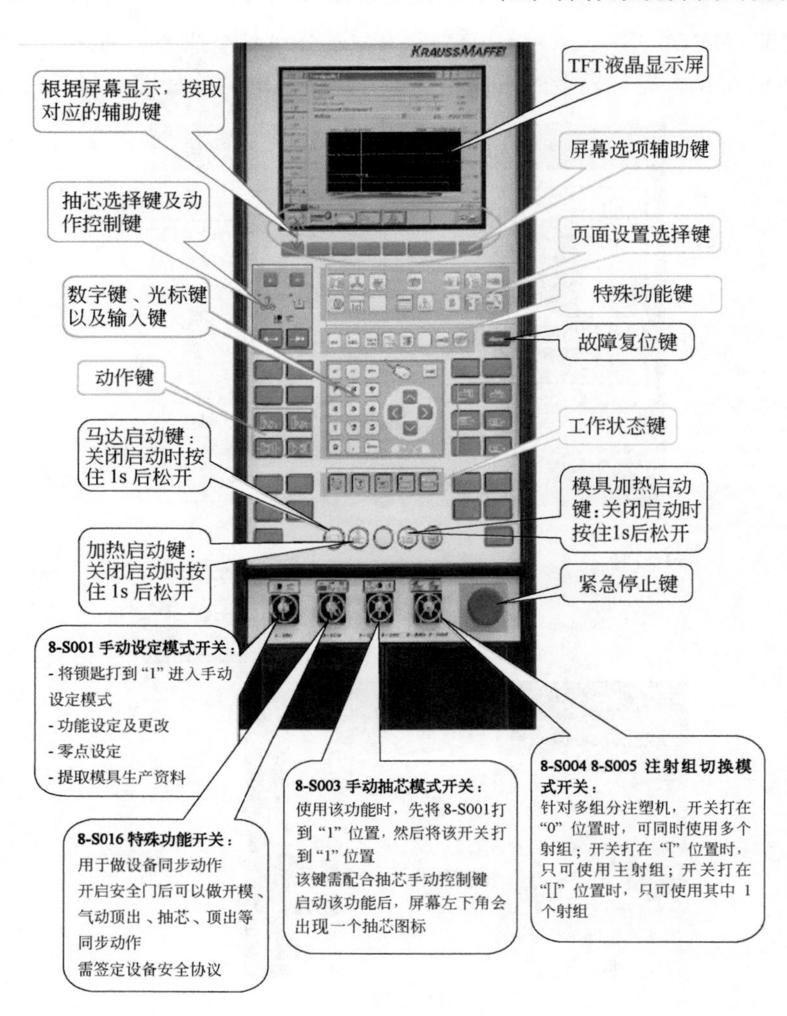

图 3-99 操作系统界面

（3）功能按键

特殊功能键见图 3-100。

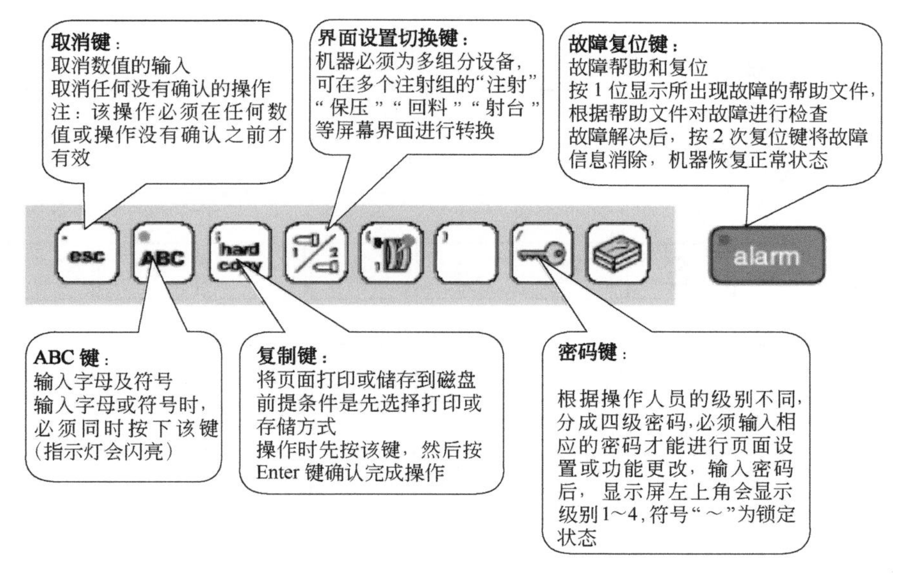

图 3-100 特殊功能键

（4）功能键（见图 3-101）

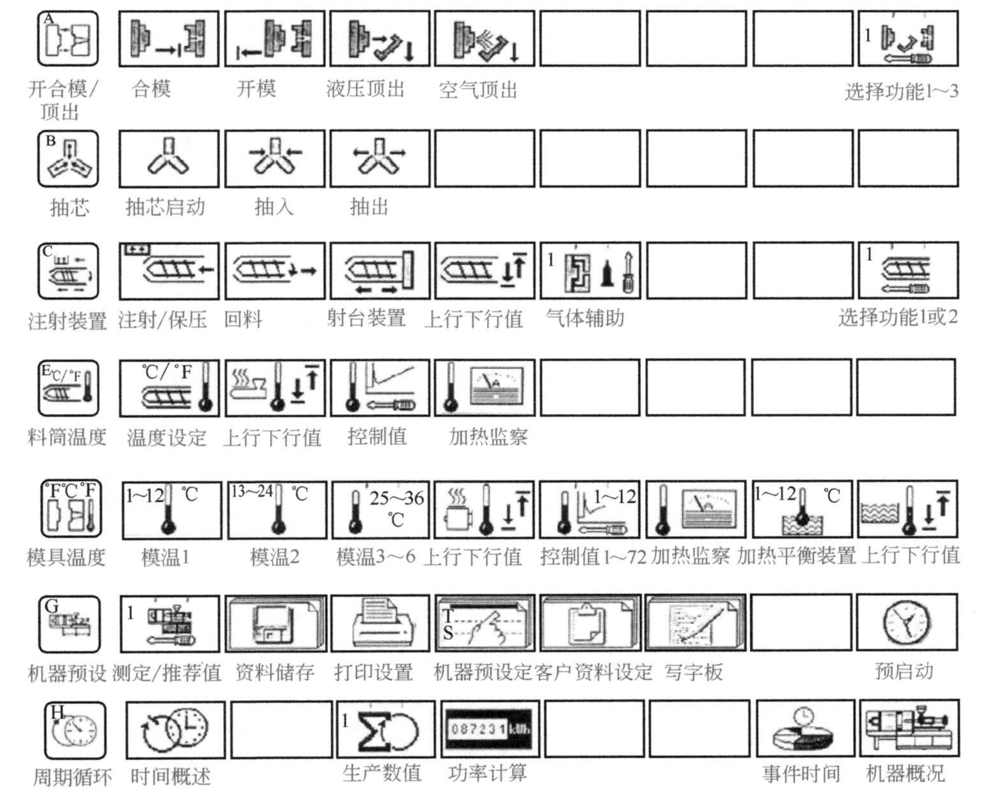

图 3-101

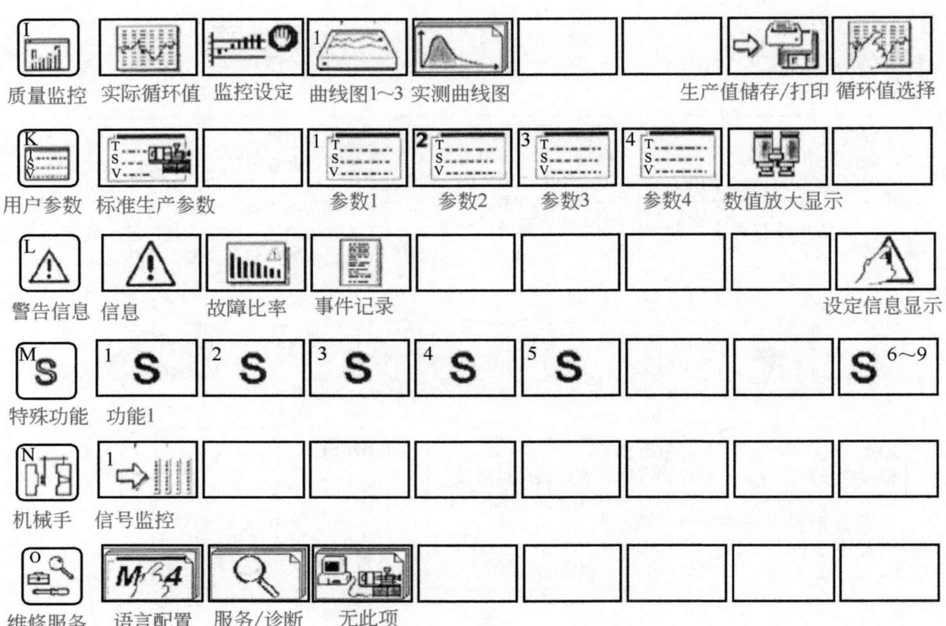

图 3-101 功能键

（5）页面设置

所有的数据均以实数显示（不是百分比），根据运用会有不同的计算单位来显示，见图 3-102。

物理量	陈述	单位
S	行程位置	mm (毫米)
v	速度	mm/s (毫米/秒)
F	锁模力	kN (千牛)
P	液压压力	bar (巴)
T	温度	℃ (摄氏度)
n	转速	r/min (转/分钟)
Q	容积流率	L/min (升/分钟)

图 3-102 系统工艺参数的单位

在 MC4 版本中，根据功能的运用会有不同的按钮（见图 3-103）来进行激活，选定“确认”按钮后显示如图 3-104 所示界面。

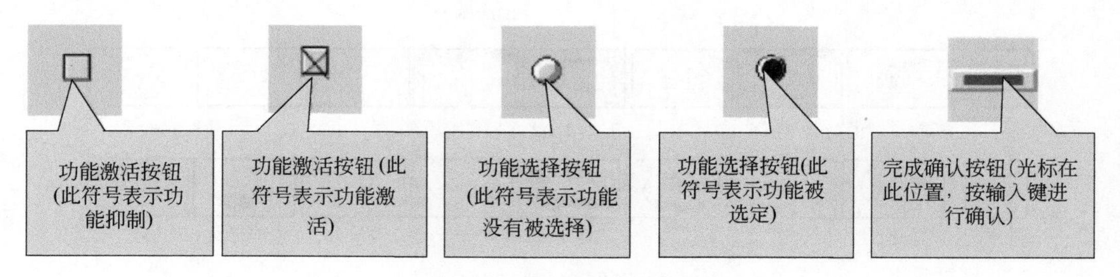

图 3-103 各个功能按钮含义

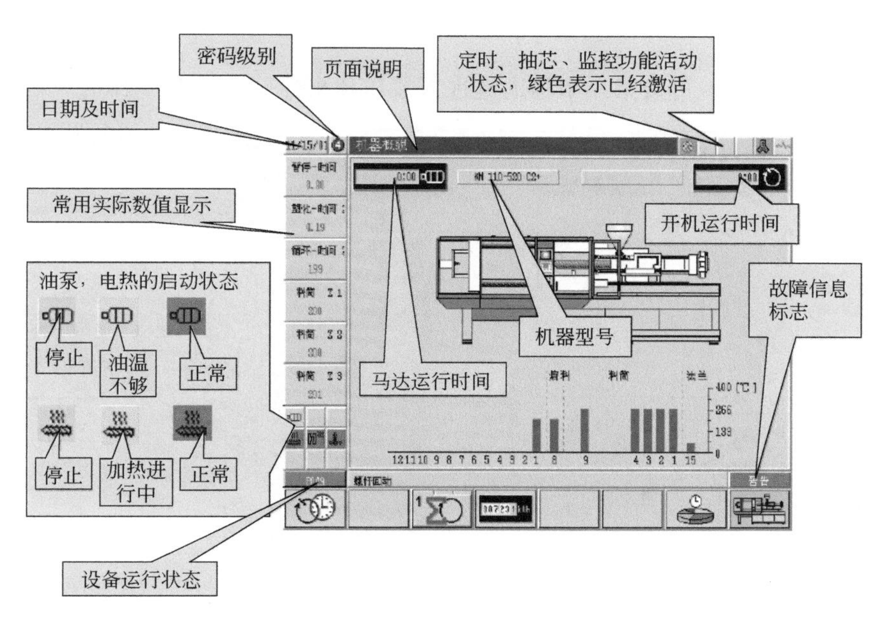

图 3-104　确认按钮下的显示

3.3.3　克劳斯玛菲注塑机的参数设置

（1）合模

按界面选择键 进入合模设置，见图 3-105。

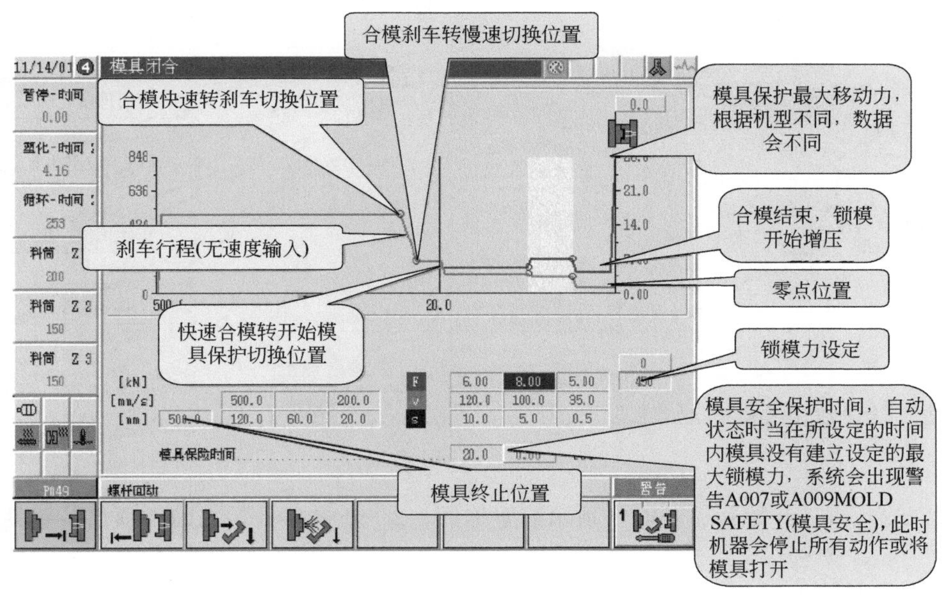

图 3-105　合模设置界面

（2）开模

按界面选择键 ，再按第二个辅助键进入开模设置，见图 3-106。

机械手中间停顿功能：根据机械手动作，启动一个开模的位置用于开始机械手动作。

（3）液压顶出

按界面选择键[icon]，再按第三个辅助键进入液压顶出界面，见图 3-107。

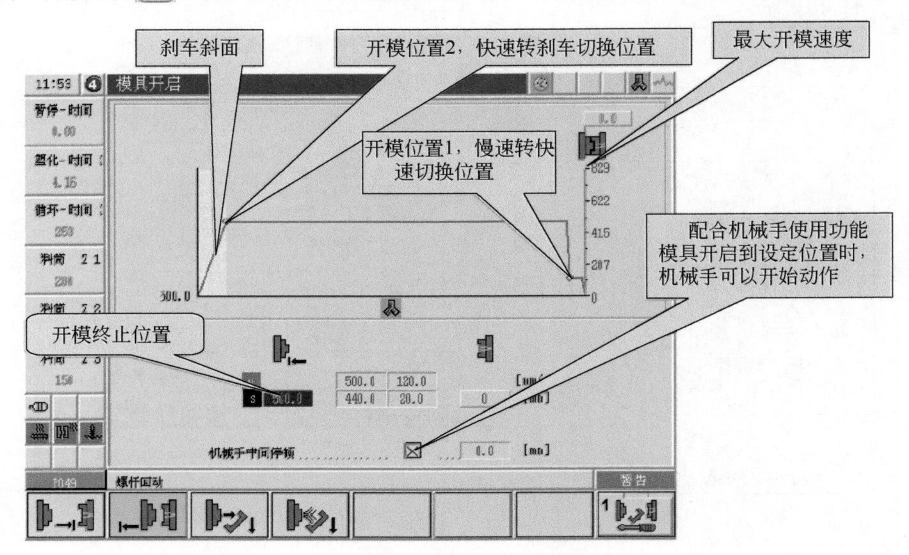

图 3-106　开模设置界面

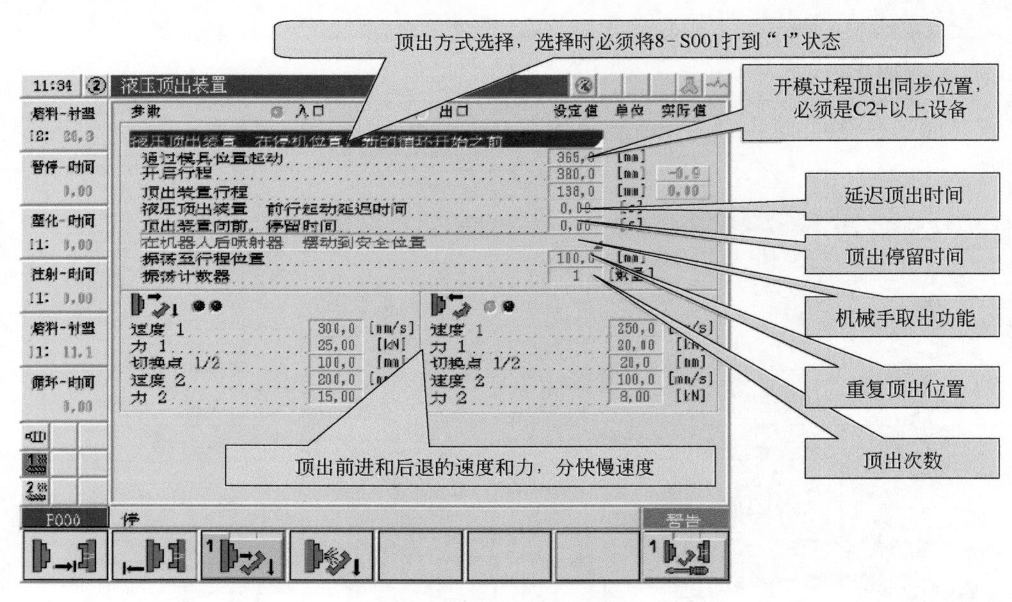

图 3-107　液压顶出界面

顶出方式：1—开始新循环时，顶出装置退回；2—新循环开始之前，顶出装置处于停机位置。

（4）气动顶出

按界面选择键[icon]，再按第四个辅助键进入气动顶出界面，见图 3-108。

特别注意

界面中各主要选择项的含义如下。

① 通过工具位置：指通过开模的位置来启动吹气动作；
② 通过冷却时间启动：特殊配置，在冷却时间开始时进行吹气动作；
③ 通过前喷射器：特殊配置，顶出开始时开始吹气动作；
④ 冷却时间结束前：特殊配置，在冷却时间结束之前启动吹气动作。

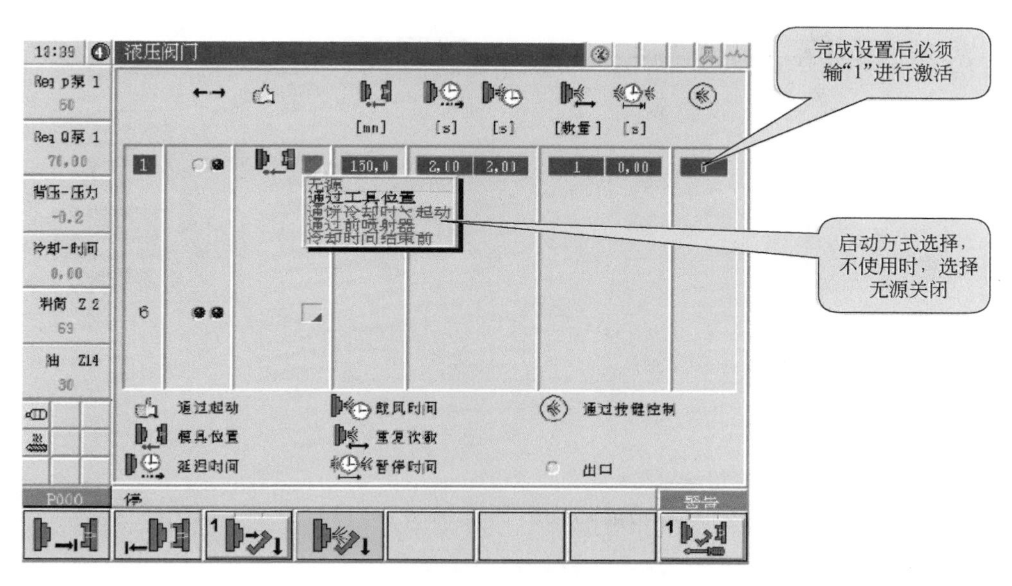

图 3-108　气动顶出界面

（5）选择功能

按界面选择键，再按第八个辅助键进入选择功能 1 界面，见图 3-109。

按界面选择键，重复按第八个辅助键两次进入选择功能 2 界面，见图 3-110。

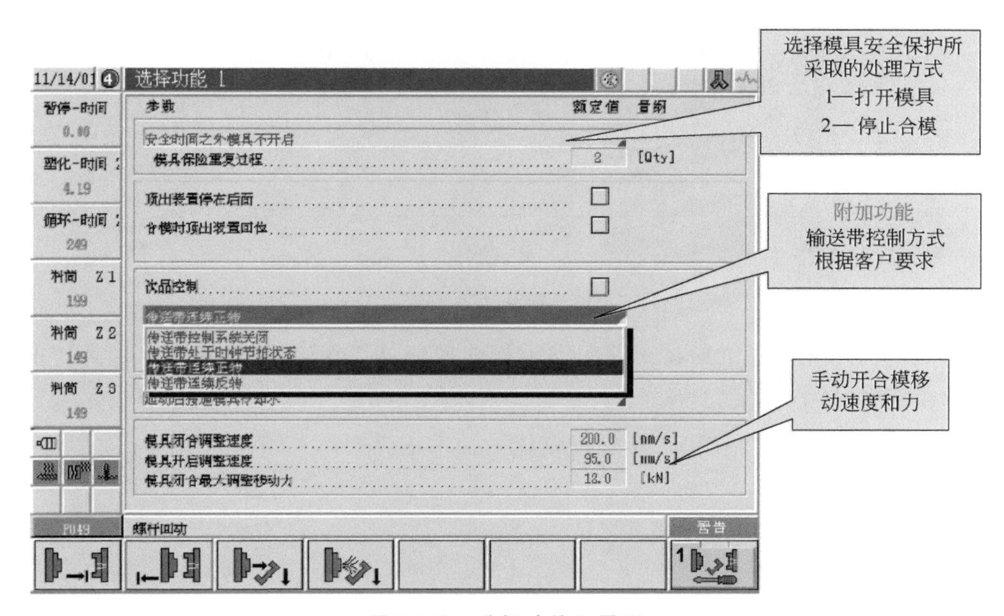

图 3-109　选择功能 1 界面

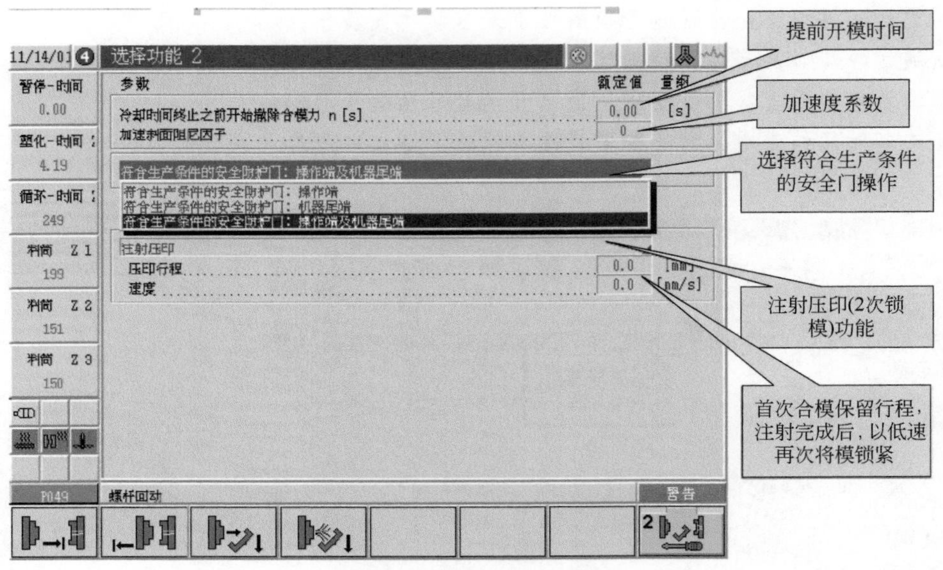

图 3-110　选择功能 2 界面

（6）抽芯功能

按界面选择键，进入抽芯功能启动界面，见图 3-111。

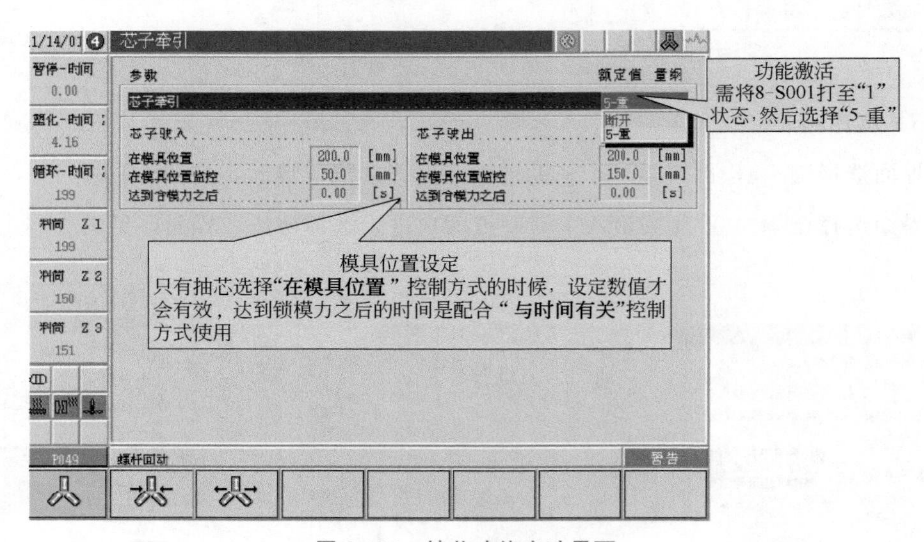

图 3-111　抽芯功能启动界面

抽芯的限位开关接线位置在安装于动模板非操作端 7-X700A 的插座上，具体的位置可参看机器的电路图。

按界面选择键，再按第二个辅助键进入抽芯入界面，见图 3-112。

特别注意

界面中主要选择项的含义如下。

① 模具开启时：指模具到达最大开模行程后启动抽芯动作；

② 在模具位置：指在开模的过程中启动抽芯动作，启动位置见“模具位置设置”；

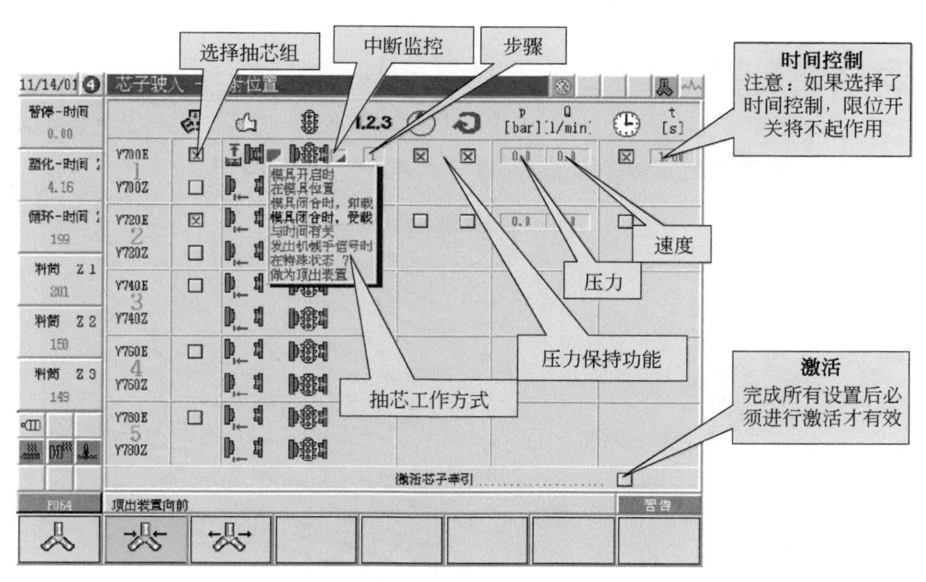

图 3-112　抽芯入界面

③ 模具闭合时，卸载：指模具已经关闭但还没有建立锁模力之前，启动抽芯动作；

④ 模具闭合时，受载：指模具已经关闭并已经建立锁模力之后，启动抽芯动作；

⑤ 与时间有关：指抽芯的启动与锁模力建立之后的时间有关，启动时间见“达到锁模力之后”；

⑥ 发出机械手信号时：指抽芯的启动需要配合机械手的信号进行；

⑦ 在特殊状态 7：特殊功能，需客户指定的特殊指令；

⑧ 作为顶出装置：指抽芯动作作为一个顶出动作来使用。

按界面选择键，再按第三个辅助键进入抽芯出界面，见图 3-113。

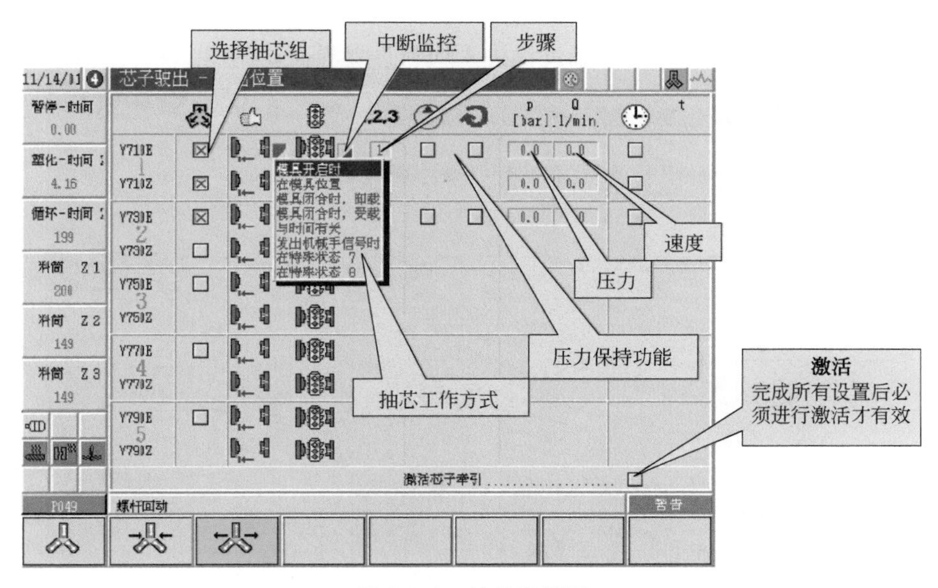

图 3-113　抽芯出界面

（7）注射/保压设置

按界面选择键进入注射/保压界面，见图 3-114。

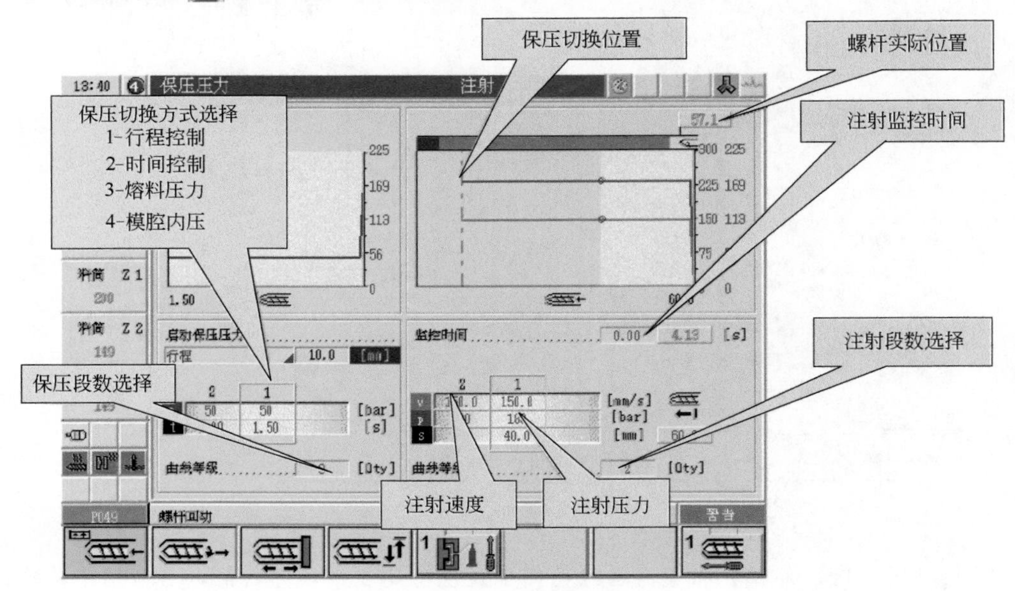

图 3-114 注射/保压界面

注射方式取决于保压切换方式的选择，如果需要行程控制注射时，应在保压切换方式选择“行程”，输入注射位置，同时在监控时间输入需要监控的注射时间，输入数字“0”不起监控作用。在自动生产过程中，若在监控时间内螺杆没有达到设定的注射位置，设备将不能进行下一个循环，屏幕出现故障信息：A064“保压压力切换”；模具内压/熔料压力切换或保压压力切换行程未能达到；未能在保压压力切换时间内实现切换。

解决方法：重新设定注射位置；检查注射压力或速度；加大注射监控时间。

（8）回料

按界面选择键，再按第二个辅助键进入回料设置界面，见图 3-115。

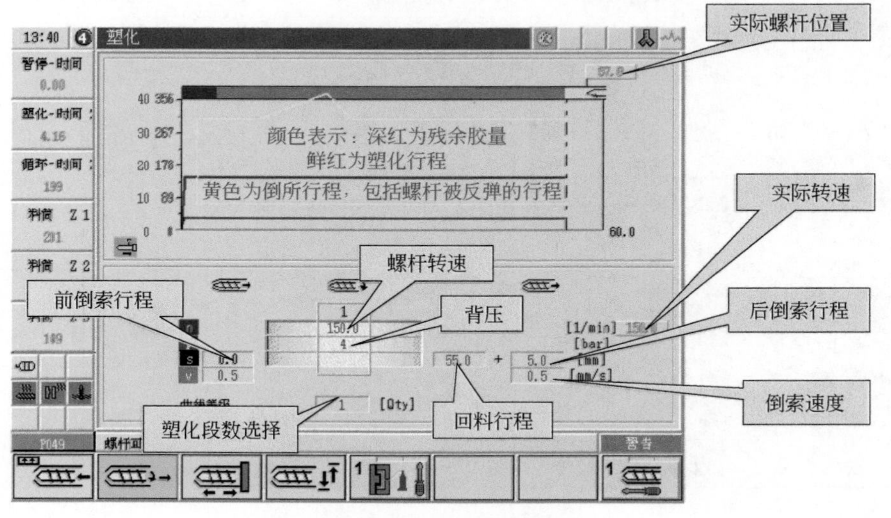

图 3-115 回料设置界面

当长时间塑化无法到达设定的位置时，系统会自动关闭马达，并显示故障信息 A068。解决方法：塑化时间监控，不得超出塑化时间（5min）；检查控制背压；检查进料状况。

（9）射台设置

按界面选择键，再按第三个辅助键进入射台设置界面，见图 3-116。

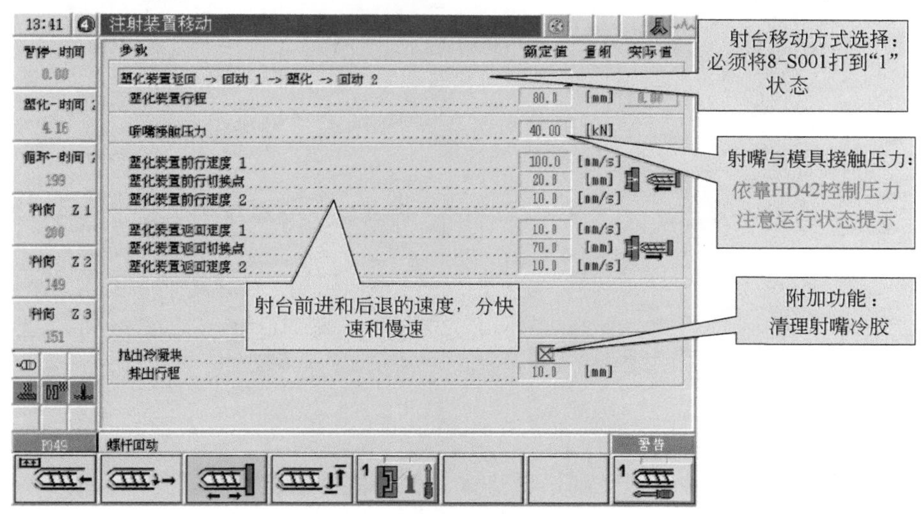

图 3-116　射台设置界面

（10）自动料筒清洁功能

按界面选择键，再按第四个辅助键进入自动料筒清洁功能设置界面，见图 3-117。

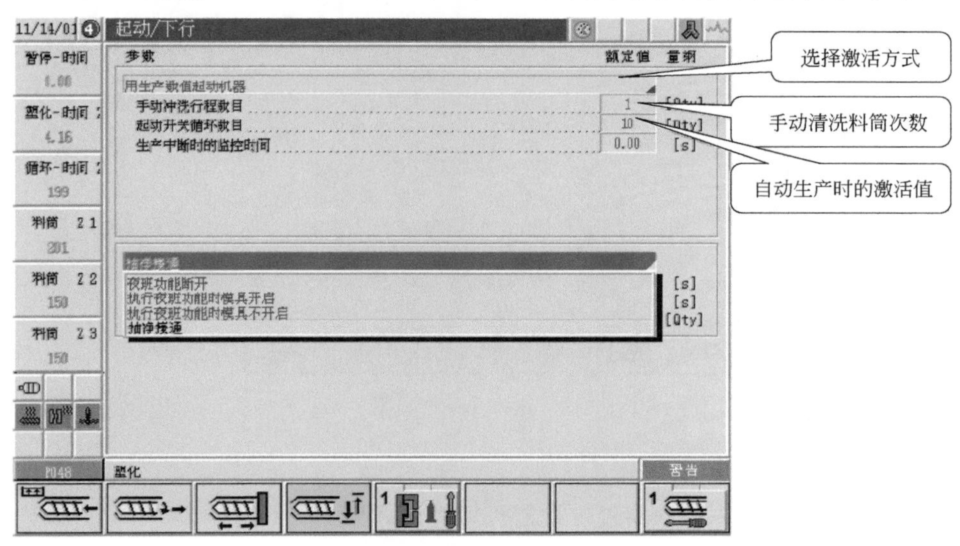

图 3-117　自动料筒清洁功能设置界面

特别注意

该功能只适用于不间断全自动换色生产的产品。

（11）选择功能

按界面选择键，再按第八个辅助键进入选择功能 1 设置界面，见图 3-118。

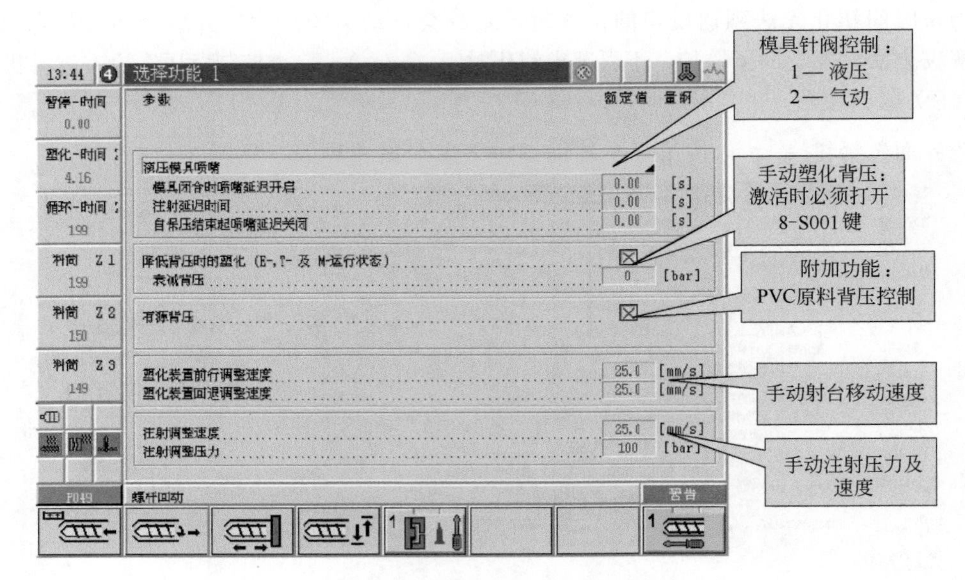

图 3-118　选择功能 1 设置界面

按界面选择键，重复按第八个辅助键进入选择功能 2 设置界面，见图 3-119。

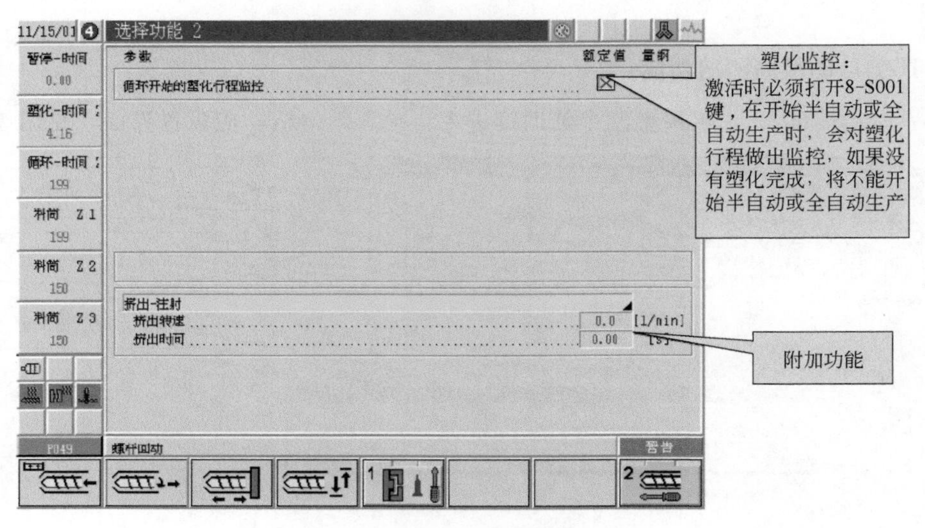

图 3-119　选择功能 2 设置界面

（12）料筒温度控制

按界面选择键，进入料筒温度控制设置界面，见图 3-120。

（13）料筒温度控制方式

按界面选择键，再按第二个辅助键进入料筒温度控制方式设置界面，见图 3-121。

（14）料筒加热优化

按界面选择键，再按第三个辅助键进入料筒加热优化设置界面，见图 3-122。

① 加热系统的优化作用在于可以使用更好的控制数据来保证温度的稳定性。

② 在优化程序启动之前，要确保温度是否在室温状态（25～35℃）。

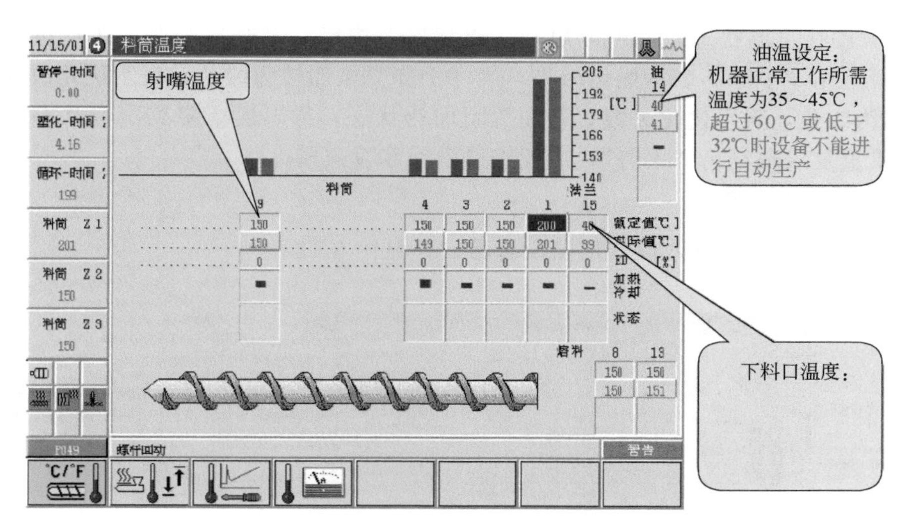

图 3-120　料筒温度控制设置界面

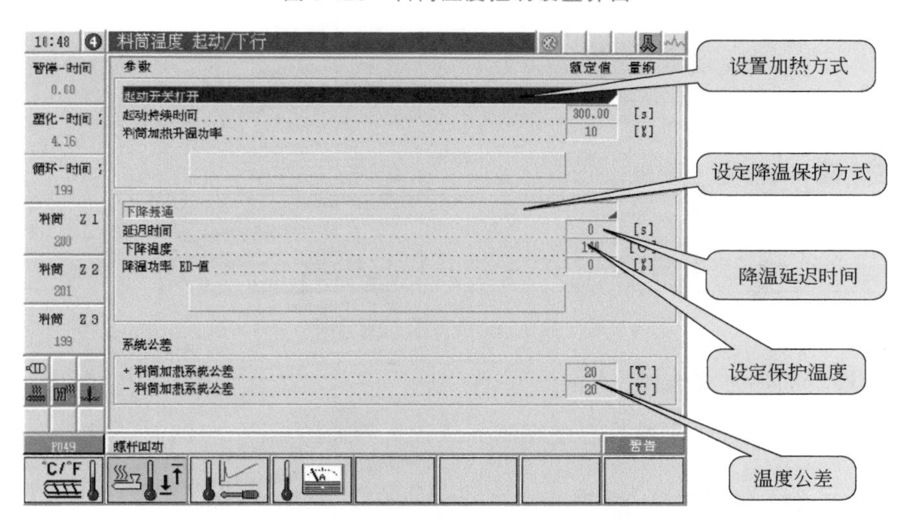

图 3-121　料筒温度控制方式设置界面

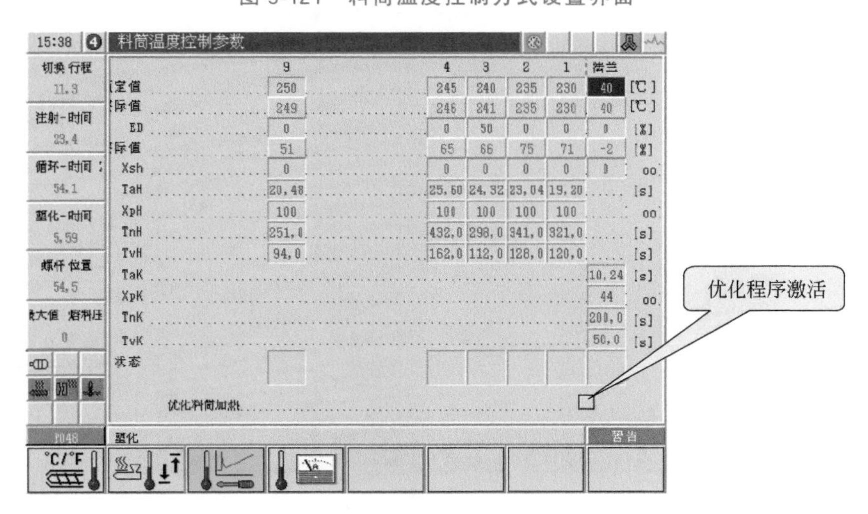

图 3-122　料筒加热优化设置界面

③ 当温度在室温状态时，可以启动优化程序，按启动键开始升温，在这过程中，设备会在屏幕上用“手势”表示优化结果，当“手势”全部转为绿色，表示优化成功。如果“手势”转为红色，表示优化失败，必须关闭加热状态，待温度下降到室温状态时再重新优化。如果重复出现红色“手势”，应检查感温线和发热圈。

（15）模具加热控制

按界面选择键，进入模具加热设置界面，见图 3-123。

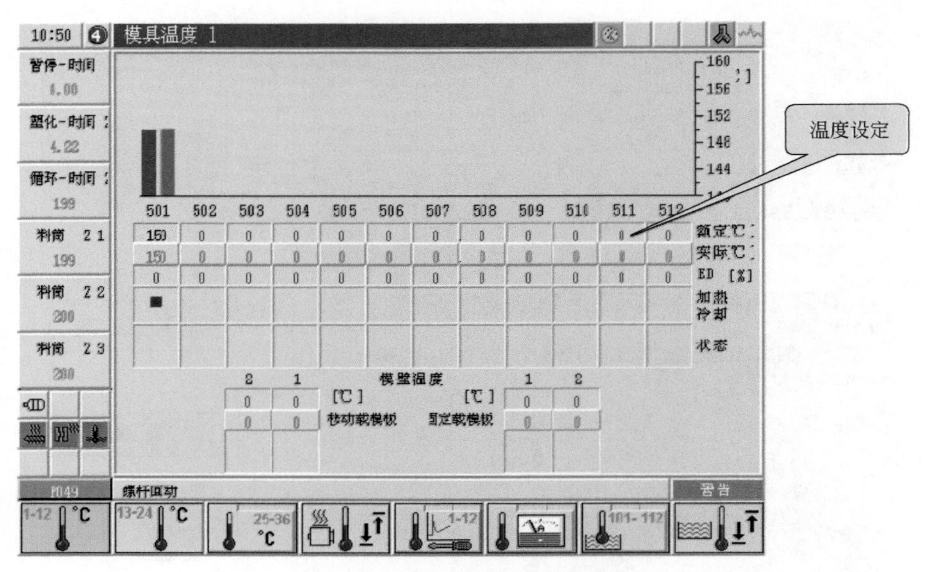

图 3-123 模具加热设置界面

（16）模具加热方式选择

按界面选择键，进入模具温度控制方式设置界面，见图 3-124。

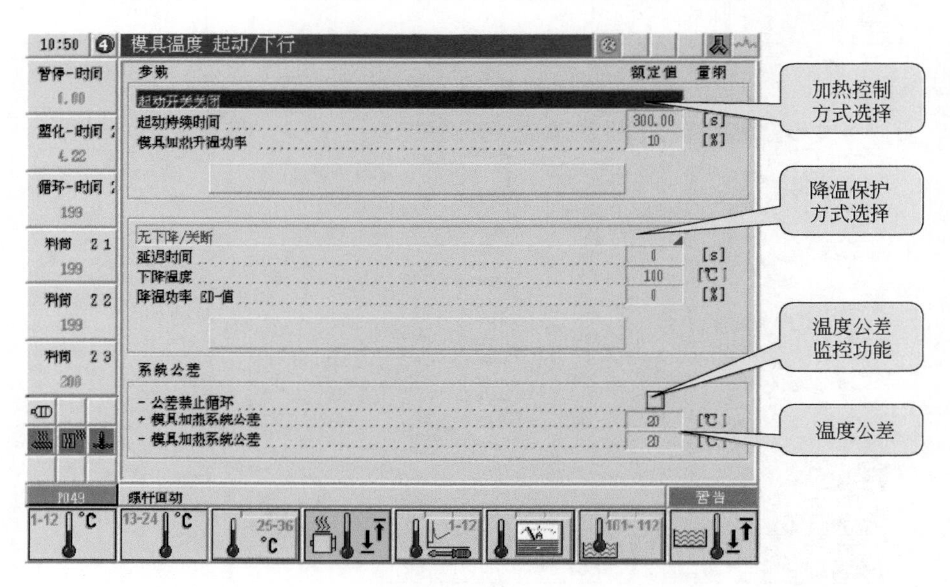

图 3-124 模具温度控制方式设置界面

（17）模具加热优化

按界面选择键，进入模具温度加热优化设置界面，见图 3-125。

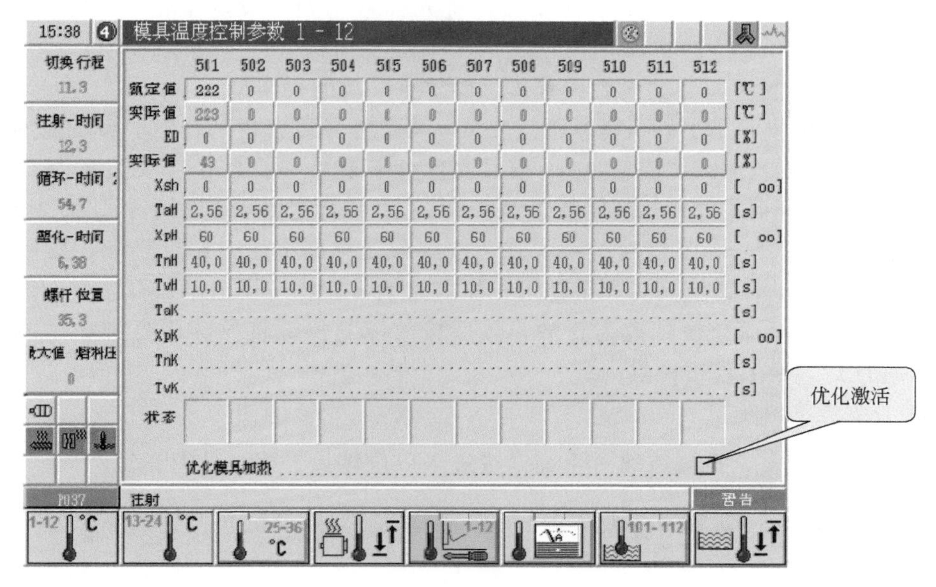

图 3-125　模具温度加热优化设置界面

（18）零点校准

按界面选择键，进入零点校准界面，见图 3-126。

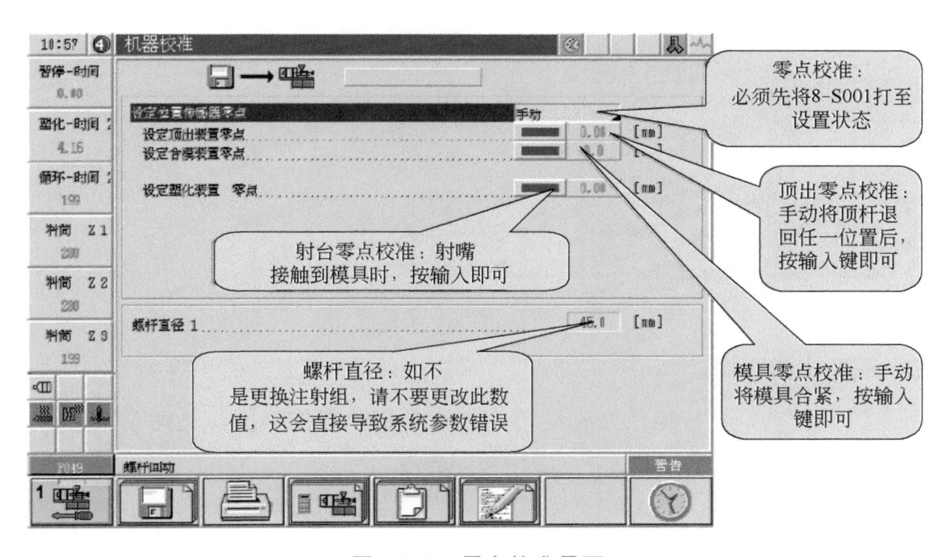

图 3-126　零点校准界面

进行零点校准的方法如下。

① 将一套大于最小模厚的模具吊入模板范围内，固定其中心位置。

② 打开“设置位置传感器零点”功能于手动位置。

③ 首先按顶出退回将顶杆退到适合作零点的位置，将光标移动到“设定顶出装置零点”位置，按 Enter 键归零。

④ 然后开始合模动作直至模具完全合闭，将光标移动到“设定合模装置零点”位置，按 Enter 键归零。

⑤ 最后将射台向前移动直至顶住模具，将光标移动到“设定塑化装置零点”位置，按 Enter 键归零。

⑥ 完成以上设置后，将“设置位置传感器零点”功能关闭。

⑦ 如果选择的模具小于最小模厚进行安装，将可能导致合模超过电子尺机械零点，马达无法启动，系统出现故障“信息 A012 模具高度低于最小安装高度”，在“设置（S）”状态下应答警告并打开模具，模具高度低于零点 20mm（带有定位系统的机器），校准零点。

解决方法：将 8-S001 键打到设置状态，按故障复位键将故障信息排除，然后启动马达，将模具打开换上合适模具。如果超过机械零点太多，将合模电子松开（并做好标志），向前移动直至屏幕显示合模数值为正数，然后按故障复位键将故障信息排除，再启动马达，将模具打开，换上合适模具。

（19）系统单位转换

按界面选择键，重复按第一个辅助键进入单位转换界面，见图 3-127。

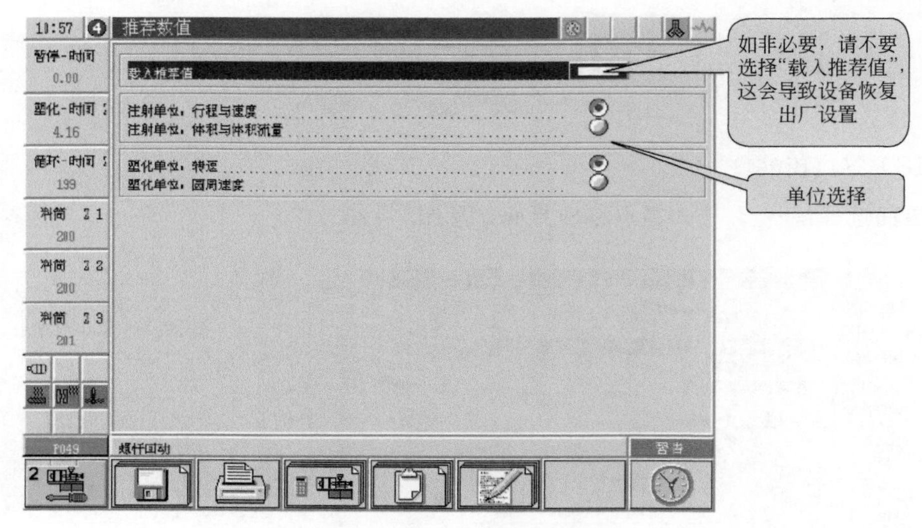

图 3-127 单位转换界面

（20）模具资料存储

按界面选择键，再按第二个辅助键进入模具资料存储界面，见图 3-128。

经验总结

① 储存模具资料的方法如下：

a. 首先选择储存媒体（硬盘或软盘）；

b. 在数据组名处输入模具号；

c. 将光标移动到数据组储存位置，按输入键完成储存。

② 读取模具资料的方法如下：

a. 确认设备已经设置好所有的零点位置；

b. 将 8-S001 键打到设置状态，选择储存媒体（硬盘或软盘）；

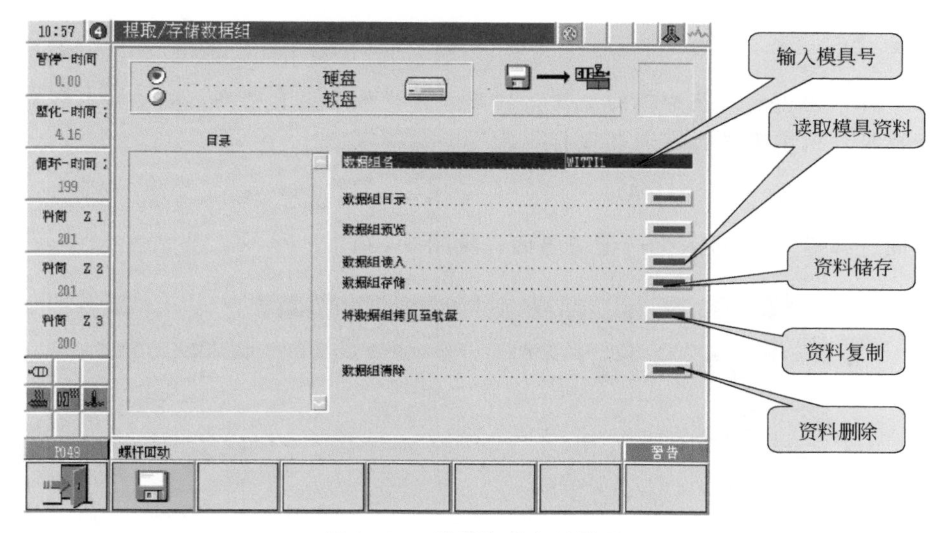

图 3-128　模具资料存储界面

c. 将光标移动到数据组目录位置，按输入显示所有的模具号；

d. 将光标移动到左边的模具数据目录表，选择需要的模具号，按输入键后模具号会显示在数据组名位置；

e. 再将光标移动到数据组读入位置，按输入键后会在右上角出现一个闪动的磁盘，直到磁盘消失才算是完成读入，注意读入过程中会有一些数值需要确认，直接按确定就可以了；

f. 同型号的设备模具资料可以通用利用数据组复制功能任意调取数据。

注意：当实际生产值达到或超过设定的生产值后，会导致无法读入另一套模具资料，解决方法就是重新复位生产数值。

（21）打印功能

按界面选择键，进入打印功能界面，见图 3-129。

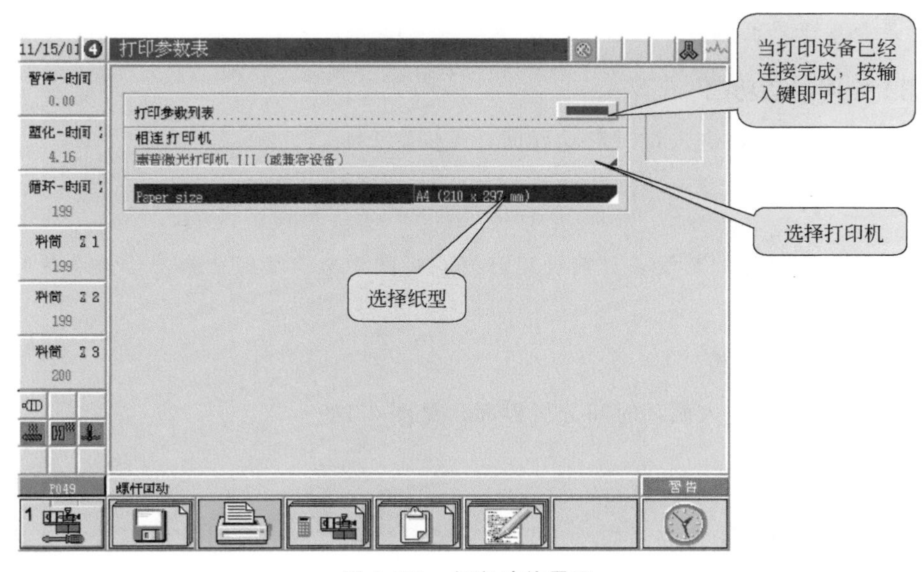

图 3-129　打印功能界面

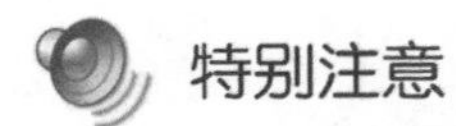

特别注意

在该项打印的内容是整部机的参数，内容太多，如果没有必要，则不要打印，可对生产数据表及事件记录表进行有选择地打印。

（22）生产记录

按界面选择键，进入生产记录界面，见图 3-130。

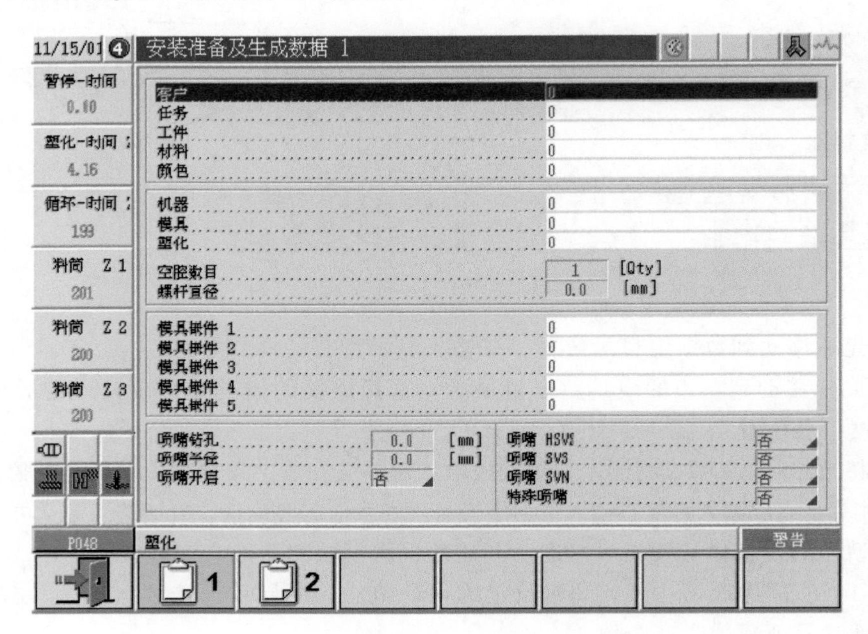

图 3-130　生产记录界面

特别注意

该记录是用于产品的成型数据记录，对设备的生产没有任何影响，纯属记事本。

（23）定时启动功能

按界面选择键，进入定时启动界面，见图 3-131。

特别注意

所有启动时间依据的是设备目前设定时间，在激活功能之前请务必检查设备时钟是否正确。

（24）循环时间分析

按界面选择键进入循环时间分析界面，见图 3-132。

特别注意

循环时间分析表的主要作用在于有效分析整个循环周期中时间的分布，有效找出无理损耗时间并重新调整生产周期，使设备达到最佳的生产速度。

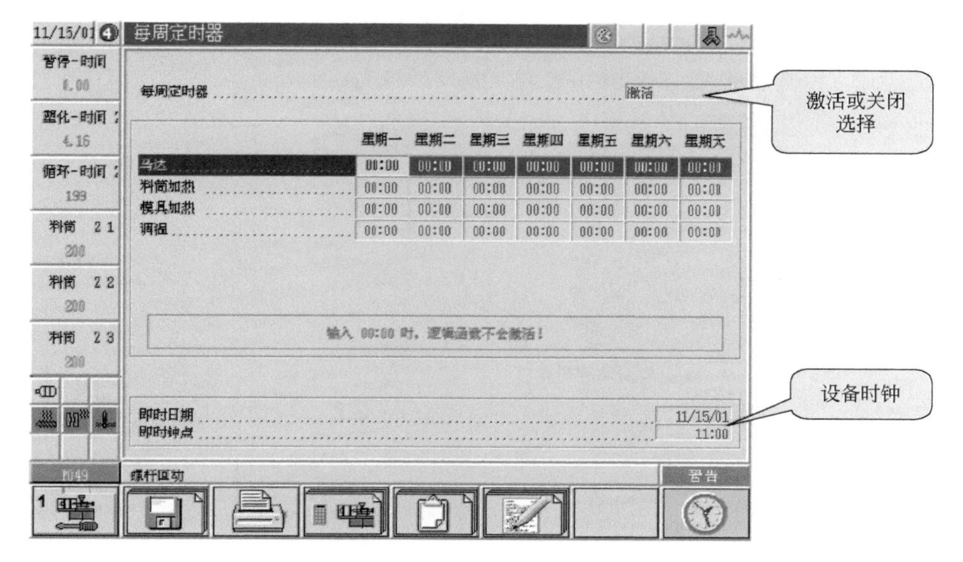

图 3-131 定时启动界面

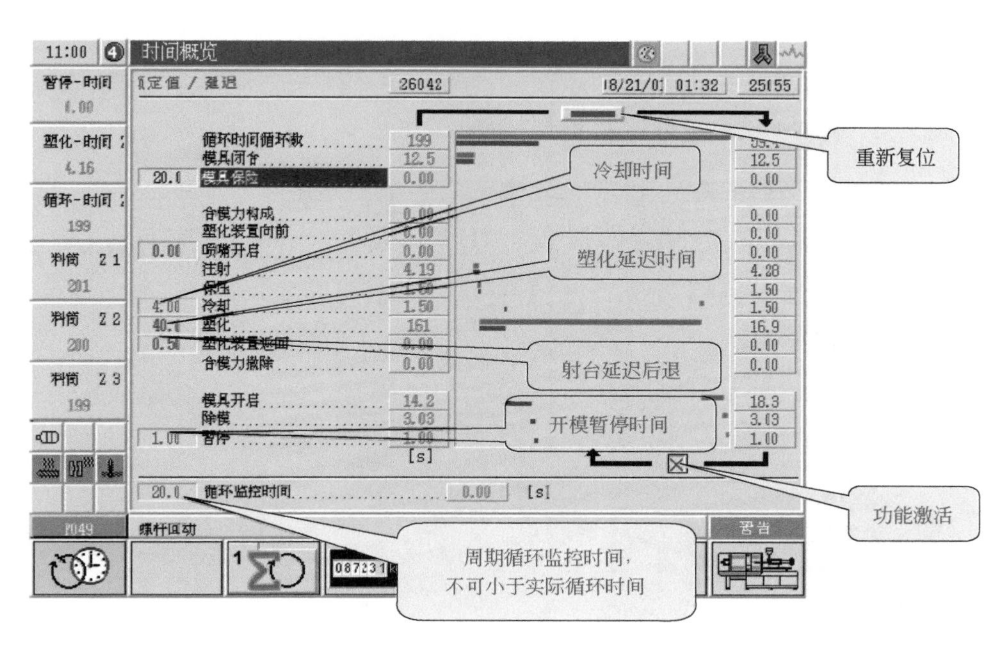

图 3-132 循环时间分析界面

（25）生产循环数值设定

按界面选择键，再按第三个两次辅助键进入生产循环数值设定界面，见图 3-133。

经验总结

当实际生产值达到或超过设定的生产值后，会导致无法读入另一套模具资料，解决方法就是重新复位生产数值。另外，如果启动了“生产结束之后关断”功能，系统会自动关闭马达并有信息提示 A063 工件数目关断，达到预定工件数目，停机，复位后重新设定工

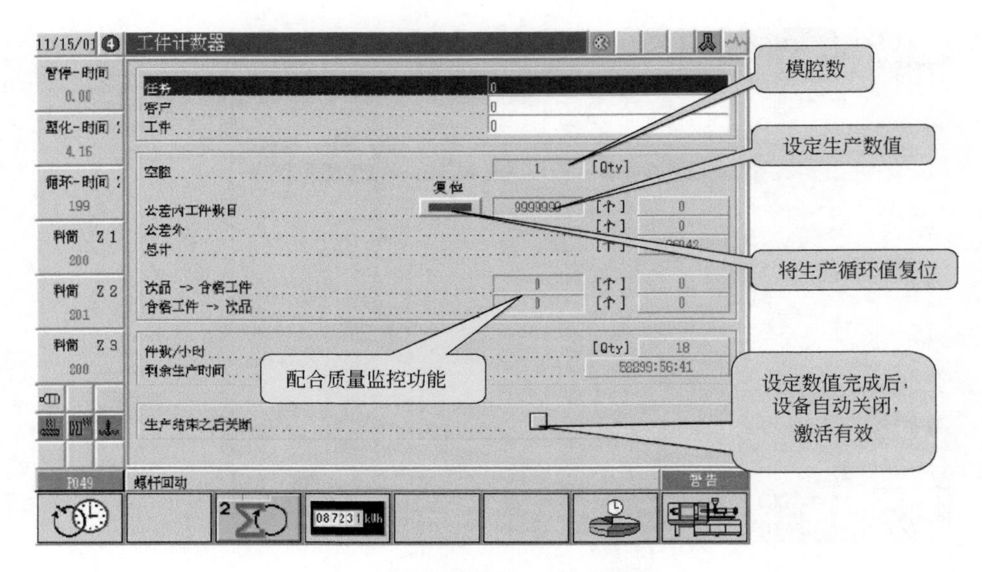

图 3-133　生产循环数值设定界面

件数目。

（26）质量分析表

按界面选择键进入质量分析表界面，见图 3-134。

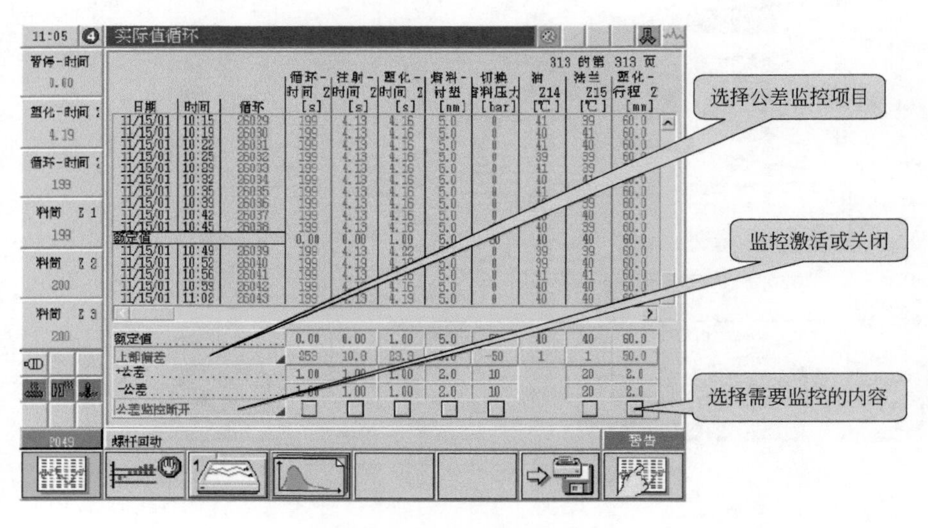

图 3-134　质量分析表界面

特别注意

监控表主要功能是记录生产过程中的所有实际数值，用于监视设备的稳定性，并可以任意选择监控项目，监控公差外的数值会在表内以红色显示。

（27）质量监控-出错率

按界面选择键，再按第二个两次辅助键进入质量监控-出错率界面，见图 3-135。

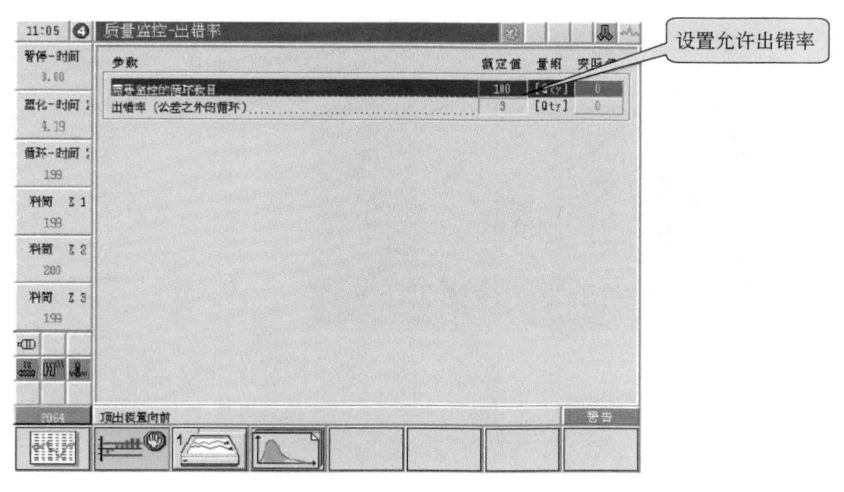

图 3-135 质量监控-出错率界面

经验总结

在质量表选择了监控项目后，在该页设置一个允许的出错率，一旦出错率超出，设备将会停止运作，直至取消警告信息 A014。根据故障提示解决方案，检查质量分析表监控内容的公差值 A140 超出允许出错率检查设定参数、检查质量标准的公差极限、检查材料类型、检查进料区、检查压力传感器、检查载荷放大器的设定。

（28）图形分析

按界面选择键，再按第三个辅助键进入图形分析界面，见图 3-136。

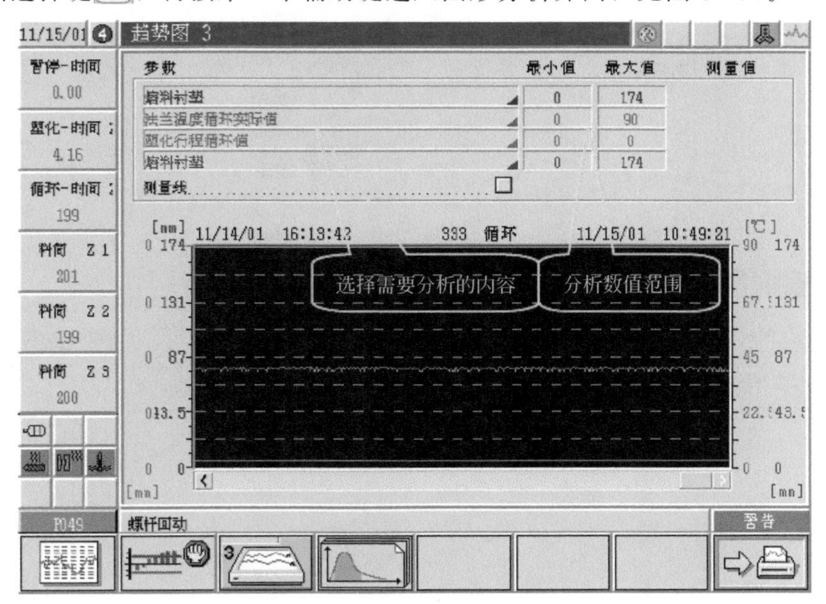

图 3-136 图形分析界面

（29）图形监控

按界面选择键，再按第四个辅助键进入图形监控界面，见图 3-137。

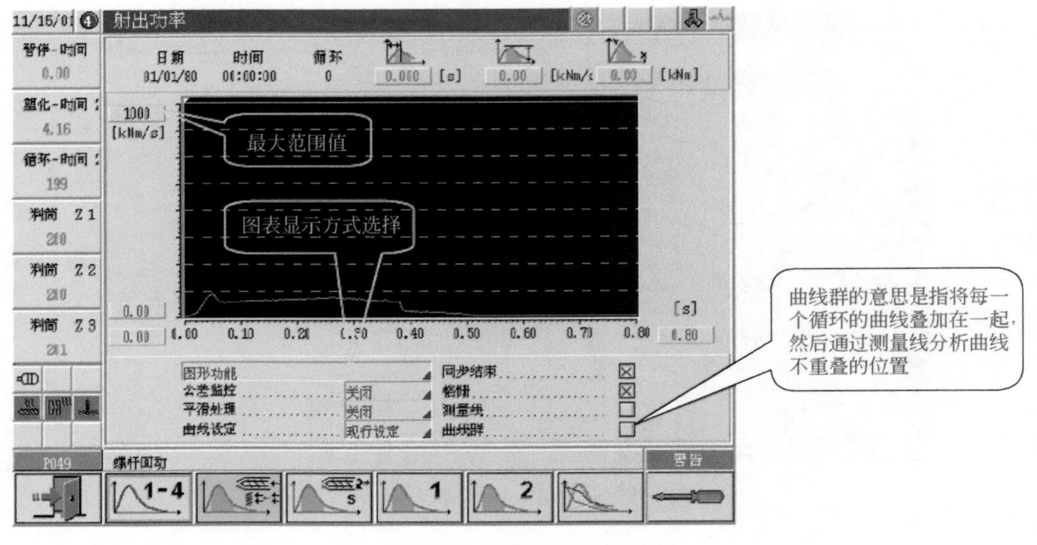

图 3-137　图形监控界面

（30）标准操作页

按界面选择键进入标准操作页，见图 3-138。

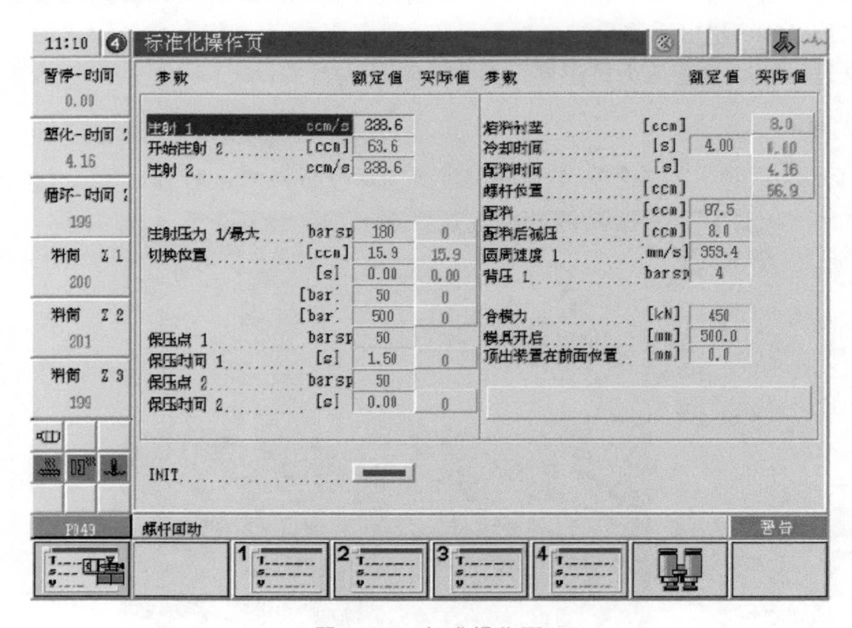

图 3-138　标准操作页

特别注意

设备的标准操作页，将一些经常更改的项目集中在一起方便设置，但必须注意有些条件和单位的差异。

（31）故障信息

按界面选择键进入故障信息界面，见图 3-139。

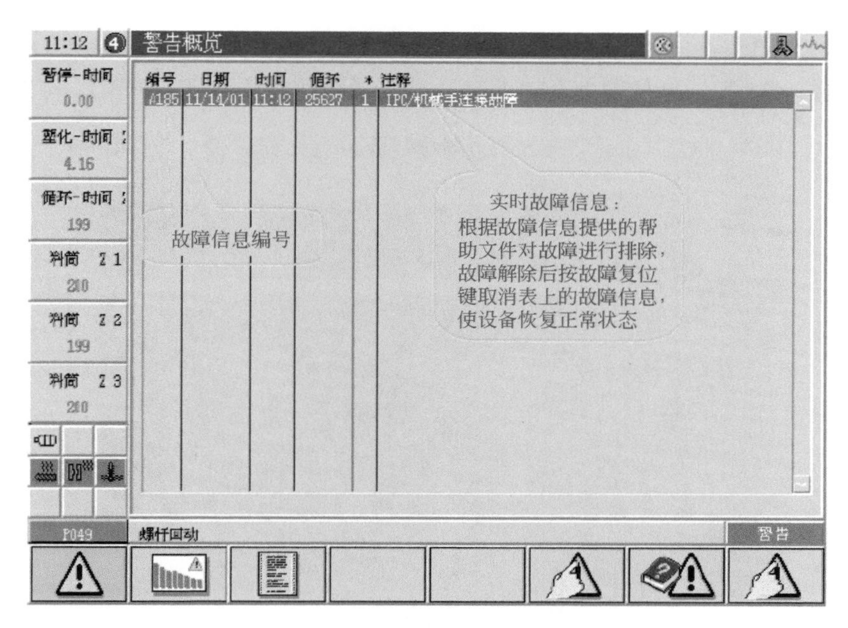

图 3-139　故障信息界面

（32）事件记录

按界面选择键⚠，再按第三个辅助键进入事件记录界面，见图 3-140。

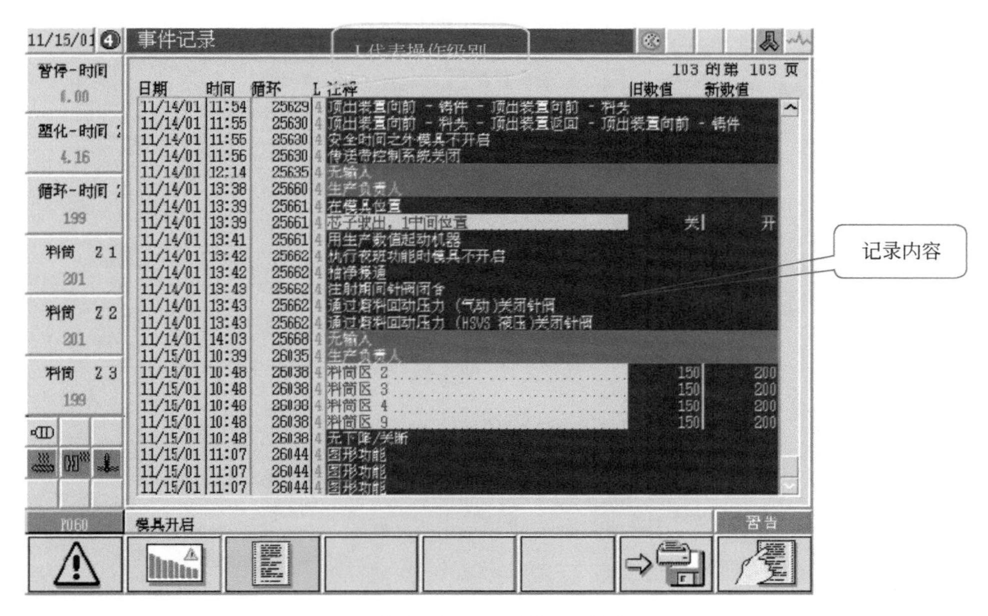

图 3-140　事件记录界面

经验总结

事件记录的内容是从设备启动电源开始，记录设备的启动和不同级别操作人员在系统上的任何操作、故障记录，有利于记录回查，故障原因分析，最大记录值为 10000 条，以此向上推进。采用 Excel 记录，可以在台面电脑查看。

（33）故障帮助文件

按界面选择键，再按第七个辅助键进入故障帮助文件界面，见图 3-141。

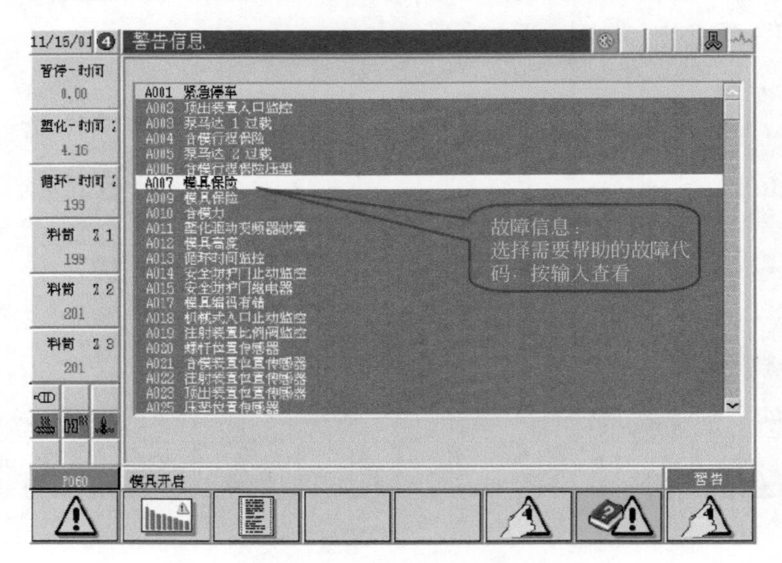

图 3-141 故障帮助文件界面

（34）服务/诊断

按界面选择键进入服务/诊断界面，见图 3-142。

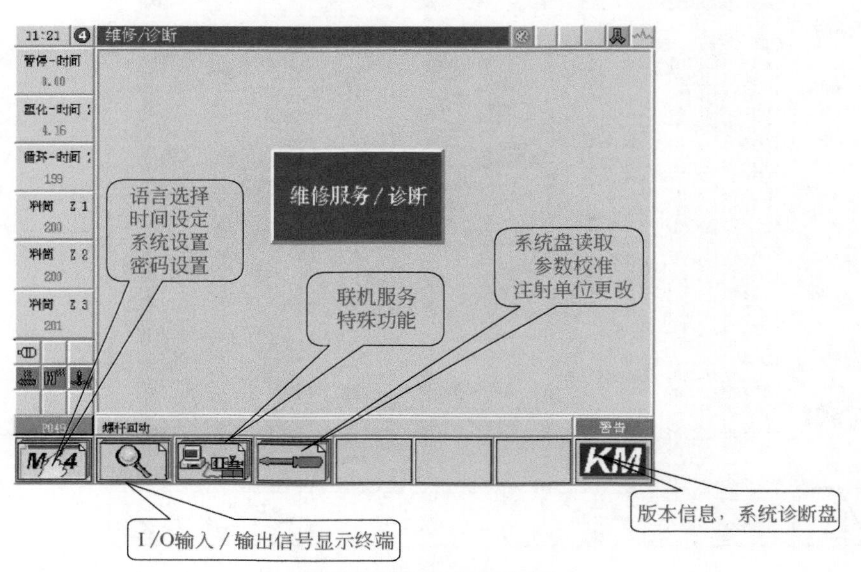

图 3-142 服务/诊断界面

（35）语言选择

按界面选择键，再按第一个辅助键进入语言选择界面，见图 3-143。

（36）系统设置

按界面选择键，再按第一个辅助键进入后按第四个辅助键，系统设置界面见图 3-144。

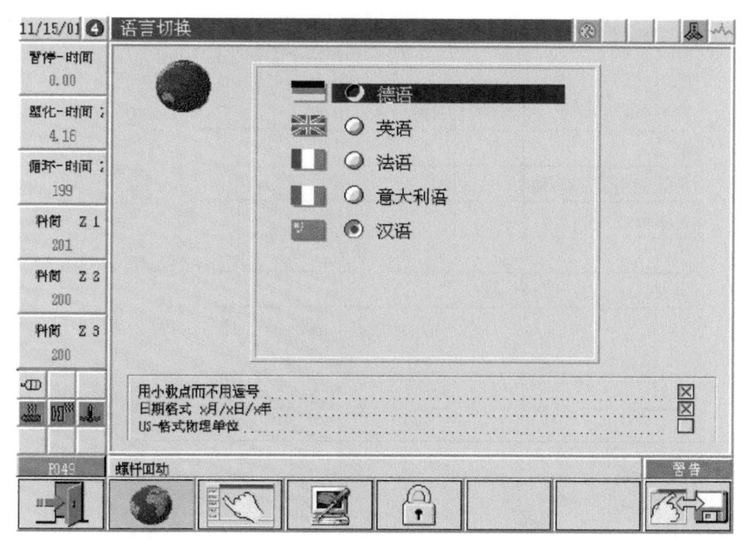

图 3-143　语言选择界面

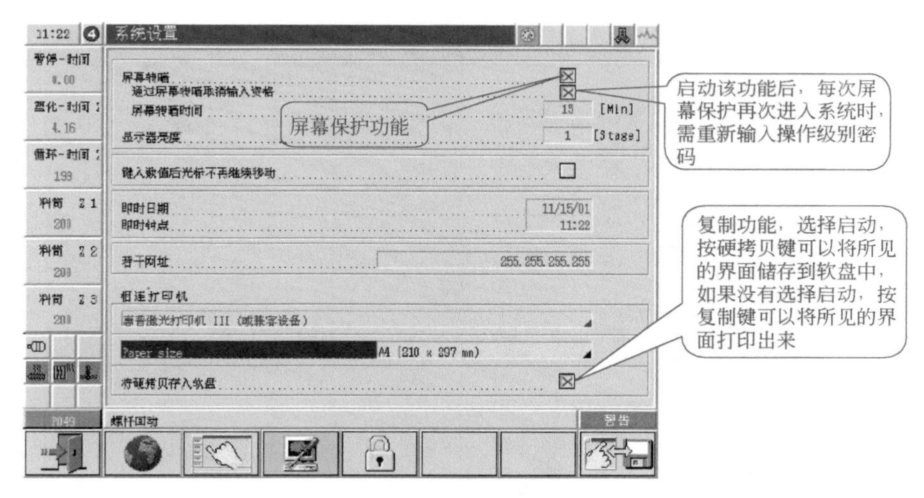

图 3-144　系统设置界面

（37）密码设置

按界面选择键，再按第一个辅助键进入后按第五个辅助键，密码设置界面见图 3-145。

（38）密码定义

按界面选择键，再按第一个辅助键进入后按第八个辅助键，密码定义界面见图 3-146。

特别注意

该界面只有第四级密码持有人才能进入，负责人可以根据每一级操作人员性质的不同分配不同的操作页面给他们，防止不必要的误操作。

经验总结

分配界面的方法为：利用光标键移动到需要分配项，左右移动光标到界面选择存取权

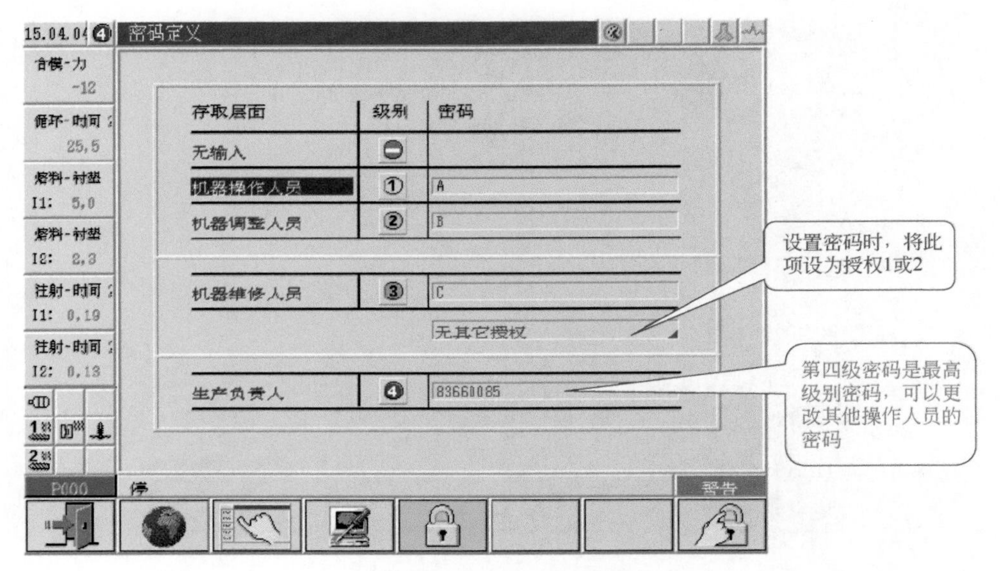

图 3-145 密码设置界面

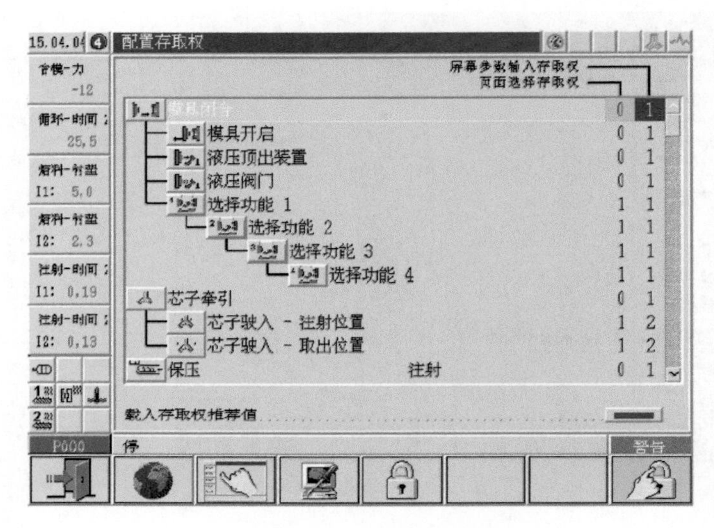

图 3-146 密码定义界面

或屏幕参数存取权，再通过＋或－键选择操作级别。界面选择存取权的意思是在一个特定的级别内，可以查看但不能更改参数的界面；屏幕参数选择存取权的意思是在一个特定的级别内，可以查看并更改参数的界面，这个级别一定要高于界面选择存取权的级别。

（39）系统校准

按界面选择键，再按第四个辅助键进入系统校准界面，见图 3-147。

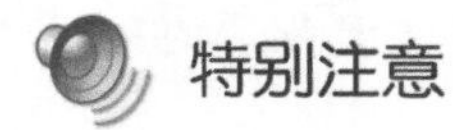

特别注意

系统校准界面的主要作用是校准系统的位置、压力、速度。当设备出现系统位置、压力、速度不正确的时候，可以通过随机的系统校准盘进行重新校准或者手动校准后将数据制作成校准盘，方便以后进行校准。

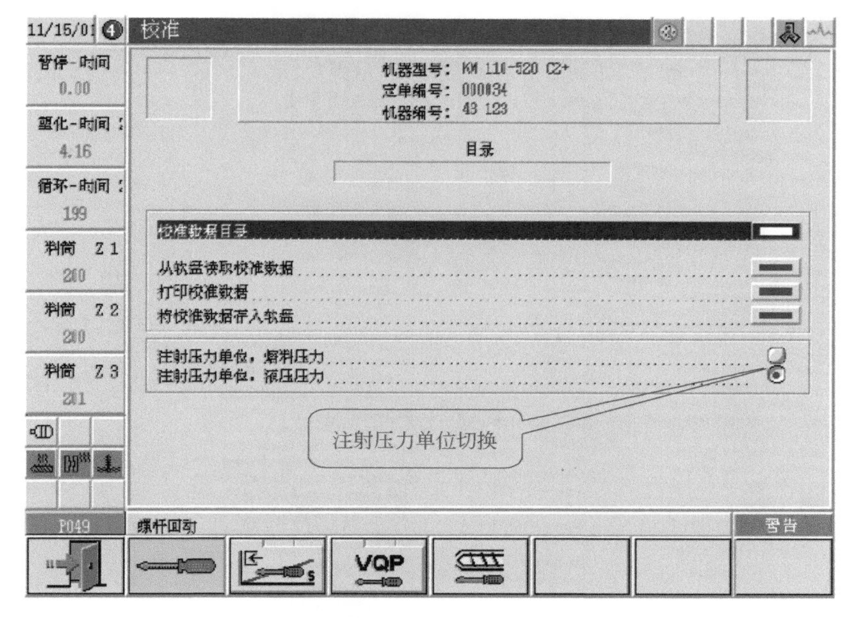

图 3-147　系统校准界面

经验总结

① 系统校准方法

a. 插入随机系统校准盘，将钥匙键 8-S001 打到设置状态；

b. 光标在校准数据目录时，按输入读取标识编码；

c. 将光标移动到从软盘读取校准数据，按输入键进行读取，此时左上角会有磁盘闪动；

d. 当左上角闪动磁盘消失后，表示已经完成读入；

e. 每次读取系统校准盘后，必须进行机器零点校准。

② 制作校准盘方法

a. 插入一张空白存储盘；

b. 然后将光标移动到“将校准数据存入磁盘”，按输入键进行存储，此时右上角会有磁盘闪动；

c. 当右上角闪动磁盘消失后，表示已经完成存储。

（40）系统诊断

按界面选择键，再按第八个辅助键进入系统诊断界面，见图 3-148。

3.3.4　克劳斯玛菲注塑机的维护

（1）总体维护说明

注塑机的维修工作仅限于清洁、辅助设备、维护操作程序（例如机器的清洁）、组件的更换和调整以及故障的消除。维修工作中，需做出适当的安全和预防措施。

以下提示在维护操作中必须被重视。

① 各个操作的说明，CAUTION（必须注意）、ATTENTION（一般性注意）和

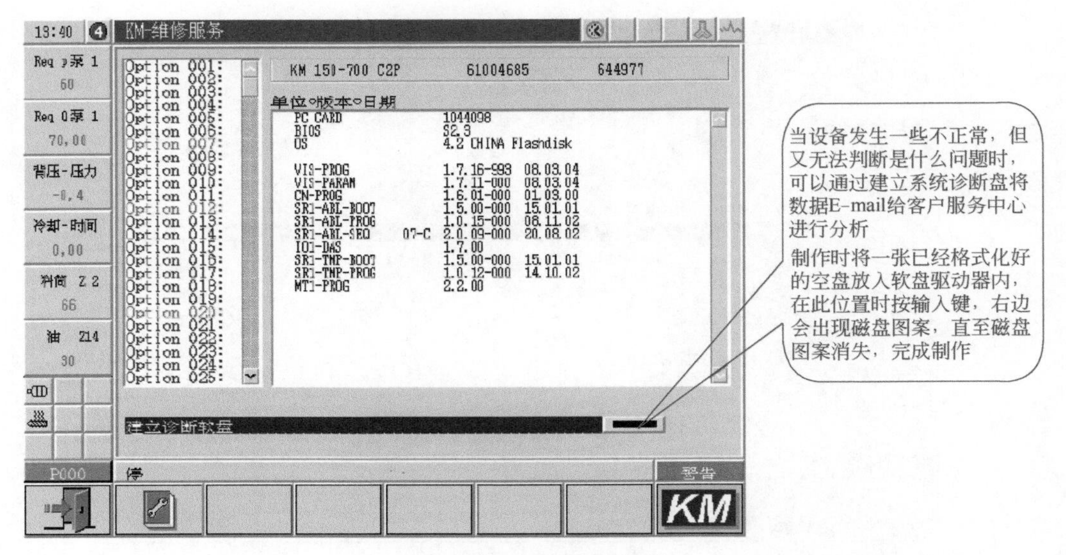

图 3-148 系统诊断界面

NOTE（注意）的明确划分能够直接让操作员了解操作系统的特殊性或机器可能发生的损害及伤害性危险。

② 零件的温度无法在大部分的生产程序中明确标示。

③ 塑化物、刚注塑出的制品和发热的机器组件对材料和人体可能造成的伤害会极高。

④ 必须提供手套或其他适当的保护措施（例如支承物、防护盖）。

⑤ 注塑机加工不同的塑料可能发出损害性气体、蒸气或粉末，一定要采取适当的措施进行排气，使用者一定要负责安装排气系统。

特别注意

当处理以下设备和生产材料时，应遵守相关规则以防止发生意外事故：注塑机、吊车、压力蓄能器、清洁剂、润滑油。

（2）总体维护措施

对注塑机尽责维护、对整台机器噪声进行检测和每天的日常检查是确保机器有长的使用寿命及无机械故障的关键。

① 开机之前必须检查管接口之间连接是否紧密，是否存在泄漏，这是非常重要的。

② 泵在运行中产生的噪声、液压系统的响声和急剧的运动都可能是因为液压系统中有空气夹附物，必须立即进行故障检查，直至消除故障。

③ 停机之前（例如周末），机器应被全面检查。所有的故障（如渗漏）都得一一排除。

④ 所有的维护和操作都应该按照相关的检查和维护规范进行。

⑤ 用专用的棉质清洁布或羊毛布来清洗哥林柱、油缸和活塞等。

⑥ 使用指定的液压油和润滑油脂。

⑦ 保持控制柜的散热片清洁，不可将任何物体放入柜内，尽可能在任何时候保持散热的畅通。

（3）滚珠轨道的润滑

轨道的润滑油需要一种型号为 NO12506 的多功能抗磨轴承润滑油；轨道每工作一个月加油一次，油的黏度参照标准 ISO-VG 68～ISO-VG 100。其后，至少每三个月定期给轨道上一次润滑油。

如果机器停机一个星期以上，那么开机时导轨需重新润滑。具体步骤如下：

① 擦干净滚珠导轨面；

② 擦干净油嘴及其周围的地方；

③ 用油枪把黄油压入油嘴；

④ 用油枪最少来回压 2 次；

⑤ 检查润滑油脂是否溢出；

⑥ 确保黄油在轨道上均匀散开。

（4）润滑分配器的替换

型号为 KM420C～KM650C 的机器已经装配了由 Perma 公司生产的自动润滑分配器。此分配器注满了润滑脂，这种润滑脂是以锂和镉元素为基准的润滑油。此分配器适用的温度范围为−25～130℃。在室温 25℃的情况下，它可以连续工作 6 个月。但温度的升高会使它的使用寿命缩短。

特别注意

① 在分配器工作期间不能卸下分配器，因为这样会释放掉建立起来的分配压力。

② 在分配器上有个分配量指示器。在一个外螺纹盖上，有一个彩色活塞将提示分配器分配量。

分配器储存在正常的环境下，它的储存寿命是一年。但由于润滑油寿命的缘故，一般情况下不建议储存超过一年。替换润滑油分配器的步骤如下：

① 卸下旧的分配器；

② 卸下新分配器上的插头；

③ 把新分配器安装在润滑点的部位上；

④ 旋入一个彩色环，直到此环在断裂处断裂；

⑤ 在分配器上记上所更换的日期。

特别注意

① 换下来的分配器在一段时间内还会保持一定的压力，此时千万不能打开分配器，因为里面会有腐蚀性液体流出。如果不慎，手接触到此液体，务必马上用水冲洗干净。

② 此类润滑油属于德国标准的矿物类润滑油。

③ 必要时将废油进行正确合适的处理。

（5）检查软管

机器每工作 500h 后要对液压系统的软管进行全面检查。应检查是否有以下故障：

① 从外层到内层的损害（例如裂缝、磨损等）；

② 软管外层的脆裂；

③ 在有压力或无压力或弯曲状态下，软管不能还原成原来的形状；

④ 软管泄漏；
⑤ 软管接头的腐蚀、损坏；
⑥ 软管从接头中脱落出来。

注意：软管的保存不能超过2年，使用不能超过6年。每20000个工时，替换一次。

（6）液压系统的螺栓极其转矩

表3-1为固定液压元件的螺栓的转矩值。

表3-1 螺栓的转矩值

螺栓型号	转矩/N·m	螺栓型号	转矩/N·m
M5	7.6	M12	110
M6	13	M16	270
M8	31	M20	530
M10	62		

特别注意

拧紧过程不得使用锁紧垫圈。

（7）液压系统的维护

液压系统的维护一般只要对污染指示器进行检查和对过滤器进行清洗和替换，还有液压油的灌注等。

特别注意

① 每5000个工时，必须对油箱进行清洗和换油。如有必要，还可以对油质进行分析。

② 当油箱油已排完，在液压软管、管路、油缸里还留有一定数量的残余油。在其他新油加入前，一定要检查旧油与新油的兼容性和混合性，因为混合油会改变油的特性及降低过滤功能。

（8）清洗油箱

清洗油箱的步骤如下。

① 卸掉加油管的盖子以及空气滤清器。
② 用泵抽干主油箱以及蓄油箱中的油，打开放油塞放干残余油。
③ 去掉油箱盖板，检查其密封性。如果不好，更换密封垫。
④ 用除净设备来清洗油箱并用压缩空气来干燥油箱。
⑤ 旋紧放油塞。
⑥ 把油箱盖板和密封垫紧固。
⑦ 用25N·m的扭力把油箱盖板旋紧，注意密封件的正确位置。
⑧ 重新放入滤芯和空气滤清器。
⑨ 重新加油。

（9）冷却部分

冷却水的进、出口连接管道都是根据机器型号来分的。供水管道必须与在操作侧反面的水分配器相连。

（10）液压油冷却

图 3-149 所示为液压油与料筒法兰冷却系统，系统在显示“料筒温度”的页面上显示油温（工作温度为 45℃），而且由冷却水自动控制液压油的温度。

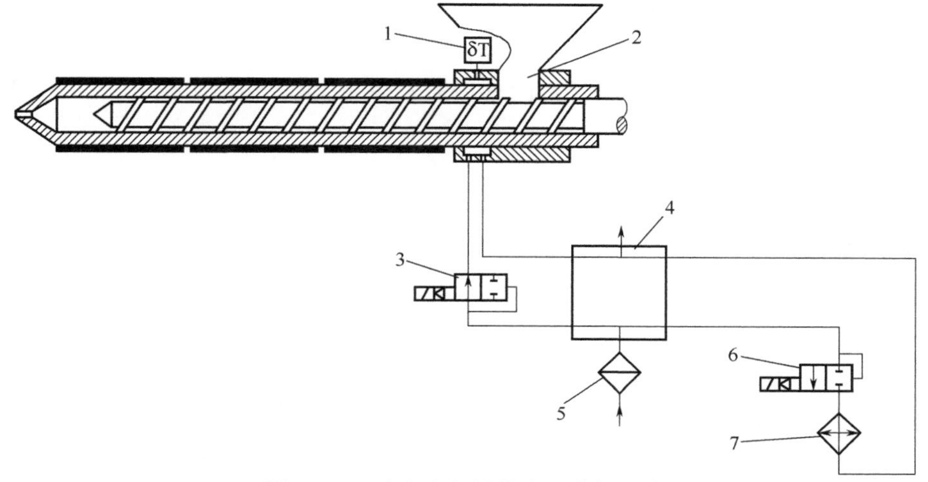

图 3-149 液压油与料筒法兰冷却系统

1—热电偶；2—法兰；3—电磁阀 6-Y000W；4—分配器；5—过滤器；6—电磁阀 6-Y001W；7—油冷却器

（11）清洗油冷却器

冷却器的带肋线圈是由一种 CU 合金组成的。为了清洗油冷却器，采用反浸灰设备来清洗油冷却器。

油冷却器不拆卸下来也可进行清洗。此时应卸下冷却水的供水管子和回流管子，并装上一个具有反浸灰器的循环泵。

① 油冷却器的拆卸。油冷却器的结构如图 3-150 所示。

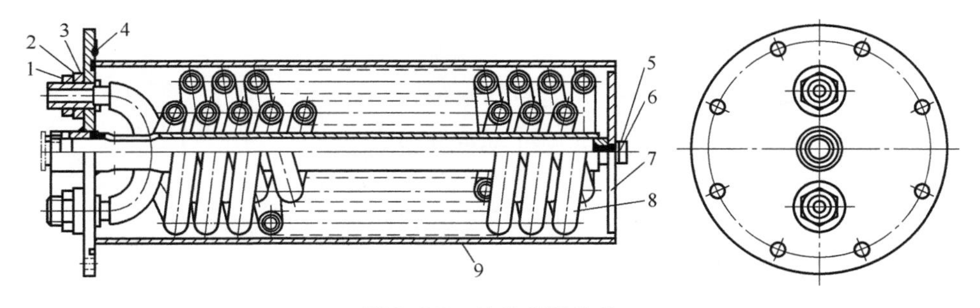

图 3-150 油冷却器结构

1—螺母；2—O 形密封圈；3—垫圈；4—安装板；5—螺栓；6—锁紧垫圈；7—固定架；8—带肋圈；9—筒体

拆卸油冷器的步骤如下。

a. 首先确定液压系统无压力以及油箱内没有油；

b. 确定冷却水已关闭；

c. 把一个盘放在冷却水和液压油连接处下面；

d. 拆掉油冷却器法兰的 8 个锁紧螺母，把油冷却器从油箱中取出放稳。

② 油冷却器的解体。油冷器进行分拆解体的步骤如下。

a. 拆掉两个螺母 1，然后把两个 O 形密封圈 2 和垫圈 3 取下；

b. 拆掉螺栓 5，然后把锁紧垫圈 6 和固定架 7 取下；

c. 从架子上取下安装板 4；

d. 把带肋圈 8 从筒体中抽出来，并且把它洗干净；

e. 把筒体和所有紧固元件清洗干净。

③ 装配。装配时必须选用新的 O 形密封圈和安装板。具体步骤如下。

a. 把带肋圈 8 塞进筒体 9，注意：此过程务必保证 O 形密封圈正对着带肋圈的光滑管末端；

b. 把两个 O 形密封圈装在管末端上；

c. 把垫片放上去；

d. 把螺母旋上，并且旋紧；

e. 用紧固垫圈和螺栓把固定架装好；

f. 把筒体和安装板装配在一起。

④ 安装冷却器。安装的步骤如下。

a. 把冷却器放入主油箱，并用八个螺母把它旋紧；

b. 把油回路和冷却水回路连好；

c. 向主油箱加油；

d. 打开冷却水；

e. 液压系统加压；

f. 检查油冷却器法兰以及连接处是否漏油，拧紧各自连接处的螺母来消除漏油。

（12）料筒法兰的冷却器

料筒法兰冷却器控制是为了防止落料口里的料被凝结。此段温度可以在料筒温度显示页上看到。

（13）清洗水过滤器

水过滤器的结构如图 3-151 所示。

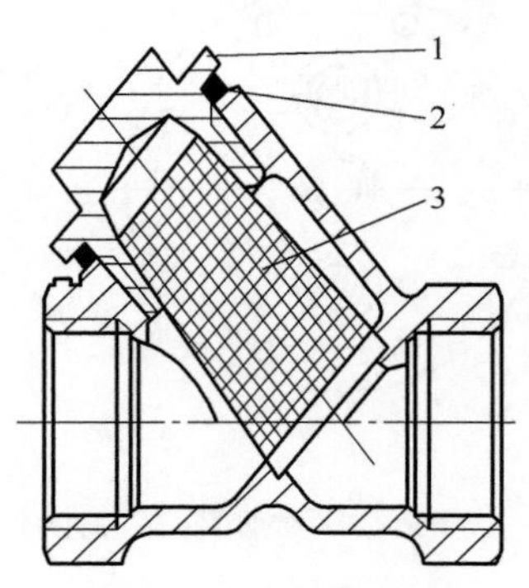

图 3-151　水过滤器结构

1—盖；2—密封圈；3—滤芯

① 拆卸。步骤如下。

a. 确定冷却水被切断；

b. 把一个盘放在防尘盘下面，把盖 1 拆下；

c. 拆掉密封圈 2 和滤芯 3；

d. 清洗滤芯 3。

② 安装。步骤如下。

a. 把滤芯 3 放进防尘盘内，然后固定密封圈 2；

b. 把盖装好；

c. 接通冷却水，检查其是否泄漏。

（14）模具的冷却（附加设备）

把冷却水的进出水管与水量控制器接好，然后把模具冷却的单独回流管（通径口）与水量控制器连好。这样就可以通过一个浮子开关来监测流量，而且能够调整水量大小。

（15）清洗料筒

① 清洗喷嘴和注射区。在生产过程中，定期清洗喷嘴与流道之间的区域，并且清除

射出的熔融物。如果熔融物是在塑化以及熔融状态，应用一个铁钩来去除。

特别注意

凝固的熔融物会损坏喷嘴加热圈、加热线以及热电偶，应该在高温、塑化状态下用一个铁刷把喷嘴射出的熔融物清除。

② 清洗料筒。在全自动模式，按“INJECTION UNIT BACK”键，注射台能够退到最后，同时工作循环不会中断。步骤如下。

a. 首先确定安全盖和喷嘴已完全关闭；

b. 把模式 8-S001 设到“1”，并用手动模式；

c. 按“INJECTION UNIT BACK”键使射台退到最后位置；

d. 移开料斗或者卸掉；

e. 把一个托盘放在射嘴下面；

f. 交替按“注射”（INJECTION）键和“塑化”（PLASTICISING）键，直到料筒完全清洗干净。

特别注意

当螺杆在最前面时，应彻底清洗料筒。

在塑化、高温下，熔融物容易清除干净。

③ 用清洗剂清洗螺杆。一定要注意清洗剂与料的兼容性。如果不兼容会导致超温、爆炸等危害。

a. 准备好清洗剂；

b. 把喷嘴的安全门完全关好；

c. 把钥匙 8-S001 设置到“1”，把操作模式设为“M”模式；

d. 把射台退到最后；

e. 把料斗卸掉；

f. 把一个小盘放在射嘴下面，如有必要，把喷嘴拆下；

g. 把螺杆顶到最前面；

h. 开始塑化并且慢慢加入清洁剂。

特别注意

当螺杆位移指示器指示螺杆在最前端位置，而且此时已经没有清洁剂排出时，表明料筒已经完全被清洗干净。

④ 拆除料筒。步骤如下。

a. 保证料筒已经清洗干净，料斗已拆除，料筒继续加热；

b. 准备好吊车；

c. 拆掉附有螺杆行程指示器的有机玻璃盖板；

d. 松掉在螺杆联轴器上的平头螺栓；

e. 完全松掉螺母，并把它移到螺杆轴上；

f. 从螺母上取下半个盘，如果必要，更换 O 形密封圈和半盘；

g. 从螺杆轴上取下螺母；

特别注意

如果料筒没有清理干净而重新安装，在拆卸料筒之前，螺杆必须向后退 20～50mm，这有利于联轴器的更新安装。

h. 按“倒塑”（SCREW SUCK-BACK）键，使联轴器退到最后位置，并使螺杆轴脱离；

i. 按“射台退”（INJECTION UNIT BACK）键，使射台退到最后；

j. 关掉料筒加温，在控制面板上拔掉控制加热和热电偶的插头；

k. 拆除料筒法兰盘；

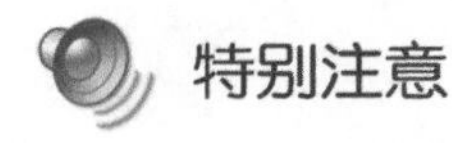

特别注意

当从射台上提升料筒时，螺杆能够从料筒中滑出。保证螺杆紧靠滑道不要碰伤。

l. 去掉定位块的螺钉；

m. 把料筒从射台上吊高；

n. 把料筒放置好。

⑤ 料筒的清洗。步骤如下。

a. 在开始清洗之前，先把“喷嘴”止回阀拆下来；

b. 在清洗时，保证料筒元件是热的，如果加热，温度不能超过 300℃；

c. 用一块金属片就可以清除掉料筒中的大部分熔融物。

⑥ 清洗螺杆。用一把铁毛刷就可以将螺杆清洗干净。

⑦ 清洗止回阀。用铁毛刷把止回阀的每个零件清洗干净，在安装之前，首先用纱布把每个零件擦干净。

⑧ 止回阀的拆卸。所安装的螺杆必须允许拆卸止回阀。步骤如下。

a. 首先保证料筒已清洗干净；

b. 去除热防护罩，并脱离喷嘴和料筒头端；

c. 拆下加热圈和热电偶；

d. 拆除喷嘴和料筒头，并立即清洗；

e. 清洗螺杆头和止回阀；

f. 用钢棒松开螺杆头（螺杆头必须是左旋螺纹，如安装标准止回阀请按照步骤 f 和 g 执行，如安装带滚珠止回阀请按照步骤 h 和 i 执行）；

g. 清洗螺杆头、止回阀、过胶圈；

h. 把球取下，拆除止逆环；

i. 放松螺杆头，把六角零件拆开并清洗；

j. 清洗螺杆头、球以及止回环。

⑨ 止回阀的安装。步骤如下。

a. 首先保证螺杆头、止回阀、螺杆、料筒已清洗干净；

b. 用高温油涂在螺杆头的螺纹上；

c. 将止回阀、密封胶圈安装在螺杆头上，如有必要，需先安装滚珠止回阀；

特别注意

螺杆头必须是左旋螺纹。

d. 用高温油涂在螺杆轴上；

e. 用螺栓固定料筒头，如果高温油从安装孔中溢出，擦干净，并把高强度螺栓擦干，顺时针固定螺栓；

特别注意

避免将高温油涂在高强度螺栓上。

f. 安装喷嘴，拧紧加热圈以及热电偶；

g. 安装热保护罩。

⑩ 滚珠止回阀的装配。滚珠止回阀的结构如图 3-152 所示，装配的顺序和方法如下。

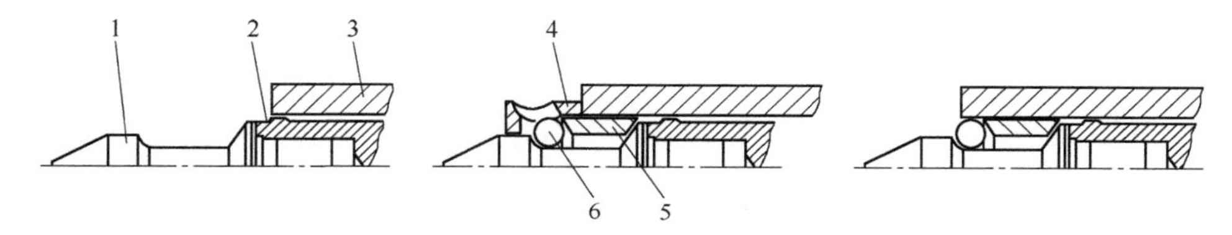

图 3-152 滚珠止回阀的结构

1—螺杆头；2—螺杆；3—料筒；4—安装环；5—止回环；6—滚珠

a. 首先把螺杆头、止回阀、料筒上的防腐剂擦干净；

b. 在螺杆头的螺纹上涂上高温油（螺杆头必须是左旋螺纹）；

c. 将螺杆向前推直至螺杆头能够旋入；

d. 退后螺杆将止回环装入，利用安装环把六个滚珠装入；

e. 把安装环紧紧压住料筒端面上，同时，螺杆向后退直到滚珠进入料筒中，然后拿掉安装环。

特别注意

此滚珠是易磨损部件，每 3 个月检查一次，如果必要，更换一次。

（16）拆换加热圈

① 拆卸。步骤如下。

a. 按“射台退”（INJECTION UNIT BACK）键，把射台移到最后；

b. 卸掉热防护罩板；

c. 卸掉各个热电偶；

d. 断开加热线缆；

e. 松开螺栓，打开加热圈并取下。

② 安装。步骤如下。

a. 首先确保新加热圈与旧加热圈的功率一致；

b. 把加热圈装在固定的位置上，注意热电偶的排列顺序，并且紧固加热圈（确保加热圈的传热性良好）；

c. 拧紧安装螺栓；

d. 连上加热电线；

e. 安装好各个热电偶；

f. 短时间加热，重新拧紧加热圈螺栓；

g. 安装加热防护罩。

（17）料筒头螺栓的转矩值

料筒头螺栓的转矩值如表 3-2 所示。

表 3-2 料筒头螺栓的转矩值

料筒型号	数量	螺栓型号 DIN912	转矩值/N·m
SP135,SP160	12	Cylinder screw M 12×80/10.9	104
SP190,SP220	12	Cylinder screw M 12×80/10.9	104
SP340,SP390	16	Cylinder screw M 12×80/10.9	104
SP460,SP520	16	Cylinder screw M 12×80/10.9	104
SP620,SP700	16	Cylinder screw M 12×80/10.9	104
SP900,SP1000	16	Cylinder screw M 12×80/10.9	250
SO1200,SP1400	15	Cylinder screw M 12×80/10.9	250
SO1650,SP1900	15	Cylinder screw M 12×80/10.9	250
SO2300,SP2700	16	Reduced-shaft screw M20×2×90/10.9	380
SP3000,SP3500	16	Reduced-shaft screw M20×2×90/10.9	380
SO4350	15	Reduced-shaft screw M24×2×100/10.9	623
SP5700	18	Reduced-shaft screw M24×2×100/10.9	623
SP8000	16	Reduced-shaft screw M30×2×153/10.9	1256

（18）吸油过滤器

新一代液压系统的泵和阀需要非常纯净的液压油，因此吸油过滤器是决定液压泵使用寿命的重要因素。不清洁的、有故障的滤芯和密封件会导致噪声、局部过热和堵塞。从外部清洗过滤器滤芯，例如，没有打开或清空油箱。

（19）清洗吸油过滤器一

吸油过滤器一的结构如图 3-153 所示。

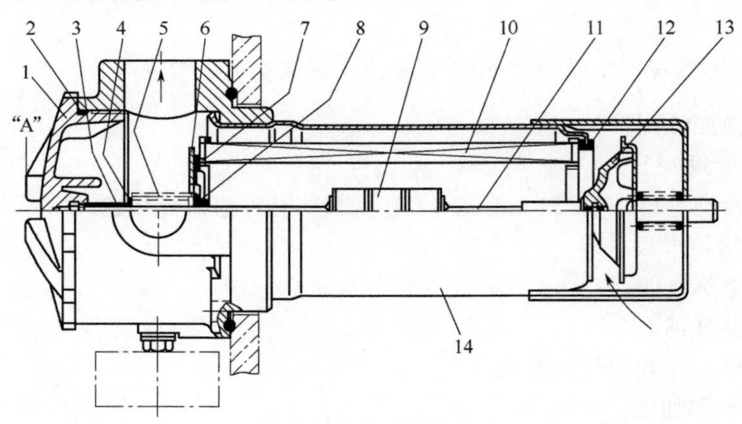

图 3-153 吸油过滤器一的结构

1—过滤器盖；2—O 形密封圈；3—衬套；4—垫圈；5—压力弹簧；6—锁紧垫圈；7—密封件；8，12—橡胶套；9—磁性系统；10—滤芯；11—滤棒；13—阀；14—筒身

① 拆卸。安装位置在操作台反面的液压油箱里，步骤如下。

a. 确保已关掉油泵，使液压系统卸压（务必旋紧过滤器盖，否则会导致吸油过滤器堵塞）；

b. 松掉过滤器盖子；

c. 取出滤芯，注意O形密封圈；

d. 放置好滤芯。

② 清洗。步骤如下。

a. 用过滤器盖1固定过滤器，向左旋松滤芯10和阀13，拿出滤芯并放置好；

b. 用台虎钳夹住芯棒旋松过滤器的盖子，拿掉衬套3、垫圈4和带有锁紧垫圈6的压力弹簧5，此时应对安装位置做好标记；

c. 取下橡胶套8和密封件，更换橡胶套；

特别注意

用石油醚清洗磁铁系统。

d. 清洗阀13、过滤器盖1、滤棒11和磁性系统9；

e. 用软刷清洗滤芯10，用压缩空气将其吹干；

f. 检查滤芯是否安装好；

g. 检查密封件是否安装好。

③ 装配。步骤如下。

a. 将橡胶套8安装在滤棒11上；

b. 将密封件7垫在锁紧垫圈6下，并安装好；

c. 塞入压力弹簧5、垫圈4和衬套3，并且旋紧过滤器盖1；

d. 将“A”面盖装入固定基座，将滤芯10沿滤棒11滑入锁紧垫圈6的密封件7上；

e. 压入滤芯，塞入阀13并拧紧；

f. 在过滤器盖下垫入O形密封圈。

④ 安装。步骤如下。

a. 把滤芯旋入过滤器筒身，注意O形密封圈2的准确安装位置，然后旋紧过滤器盖；

b. 启动油泵并且加压；

c. 检查过滤器是否漏油，如果漏油，判断是否要继续以下步骤：拿出滤芯、分别换掉各个O形密封圈、检查损坏件的表面是否需要换零件、重新安装滤芯。

（20）清洗吸油过滤器二

吸油过滤器二的结构如图3-154所示。

① 拆卸。该装置的安装位置在注塑台下面、泵前部分的液压油箱里，拆卸的步骤如下。

a. 松开过滤器油路开关，将油路断开；

b. 确保泵已关闭，使液压系统卸压；

c. 把阀芯1旋开；

d. 准备盛油盘；

e. 拆卸螺栓4；

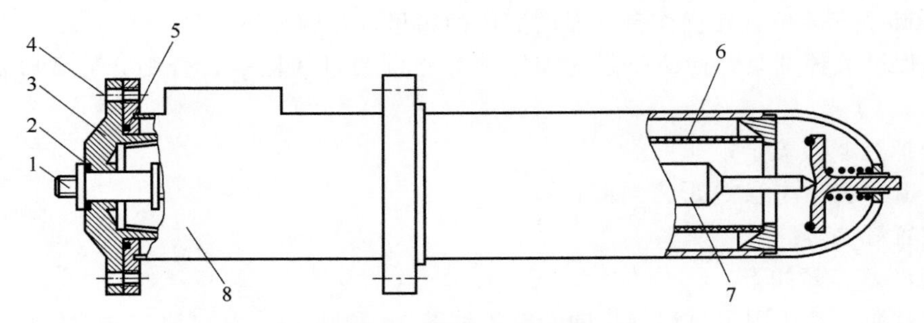

图 3-154　吸油过滤器二的结构

1—阀芯；2—密封件；3—滤芯盖；4—螺栓；5—O 形密封圈；
6—滤网；7—滤棒；8—筒身

f. 从过滤器的外壳中取出滤芯盖 3 和滤棒 7 以及滤网 6；

g. 将滤网和滤芯分开；

h. 用石油醚清洗每个零件（1，3，7），取出磨损的金属片，用压缩空气吹干所有零件；

i. 检查密封件 2 和 O 形密封圈 5，如果损坏，必须更换。

特别注意

滤芯由滤芯盖、滤网和滤棒组成。

② 安装。步骤如下。

a. 首先使阀芯 1 松开；

b. 在滤芯盖 3 的圆锥面上对称地装上过滤网；

c. 将带有滤网和滤棒的过滤塞插入筒身 8；

d. 旋紧螺栓 4，旋紧阀芯 1（重新打开过滤器油路开关）；

e. 旋紧阀芯 1；

f. 启动油泵，建立系统压力；

g. 检查过滤器是否漏油，如果漏油，按前文所提方法处理。

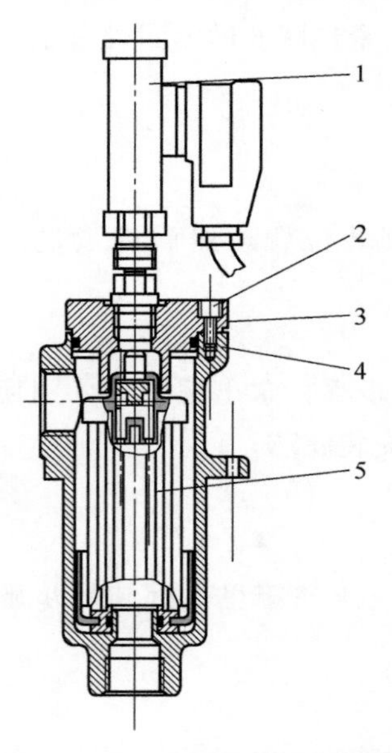

图 3-155　高压过滤器的结构

1—报警监测器；2—螺栓；3—过滤器盖；4—O 形密封圈；5—滤芯

（21）高压过滤器滤芯的更换

高压过滤器的结构如图 3-155 所示。

① 拆卸。步骤如下。

a. 确保泵已关闭，液压系统卸压；

b. 准备一个盛油盘；

c. 拔掉污染报警监测器 1 的接头；

d. 将带有污染报警监测器的螺栓 2 和过滤器盖 3 从过滤器外壳中拆除下来（滤芯 5 属于一次性零件，不能重复使用）；

e. 卸下并更换滤芯 5；

f. 从过滤器盖 3 上取下 O 形密封圈 4；

g. 检查 O 形密封圈及相应的接触面是否损坏，如损坏，必须更换；

h. 用石油醚清洗干净过滤器盖，再用压缩空气吹干。

② 过滤器的安装。步骤如下。

a. 用干净液压油湿润螺纹密封面、新的滤芯 5 以及 O 形密封圈 4；

b. 塞入 O 形密封圈 4；

c. 把滤芯塞入过滤器筒内；

d. 将带有污染报警监测器 1 的过滤器盖 3 安装好，用螺栓 2 固定；

e. 连接污染报警监测器的接头；

f. 启动油泵，建立液压系统压力；

g. 检查过滤器盖与过滤器筒之间是否有泄漏，如果有，按前文所提方法处理。

（22）空气滤清器

空气滤清器的结构如图 3-156 所示，安装完毕后每 500 个工时，必须检查一次空气过滤器。在换油后每两年，必须更换空气滤清器的滤芯。注油排气滤清器必须整个更换。

根据折层的方向，用压缩空气清洁排气滤清器的滤芯（最大值 5bar）。对于排气滤清器来说，可以用压缩空气清洗，不能用石油醚及相关的清洗剂清洗滤芯。

（23）冷却水量控制器测量管子的清洗及替换

冷却水量控制器的结构如图 3-157 所示。

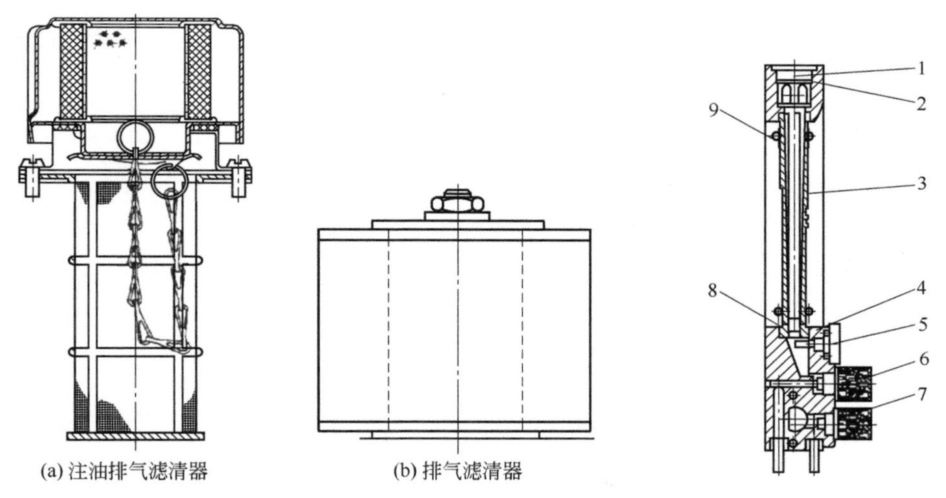

图 3-156 空气滤清器的结构

图 3-157 冷却水量控制器的结构

1—螺塞；2，4—O 形密封圈；3—管子；5—热电流计；6，7—控制阀；8—锥体；9—管挡块

应根据水质状况，定期清洗和维护管子，拆卸的步骤如下。

a. 关闭主控制阀；

b. 关闭上部控制阀 6；

c. 拧开螺纹盖；

d. 用配带的管刷清洗管子 3；

e. 更换螺纹盖上的 O 形密封圈 2（如果有磨损，连同管上的 O 形密封圈 4 一起更换）；

f. 重新插上管子；

g. 旋紧螺纹盖。

(24) 电控柜的冷却

由一个带有电扇的通风设备来冷却电控箱，根据空气污染程度定期清洗过滤器罩，具体的步骤如下。

a. 取下通风栅栏；

b. 取下过滤器罩；

c. 用加入清洗剂的温水清洗过滤器罩，如有必要，将其更换；

d. 烘干过滤器罩；

e. 重新装入过滤器罩；

f. 重新把通风栅栏装上（注意：在易产生高温的开关柜内部安装空调机组，根据外部空气的污染程度定期清洗热交换器的滤芯）；

g. 拆除滤芯；

h. 用压缩空气或敲打的方式清除滤芯上的污垢；

i. 用温水清洗（最高温度不能超过40℃）滤芯上的污垢，必要时使用温和的清洁剂清洗；

j. 重新安装滤芯。

特别注意

- 带有过多污垢的滤芯会导致过热；
- 只能使用原装的配件；
- 不能用过强的喷水器来冲洗滤芯，也不能拧扭。

(25) HK50 蓄能器的更换

HK50 蓄能器的结构如图 3-158 所示。

注意：HK50 蓄能器是以 DRUCKBEH V 为标准的。根据“TRB”标准，HK50 蓄能器的容量和压力的乘积小于1000。蓄能器既不用于焊接，也不用于切削加工。

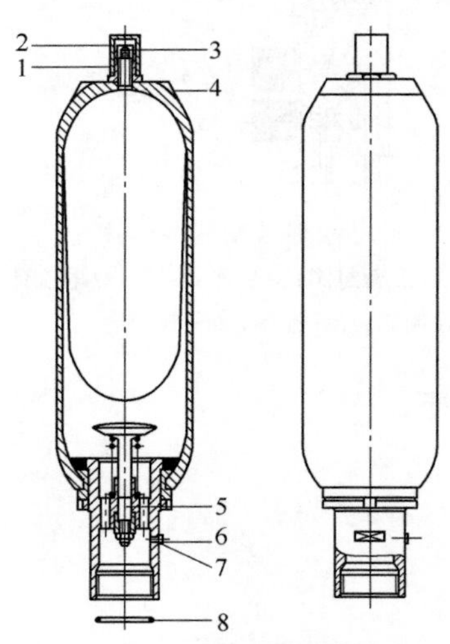

图 3-158 HK50 蓄能器的结构

1—螺栓；2—螺母；3—空气阀芯；4—蓄能器；5—液体阀身；6—放气螺栓；7—密封件；8—O 形密封圈

① 拆卸。在开始拆之前，首先确保 HK50 蓄能器无压力，确保利用充气和测量装置释放氮气预充压力。

如使用“HYDAC TECHNOLOGY GmbH”的特殊工具和检测装置，才可按照以下步骤进行拆卸。

a. 确保液压系统已关闭并且系统已卸压；

b. 确保截止阀 HA58 关闭口处于水平位置，而且旋松停止阀 HA58.1 的星形把手（不要拆掉空气阀芯上的 O 形密封圈）；

c. 旋松螺栓 1 和螺母 2；

d. 将手动充气和测量装置安装在空气阀芯 3 上，调整到一个合适的可读位置；

e. 在测试仪器上顺时针旋转充气和测量装置上部的转轴，直到此仪器指示预充压力；

f. 在此设备的一侧小心地打开卸荷阀来卸掉预充压力，观察压力指示器，直到蓄能器放空；

g. 拆除充气和测量装置；

h. 拆卸放气螺栓 6 和密封件 7；

i. 拆卸螺栓、螺母、垫圈；

j. 用六角扳手拧松蓄能器上的六角螺钉，若有必要，记住六角螺钉的位置；

k. 从蓄能器拆下 O 形密封圈；

l. 放好蓄能器。

② 安装。如使用“ HYDAC TECHNOLOGY GmbH”的特殊工具和检测装置，才可按照以下步骤进行安装。

a. 确保液压系统已关闭并且系统已卸压；

b. 确保截止阀 HA58 关闭口处于水平位置，而且旋松停止阀 HA58.1 的星形把手；

c. 安装新的 O 形密封圈 8；

d. 把蓄能器竖起来，旋紧；

e. 旋紧螺母 2 和螺栓 1；

f. 将充气和测量装置安装在空气阀芯 3 上，调整到一个合适的可读位置；

g. 确保卸荷阀已关闭（此蓄能器只能用氮气，不能用氧气，否则会导致爆炸，如果氮气瓶的压力高于蓄能器的最大工作压力，则必须在氮气瓶与充气和测量装置中安装减压阀）；

h. 用一软管把氮气筒和测试设备相连接；

i. 顺时针把测试设备旋紧；

j. 打开氮气瓶的截止阀，观察充气和测量装置上的压力指示器，直到达到预充压力；

k. 等到达到预期的预充压力后，向左打开充气和测量装置上部的转轴直到拧紧，关闭气阀；

特别注意

慢慢地将氮气充入蓄能器，直到达到一个稳定的压力，并防止气阀芯受到损害，预充压力以技术参数为基础，用小氮气瓶充气，停留大约 5min 后重复步骤 j 和 k，对于大的氮气瓶，必须停留更长时间。

l. 放掉充气管子的压力，将充气和测量装置与氮气瓶单独分开；

m. 拆除充气和测量装置；

n. 用适当的测量器检查气阀芯是否泄漏，如果泄漏，用 HYDAC 的专用工具旋紧空气阀芯，确保空气阀芯无泄漏；

o. 把螺母 2 装在空气阀上并旋紧；

p. 把外罩装在空气阀上并旋紧。

（26）检查和维护

表 3-3～表 3-5 所列为注塑机每 500 工时、1000 工时和 5000 工时需要检测和维修的项目。

表 3-3 500 工时的检测/维修项目

维护种类	时间	签名
安全设施的检验：		
检查紧停按钮		
检查安全门(开合模)		
检查安全门(喷嘴)		
检查安全门(注射)		

续表

维护种类	时间	签名
检查安全门(顶针)		
检查固定安全盖		
检查喷嘴中心:		
换模时的零点调整		
检查油量		
液压管路:		
检查使用寿命		
检查损坏及泄漏		
进行泄漏检查		
液压管路连接:		
检查损坏及泄漏		
进行泄漏检查		
对控制阀的泄漏检查		
检查系统压力		
测试蓄能器的氮气预充压力		
检查导轨和滑轮的状态		
检查料筒加热		
检查喷嘴加热		
检查热电偶		
水冷却块:		
检查连接处		
检查测量管		
检查冷却部分		
检查连接处塞子是否紧密		
检查热交换器的滤芯		

表 3-4　1000 工时的检测/维修项目

维护种类	时间	签名
安全设施的检验:		
检查紧停按钮		
检查安全门(开合模)		
检查安全门(喷嘴)		
检查安全门(注射)		
检查安全门(顶针)		
检查固定安全盖		
检查喷嘴中心:		
换模时的零点调整		
检查油量		
液压管路:		

续表

维护种类	时间	签名
检查使用寿命		
检查损坏及泄漏		
进行泄漏检查		
液压管路连接：		
检查损坏及泄漏		
进行泄漏检查		
对控制阀的泄漏检查		
清洗吸油过滤器		
出现警报后更换高压过滤器		
检查压力系统		
测试蓄能器的氮气预充压力		
检查导轨和滑轮的状态		
检查料筒加热		
检查喷嘴加热		
检查热电偶		
水冷却块：		
检查连接处		
检查测量管		
清洁冷却水过滤滤芯		
检查冷却部分		
检查连接处塞子是否紧密		
检查热交换器的滤芯		
检查止回阀里的钢球		
清洗空气过滤器		

表 3-5　5000 工时的检测/维修项目

维护种类	时间	签名
安全设施的检验：		
拧紧按钮的检查		
检查安全门(开合模)		
检查安全门(喷嘴)		
检查安全门(注射)		
检查安全门(顶针)		
检查固定安全盖		
检查喷嘴中心：		
换模时的零点调整		
控制机器的位置及水平		
检查锁模系统/顶针/套筒		
检查哥林柱的延伸度		
检查模板的平行度		
检查导轨和滑轮的状态		
测试压力表		
更换油		

续表

维护种类	时间	签名
清洁油冷却器		
液压管路：		
检查寿命		
检查损坏及泄漏		
进行泄漏检查		
液压管路连接：		
检查损坏及泄漏		
进行泄漏检查		
检查管接头		
对控制阀的泄漏检查		
清洗吸油过滤器		
出现警报后更换高压过滤器		
检查系统压力		
检查比例压力阀的特性曲线		
检查比例流量阀的特性曲线		
测试蓄能器的氮气预充压力		
检查料筒加热		
检查喷嘴加热		
检查热电偶		
水冷却块：		
检查连接处		
检查测量管		
清洁冷却水过滤滤芯		
更换润滑分配器		
检查料斗冷却法兰		
检查止回阀里的钢球		
根据信号指示对 350t 以上的机器检查电机的润滑		
清洁空气过滤器		
检查控制柜和线管匣		
旋紧配电器的线缆接口		
检查接触器		
检查限位开关		
检查插座		
检查 MC4 控制卡		
检查热交换器的过滤芯		

第4章 注塑机的安装、维护与保养

4.1 ▶ 注塑机的安装

4.1.1 新机器的安装

（1）机器的起吊

小机是整体式，不需要拆装，在起吊时，调模应调到最小模厚；大机拆装将由海天大机组人员完成。如果机器在厂房内再次移动且没有吊机时，需要在机器底部垫上滚木。

特别注意

由于机器较重，应由有起重经验的起重工来指挥，要注意下列各事项：

① 使用足够强大的提升机和搬运机将机器提起（包括起重机、提升设备、吊钩、钢丝绳等）。

② 如果任何吊挂钢丝绳与机器接触，要在钢丝绳与机器之间放入布层或木块以避免损伤机器的零件，如注塑机的拉杆等。

③ 注意提升机器时的稳定性和水平状态。

④ 木块垫块或垫件在机器下卸和搬运全部完成后才能移掉。

（2）防锈处理

所有暴露在空气中的机械部分，如活塞柱、拉杆以及模板部分的加工表面，在出厂前都涂过防锈剂。轴承表面润滑油和干净液压油的混合油可以产生一层防锈薄膜。

在操作时不与机器接触的部分，涂上防锈剂，为机器提供抵抗腐蚀和恶劣环境的保护。除非确实需要，运行时再擦去防锈剂，但禁用溶剂擦去防锈剂。

特别注意

安装机器时，务必对各项环境条件确认，假若未能满足条件，可能会产生错误动作，损坏机器，降低机器的使用寿命。

温度：0～40℃（运转时的周围环境温度）；湿度：75%以下（相对湿度），不得有结露；海拔：1000m 以下。

经验总结

湿度太高时，会使绝缘状态不佳，零件提前老化，勿将机器安装在多湿的环境中。也不要安装在灰尘多的场所或腐蚀性气体浓度高的场所，要远离会发生电气干扰或具有磁场的机械，如焊接机等。

（3）地基检查

地面载重分析应由土木工程专家进行。如果机器安装在增强型混凝土地面上，安装前一般不需要对地基进行准备；如果机器是安装在普通的车间地面上，则必须准备相应的地基。

注意：大机安装必须按地基图打地基。

（4）模板间平行度的调整

通常，固定模板与移动模板基准面的平行度是达标的，但由于运输和安装不当，可能发生变化，安装后要复检。此部分主要针对海天大型机，模板拆开后重新安装，需重新校正模板平行度。

固定模板与移动模板安装面的平行度公差值要求，如表 4-1 所示。

表 4-1 平行度公差值 mm

拉杆有效间距	合模力为零时	合模力为最大时
≥200～250	0.20	0.10
＞250～400	0.24	0.12
＞400～630	0.32	0.16
＞630～1000	0.40	0.20
＞1000～1600	0.48	0.24
＞1600～2500	0.64	0.32

（5）同轴度的调整

喷嘴与模具定位孔同轴度的调校和螺杆与料筒同轴度的调校非常重要，调整要求如表 4-2 所示。

表 4-2 喷嘴与模具定位孔同轴度调整要求 mm

模具定位孔直径	ϕ80～100	ϕ125～250	ϕ315 以上
喷嘴与模具定位孔的同轴度	≤0.25	≤0.30	≤0.40

调整方法如下：

① 本项应该在模板、机身的横向和纵向水平调整之后进行。

② 松开注射座导杆前、后支架与机身连接的紧固螺钉；松开导杆前支架两侧水平调整螺栓上的锁紧螺母。

③ 用 0.05mm 以上精度的游标卡尺，按周向测量 4 点：h_1、h_2、h_3 和 h_4，用水平调整螺栓，使 $h_1=h_3$；调整导杆支架的上下螺栓使 $h_2=h_4$；最后用水平仪检测射台导杆

的水平度，保证其值不大于 0.05mm/m，如图 4-1 所示。

④ 调毕，分别拧紧前后导杆支架上的紧固螺钉和前支架两侧的锁紧螺母。

（6）机器水平度的调整

由于机器的移动模板本身较重，移动惯量较大，为保持机器移动时的平稳性，必须仔细调校机身道轨的水平度，如图 4-2 所示。

（7）料筒螺杆间隙的调整

料筒末端与螺杆间隙一般用塞尺测量，测 4 个点。均分四点中最小间隙应≥0.02mm。

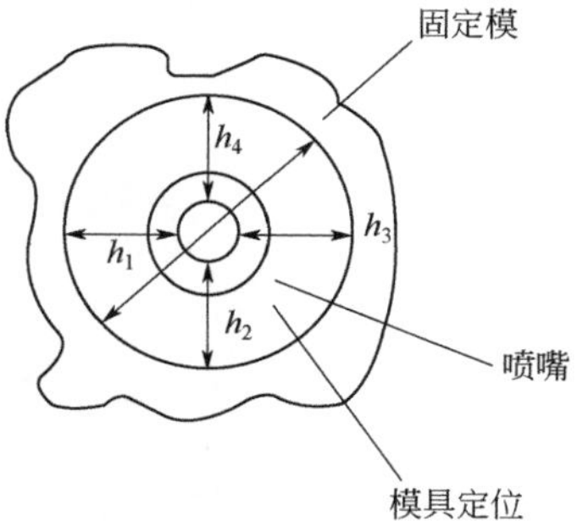

图 4-1 喷嘴与模具定位孔同轴度的调校

（8）冷却水的连接

冷却水系统水压一般为 0.2～0.6MPa，系统应有三条回路，分别是液压冷却回路、螺杆料筒冷却回路、模具冷却回路。

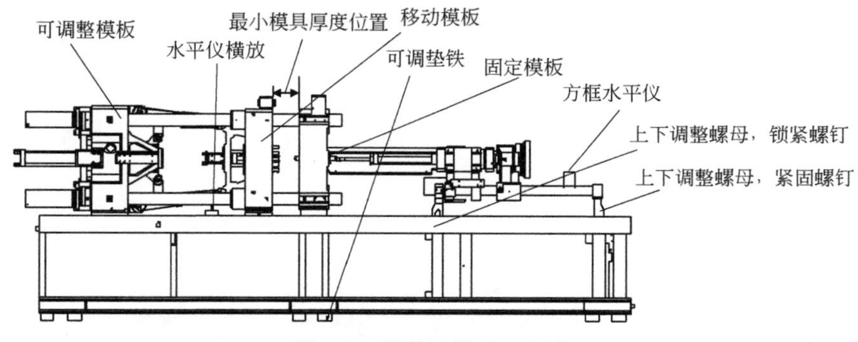

图 4-2 调整机器的水平度

特别注意

① 液压冷却水和模具冷却水的进水要分开（要有两路进水）；

② 要定时清洗冷却器。

（9）电源连接

连接电力电缆到电气箱中的电源进线，为三相五线，电压为 380V，频率为 50Hz。

电源接通后，油泵电机的运转方向必须检查，液压油必须完全注满。在开动油泵前，确保油箱中油已充满。具体操作步骤如下。

① 打开电源开关。

② 使用操作面板上的油泵电机开关，点动一下油泵电机，立即关闭。

③ 检查运转方向是否同电机外罩上箭头所指方向一致。

④ 供电功率应足够大于机器的总功率，并且配线足够粗。

如果方向不对，关闭机器及供电线路上的电源开关。将电源进线 L1 和 L2 互换。油泵电机的转向错误，将会损坏液压油泵。可通过操作面板上的油泵电机开关按钮来关闭油泵电机。

4.1.2 导向式拉索安装

安装导向式拉索机构时，应注意以下几点。

① 导向式拉索总成是整套提供，供货方已经按技术要求安装。操作人员不允许再对压紧螺母进行调节，以免损伤钢索，如图 4-3 所示。

图 4-3 避免损伤钢索

② 安装必须保证钢丝拉索与钢索支座垂直，钢丝拉索与导杆支座垂直，如图 4-4 所示。

图 4-4 拉索与导杆支座垂直

③ 弹簧安装必须保证开口朝外且开口不能过大，以防止弹簧从导向片中滑出，如图 4-5 所示。

④ 在调节过程中，必须控制保险挡块的行程。移动门关止时，保险挡块抬起不能太高（超过机械保险杆外径 5mm 左右比较合适），以确保弹簧形变小、螺纹杆与拉力头之间留有间隙，如图 4-6 所示。

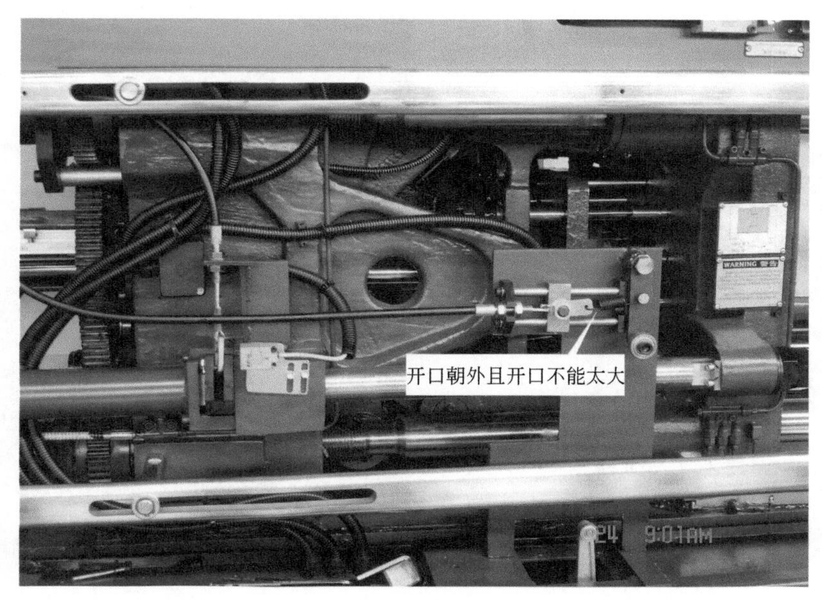

图 4-5　弹簧安装

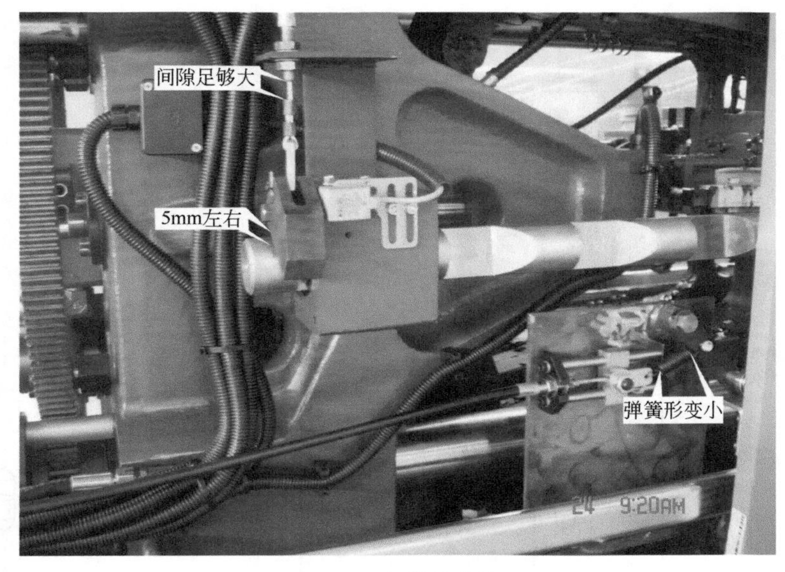

图 4-6　钢索的调整

⑤ 安装、调节结束后，必须操作机器检查。调模过程中一定要确保模座在任一位置下保险挡块都能正常抬起、下落，钢索不会卡住、干涉、拉断，如图 4-7 所示。

⑥ 为避免干涉，拉索护套管应按图 4-8 所示走向。

4.1.3　二板滑脚（垫铁）支承机构的安装

海天注塑机的支承采用液压支承滑脚结构，如图 4-9 所示，该机构采用 2 组滑脚（4 个或以上柱塞油缸）同步支承，使二板对拉杆的弯矩减到最小限度，保证拉杆始终处于水平状态，提高合模部件工作性能。

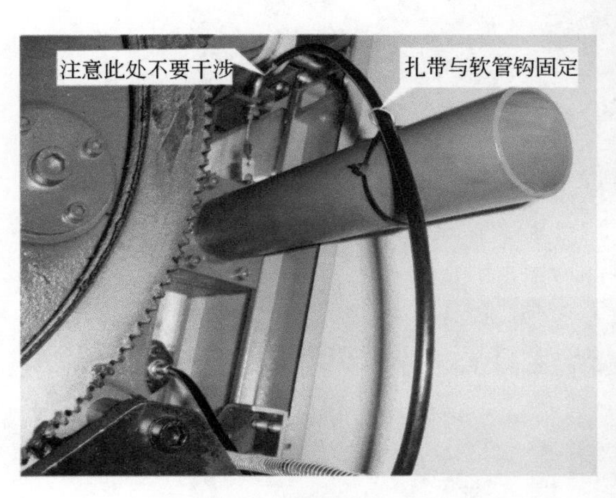

图 4-7 软管的固定

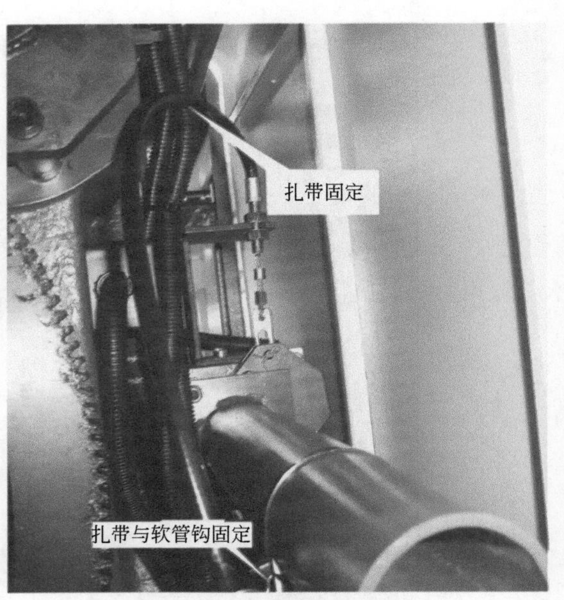

图 4-8 拉索护套管走向

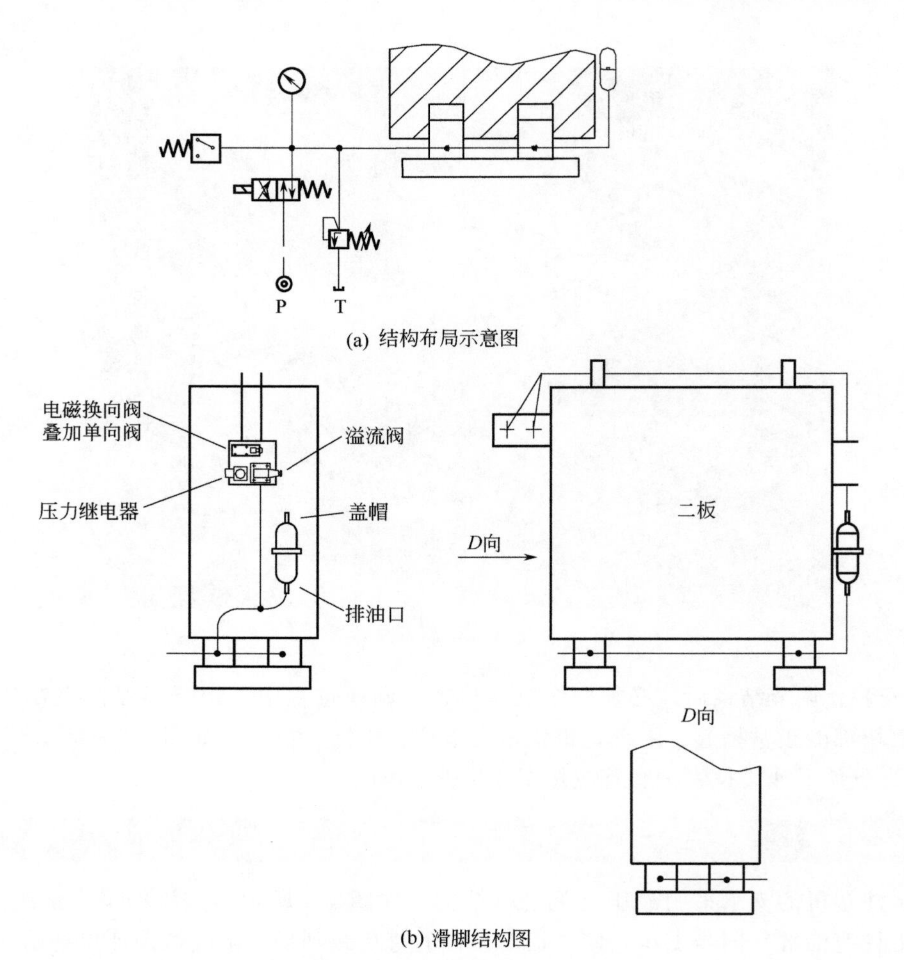

图 4-9 二板滑脚（垫铁）原理

支承压力的调整方法与步骤如下。

支承压力即调整压力继电器的压力，一般压力调整范围为 2～6MPa，具体根据模具重量在此范围内调整至拉杆水平为止。调整时顺时针旋转调整螺钉，压力升高，达到要求后放松调整螺钉，当压力过高时逆时针旋转调整螺钉，同时松开蓄能器的排油口，使压力降低至要求压力以下，再顺时针调整，使压力升高到要求压力，然后放松调整螺钉。

特别注意

调整支承压力时，应注意以下几点。

① 升高压力时，机器最好在手动工作状态，并且要求系统压力高于要求的支承压力。

② 此压力出厂时已调整为最佳，无特殊情况请不要任意调整此压力。

③ 溢流阀这里为安全阀，一般要求此阀压力高于要求支承压力 5bar。

4.2 注塑机的维护与保养（以海天牌注塑机为例）

4.2.1 维护与保养计划

注塑机是注塑生产企业的重要设备，必须有一套较为完善的保养与维护制度，才能充分发挥其效能，延长其工作寿命。只有及时正确地保养与维护，才能将小问题及轻微故障及时化解，以免积重难返。保养与维护时，应制定相关的计划。

① 外观目测检查；

② 油位是否符合要求；

③ 冷却水是否符合要求；

④ 液压管路有无油液滴漏；

⑤ 安全门、射出防护罩部分是否有效；

⑥ 机器接地是否妥当；

⑦ 旁路滤油器压力检查；

⑧ 机身防护装置及围板。

注塑机的机械、电气、液压系统及其各类元器件必须进行定期检查与维护，保养维护计划时间范围及具体工作内容，如表 4-3 所示。

表 4-3 保养维护计划表

时间范围	维护保养工作
当发现吸油过滤器阻塞时，在屏幕上出现出错信息：“滤油网故障”	更换吸油滤油器
每 500 个机器运转小时	检查液压油油箱上油标的油位
500 个工时后第一次更换旁路过滤器	第一次更换旁路过滤器
每 6 个月（水质较差时每个月）	检查，清洗油冷却器
第一次投入运行后 1000 机器运转小时	更换或清洗吸油滤油器
	更换液压油
每 2000 个机器运转小时	更换油箱上通风过滤器的滤芯

续表

时间范围	维护保养工作
在最大 2000 个工时后或当自带压力表显示最大值为 4.5bar 时	更换旁路过滤器
每 5000 个机器运转小时或至多一年	更换液压油
	更换或清洗吸油滤油器
	检查高压软管，如有必要，进行更换
	检测维修电动机
每 20000 个机器运转小时或至多 5 年	更换液压油缸的密封圈和耐磨环
	更换高压软管
每 3 年	更换系统控制器电池
每 5 年	更换操作面板上的电池

特别注意

所有的高压软管必须每 5 年更换新的，以免由于老化原因引起故障。只有崭新的软管（替代品目录中的产品）才能使用。

4.2.2 日常检查

（1）机械部分的保养

① 机身水平状况检查，调模动作是否顺畅；

② 射嘴中心位检查；

③ 预塑座运转时温度及异声检查，必要时替换润滑脂；

④ 机筒螺杆尾端间隙匀称，运转无异响；

⑤ 注射检查止逆环封料，必要时拆查组件；

⑥ 二板滑脚压力及间隙调整；

⑦ 模板平行度检测；

⑧ 连杆机构检测：轴套间隙、定位销移位；

⑨ 模板螺孔及平面伤害检查，指导使用要求；

⑩ 机筒前体、喷嘴漏胶情况目测。

（2）螺栓锁紧

在模具和各个移动部件上的螺栓要锁紧，检查是否有松弛情况，螺栓应在正确锁紧状态，如图 4-10 所示。

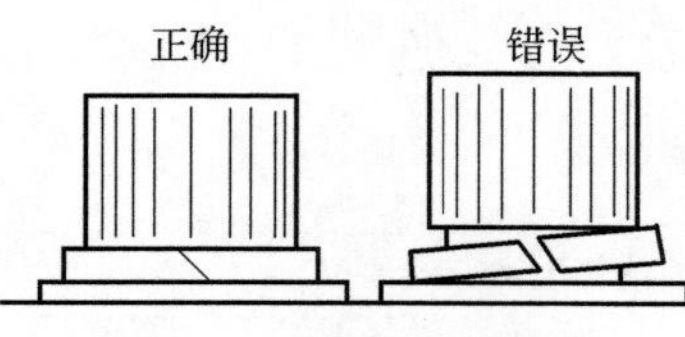

图 4-10 螺栓锁紧示意图

（3）热电偶检查

热电偶系统随着机器类型的不同而有所不同，应检查安装使用情况是否正确，如图 4-11 所示。

（4）料筒温升时间设置

检查加热温升的时间是否过短或过长，检查加热器线路，检查是否会对加热圈、热电偶、接触器、保险丝以及配线等产生危险。

（5）安全门的检查

检查各种安全门与各种安全门行程开关、锁模安全装置、紧急制动按钮、液压安全阀

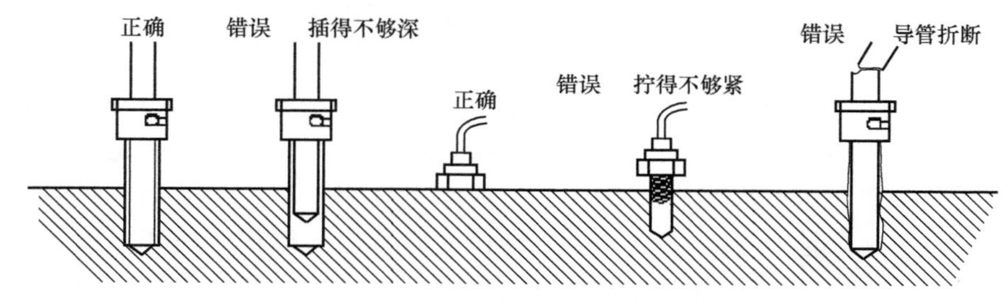

图 4-11 热电偶安装示意图

等附加安全装置（安全盖、清除盖等）是否位置正确、灵活、可靠。

（6）冷却水的检查

在带有模具冷却水流量检测器的机器上，要检查冷却水进口和出口的位置、流量的调节，以及是否有泄漏现象。

（7）润滑油的检查

机器有各式的注油器、注油杯或集中润滑系统，要检查润滑油的油平面，如果低于要求，要重新注满。各相对滑动表面要施加少量润滑油。

（8）蓄能器充气检查

蓄能器要求充装氮气，严禁使用其他气体。氮气的充装用充气工具（随机附件）进行。充气时，松开溢流阀调节手柄，打开蓄能器上端的盖帽，装上充气工具并和高压氮气连接，缓慢打开充气工具的开关，达到规定气压 2～3MPa。当压力过高时，则拧开排气螺塞使气压降到规定值。充气工具上装有氮气压力表和排气螺塞，在使用过程中还要求定期检查蓄能器的气压，并使之保持在规定值。

特别注意

蓄能器严禁使用除氮气外的其他气体。未达到或超过规定气压，将使动模板液压支承滑脚系统失去作用，不利于开闭模动作。

（9）其他检查

检查各种管道、液压装置是否有泄漏；检查电动机、油泵、油马达、加热筒、运动机构工作时是否有异常噪声；检查加热圈的外部接线是否正确，有无损坏或松动现象。如图 4-12 所示。

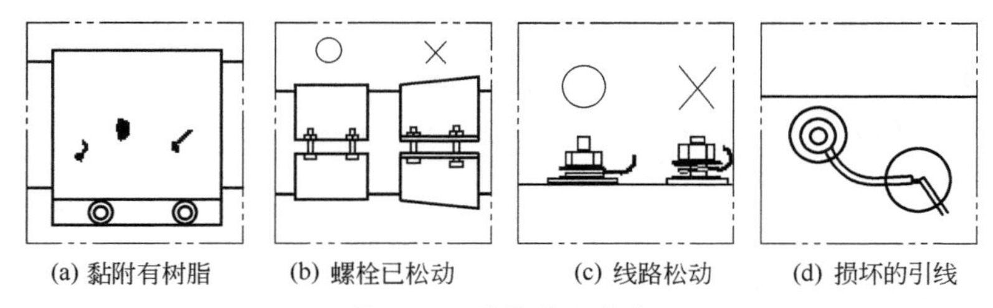
(a) 黏附有树脂　(b) 螺栓已松动　(c) 线路松动　(d) 损坏的引线

图 4-12 其他检查内容

4.2.3 滑脚（减振垫铁）的调整

（1）注塑机滑脚结构

注塑机的滑脚，即减振垫铁，其结构如图 4-13 所示。

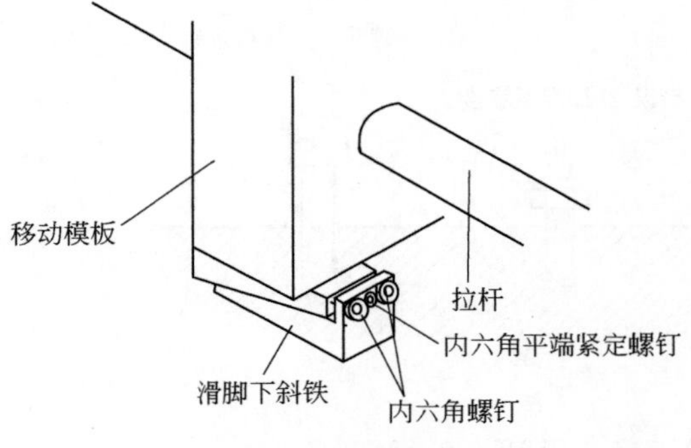

图 4-13　注塑机滑脚示意图

（2）小型机的滑脚调整

小型机的机械式移动模板滑脚的调整，如图 4-14 所示，即在移动模板的下部设置了斜铁式可调整滑脚。调整前先将锁模部分道轨的水平度调校好，然后卸下模具，按合模动作键伸直连杆机构，松开滑脚上的两只内六角螺钉，对称调整每只滑脚上的内六角螺钉，使滑脚上一对下斜铁移动量相等。用内卡钳测量操作面的 h_1、h_2 和 h_3 及相对应的非操作方的 h_4、h_5 和 h_6，每测一点都与外径千分尺（0.02 级游标卡尺）校对出实际值，使各点的值相等。然后按调模键，观察模厚调节时系统压力的大小和移动模板是否平稳，调整合适后装上模具再试，直至达到满意的效果，然后锁紧内六角螺钉。

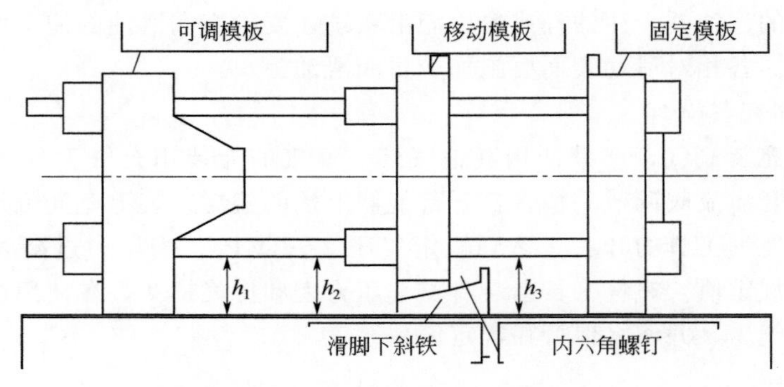

图 4-14　小型机滑脚调整

特别注意

在滑脚下斜铁底面配置了铜垫片，经过三年左右时间，铜片会磨损，应及时更换。

（3）大中型机的滑脚调整

大中型机移动模板液压支承滑脚系统如图 4-15 所示。大中型机移动模板采用液压支承滑脚系统，采用 2 组滑脚（中型机器 4 个柱塞油缸、大型机器 6 个柱塞油缸）同压支承，使移动模板对拉杆的弯矩减到最小限度，保证拉杆始终处于水平状态。调整最佳的支承压力和保持一定的充气压力有利于提高合模部件工作性能。

特别注意

要升高支承压力时，机器应在手动工作状态，要求系统压力高于要求压力。此压力出厂时已调整为最佳，无特殊情况请不要任意调整。

4.2.4　螺杆和料筒的保养

（1）保养要点

螺杆和料筒是注塑机的关键部件，也是比较容易出故障的因素。日常工作中，应注意

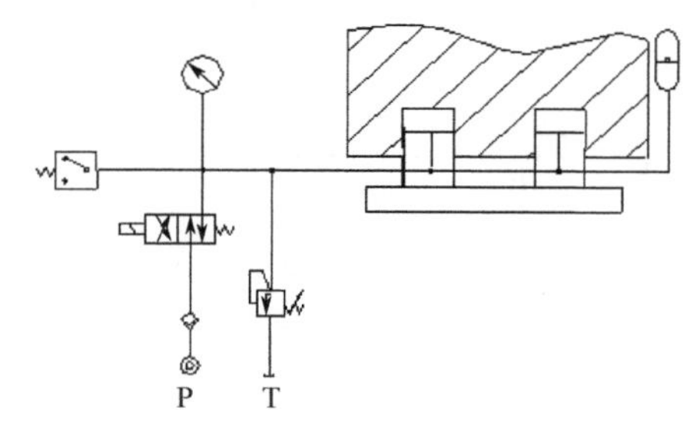

（a）移动模板滑脚原理图

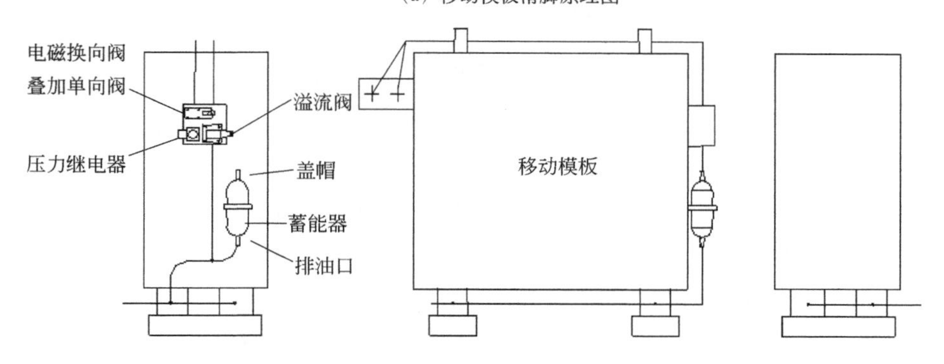

（b）结构布局示意图

图 4-15　大中型机滑脚结构

检查以下几点：

① 定期检查预塑离合器油压马达的运行情况。

② 检查料筒入料口的冷却效果。

③ 检查料筒各段温度是否正常，隔热罩安装是否适当。

④ 射台移动的导轨应定期打上润滑油并保持清洁，禁止放置包括工具、零件在内的异物，以免损伤平台。

⑤ 对空射出的废料、塑料颗粒、粉尘等应随时清理、打扫。

（2）拆卸螺杆和料筒所需工具

检查过程中若发现螺杆和料筒出现异常，应拆下螺杆进行清洗并对其进行检测。拆卸时，应准备的工具如下：

① 4 根或 5 根木棒，(直径＜螺杆直径)×(长度＜注塑行程)；

② 4 个或 5 个木块（正方形，100mm×100mm×300mm)；

③ 1 把钳子；

④ 废棉布；

⑤ 1 根长木棒或竹棍，(直径＜螺杆直径)×(长度＞加热筒长度)；

⑥ 不可燃溶剂，如三氯乙烯；

⑦ 黄铜棒和黄铜刷子。

被拆除的螺杆应放置在木块上，以防损坏螺杆。

（3）拆卸前的准备工作

拆卸前首先应将注射座调整至斜后，便于操作，如图 4-16 所示。

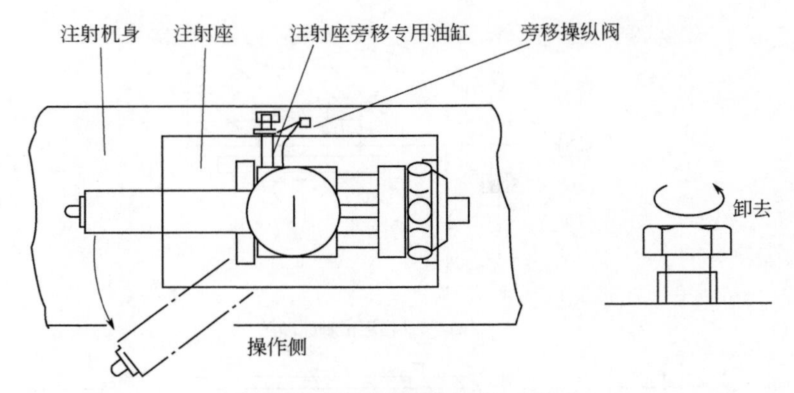

图 4-16 注射座调整位置示意图

聚碳酸酯（PC）和硬聚氯乙烯（PVC）等树脂，在冷却时会粘在螺杆和加热料筒上。特别是聚碳酸酯，如果剥离时不小心，就会损坏金属表面。如果用的是这些树脂，应该先用聚苯乙烯（PS）、聚乙烯（PE）等清洗材料清洗，有利于螺杆的清洁和拆卸工作（指用聚苯乙烯等对空注射几次）。

除了工具以外，还应准备如下材料：

① 4 根或 5 根木杆或钢杆，(直径<螺杆的直径)×(长度<注塑程)；

② 4 段或 5 段方木材（100mm×300mm）；

③ 夹具；

④ 废棉絮或破布。

（4）注射装置移位

① 用注塑装置的选择开关将注塑装置全程后退，直至不能动为止。

② 卸下导杆支座紧固螺栓。

③ 卸下连接整移油缸与射台前板的圆柱销，使二者分离。

④ 用安装在非操作者一侧，注塑机机身台面上的专用油缸，推动注射座向操作者方转动，能满足螺杆、料筒顺利退出即可，注意不要使电线和软管绷得过紧。操作过程如下：

a. 通过操作面板选择 50％系统压力，选择 30％系统流量；

b. 卸掉安装在专用油缸旁边的操纵阀的防护罩壳；

c. 用手向前推动操纵柄，油缸即缓慢推动注射座朝操作方转动，直至合适位置，然后将操纵柄回到中位；

d. 注射座需回位时将操纵柄后拉即可实现。

（5）拆卸附件

① 将加热料筒的温度加热至接近树脂的熔融温度，然后断开加热器的电源。

② 调低注射速度和注射压力，将具有多级注塑功能的注塑速度和压力调低至接近零。

③ 使螺杆（注射活塞）满行程返回停在原位置。

④ 依次卸除料筒头和喷嘴，如图 4-17 所示。

⑤ 如图 4-18 所示，依次卸去与螺杆相连的其他零件，将螺杆固定环螺栓和其他螺栓区别放置，避免混淆。

（6）拆卸螺杆

① 取一段外径略小于螺杆直径、长度适当的木棒，放置在螺杆尾端面与射台后板之

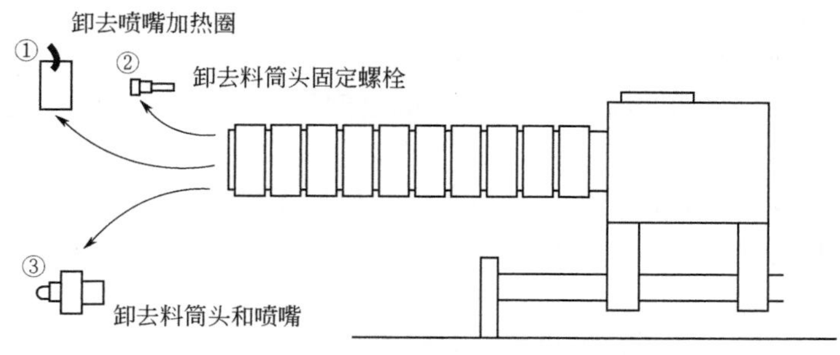

图 4-17　拆卸料筒头的顺序

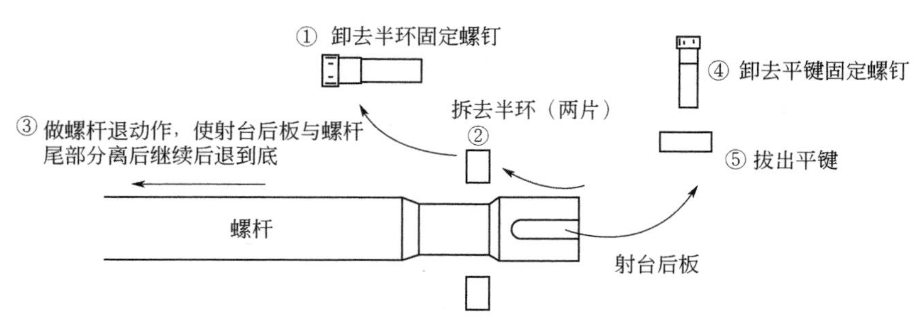

图 4-18　拆卸与螺杆连接的零件

间，用夹具（不要用手）托住木头，如图 4-19 所示。

② 点动注射动作键向前推动螺杆，同时除去夹具。

③ 注射动作前移全程后，点动射退动作，使射台后板退回全程。

④ 垫上第二块木棒，如图 4-20 所示，重复进行步骤①～③。

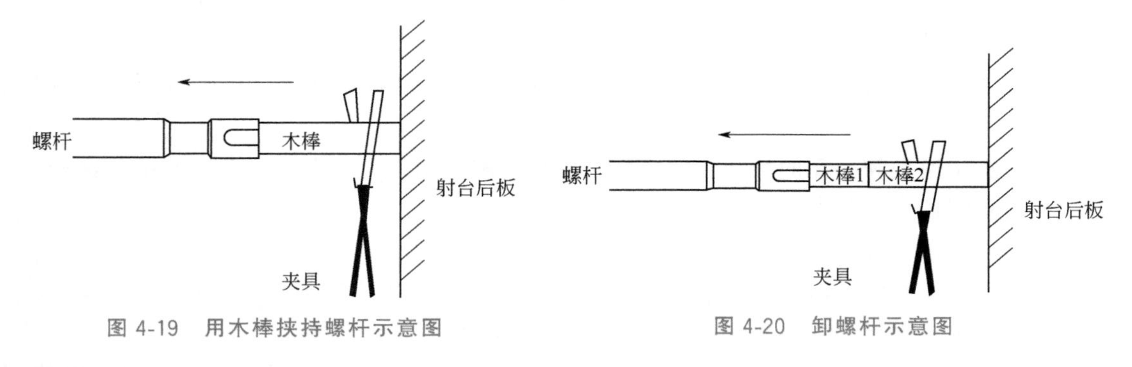

图 4-19　用木棒挟持螺杆示意图

图 4-20　卸螺杆示意图

特别注意

此时螺杆过热，切勿赤手触摸；大螺杆约顶出 1/2 长度后，用吊绳套牢，吊好，使螺杆安全离筒。

⑤ 螺杆应放在木块或木架上防止损伤。较长时间放置时，应垂直吊挂，防止弯曲变形。

（7）拆卸料筒

① 拆除加热料筒全部电热圈，如有必要，卸下热电线支架。

② 拧下将料筒与射台前板固定的大螺母。

③ 将料筒吊住，如图 4-21 所示。

④ 点动螺杆退动作键，使射台后板全程退回。

⑤ 如图 4-21 所示，在射台后板与料筒后端之间插入木杆，用夹钳夹住木棒，不要用手，以防发生危险。

⑥ 用低注射速度和压力，产生注射动作，向前推压料筒。

⑦ 在料筒全程前移之后，点动射退动作，再次使射台后板全程退回。

⑧ 重复进行步骤⑤～⑦。

⑨ 在料筒配合长度近一半被推出射台前板之后，起吊高度应稍做调整。

⑩ 重复进行步骤⑤～⑦，使加热料筒全部离开注射座，此时，要特别注意加料筒应未冷。

⑪ 加热料筒拆下来之后，应把它放在进行下步工作不受干扰的地方。

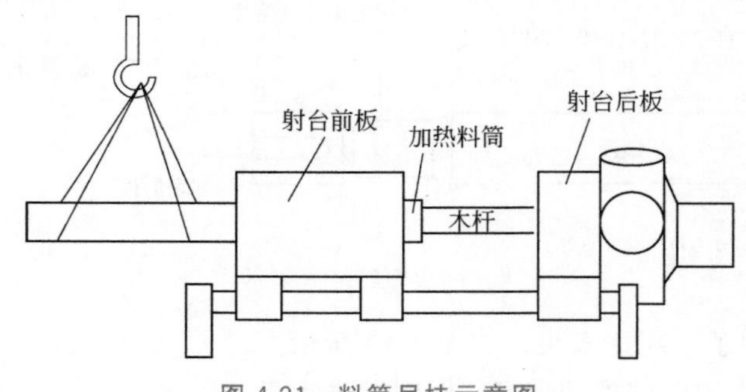

图 4-21　料筒吊挂示意图

（8）安装注意事项

① 给螺栓的螺纹和螺杆头螺纹表面均匀涂上耐热润滑脂，以防高温锈死。

② 螺杆型号确认。

③ 安装止逆环时注意方向，有双倒角（大倒角）的方向应向螺杆方向，以便储料时进料。

④ 注意止逆环和料筒的配合间隙应将止逆环磨配到比料筒小 0.08～0.10mm 的间隙。

⑤ 注意螺杆头拧紧方向是逆时针（反螺纹）。

⑥ 前机筒螺钉拧紧一定要对称均匀。

⑦ 料筒冷却系统要清理干净，保证通畅。注意：正确使用生料带，缠在工艺螺塞上。

⑧ 安装进出水接头并通水试压，0.8MPa 压力，不漏水。

⑨ 加热圈安装注意事项：线芯不裸露，塑皮不压紧，瓷接头螺纹不高于平面，电热圈安装方向一般约为向下 45°。注意加热圈排布且不要与防护罩干涉，拧紧螺钉。

（9）螺杆的清洗

将螺杆头拆开，如图 4-22 所示。

① 用废棉布擦拭螺杆主体，可除去大部分树脂状沉淀物。

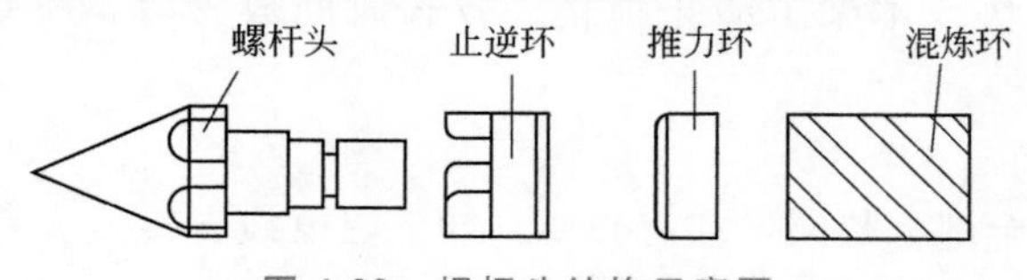

图 4-22　螺杆头结构示意图

② 用黄铜刷除去树脂的残留物，或者用一个燃烧器等加热螺杆，再用废棉布或黄铜刷清除其上的沉淀物。

③ 用同样方法清洗螺杆头，止逆环、推力环和混炼环用黄铜刷清刷。

④ 螺杆冷却后，用不易燃溶液擦去所有的油迹。

特别注意

清洗时，不要磨伤零件的表面，在安装螺杆头前，先在螺纹处均匀地涂上一层二硫化钼润滑脂或硅油，以防止螺纹咬死。清洗的顺序和要点如图 4-23 所示。

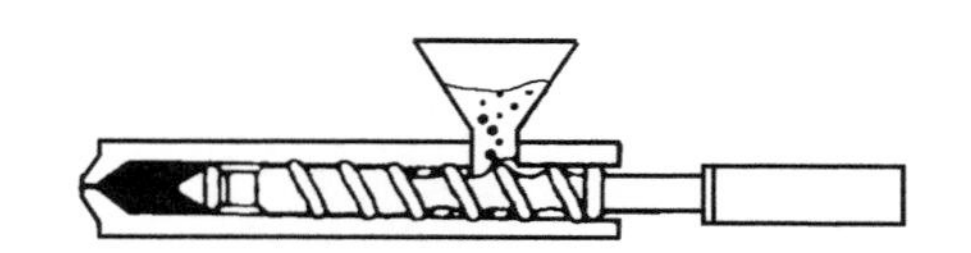

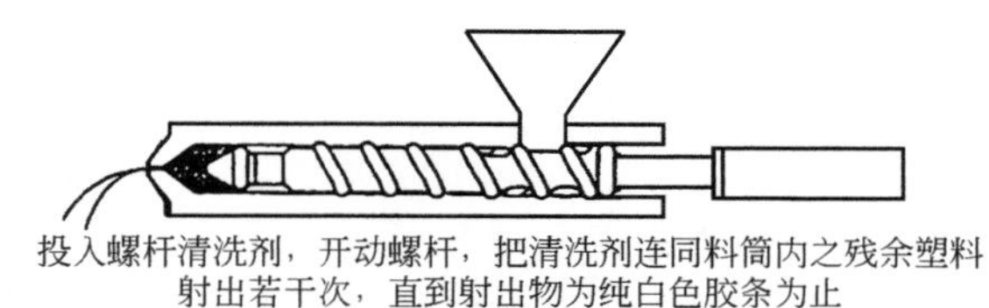

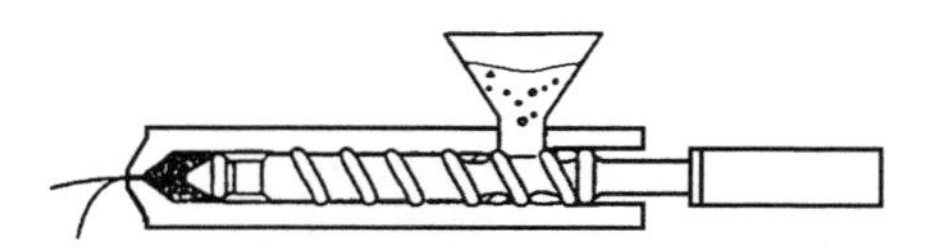

图 4-23 螺杆的清洗

（10）料筒的清洗

料筒清洗，先拆下喷嘴、料筒头，如图 4-24 所示。之后按以下步骤进行清洗。

① 用黄铜刷清除黏附在料筒内表面的残留物。

② 用废棉布包在木棒或长竹子的端面，清洗筒体的内表面。在清洗过程中，应若干次更换用脏的废棉布。

③ 还要清洗料筒和喷嘴，特别是与它们相配合的接触表面，不要将其擦伤，以免导致树脂泄漏。

④ 使料筒的温度下降到 30～50℃以后，用溶剂润湿废棉布，按上述方式清洗筒体内表面。

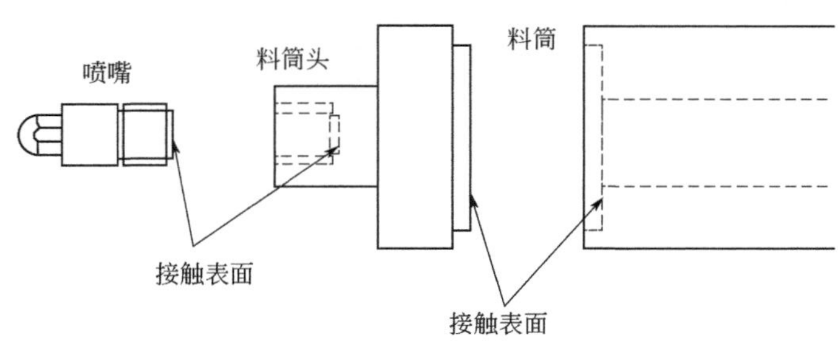

图 4-24 料筒拆分示意图

⑤ 检测筒体的内表面，并应确保其干净，检查方法如图 4-25 所示。

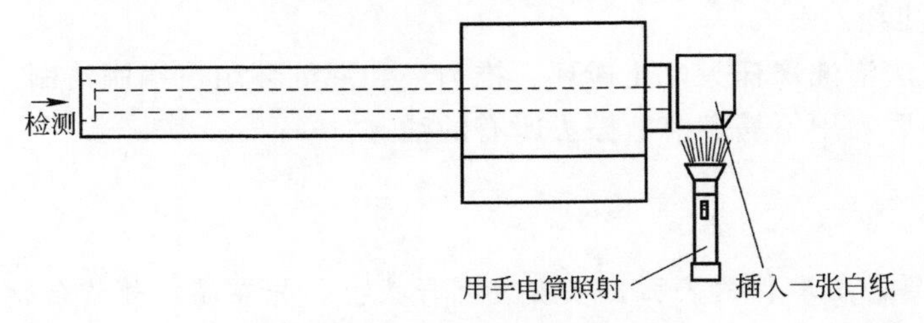

图 4-25　清洁检查示意图

（11）螺杆和料筒的安装

重新装配时，按拆卸的反向步骤进行并依次安装各部件。拧紧料筒头螺栓时应注意以下几点：

① 必须是强度级别 12.9 级的优质螺栓，给螺栓的螺纹表面均匀涂上耐热润滑脂（如 MoS_2 等）；

② 均匀地拧紧对角螺栓，拧紧顺序如图 4-26 所示，每只拧数次；

③ 使用适合的转矩，最好使用力矩扳手；

④ 最后拧紧所有螺栓。如果加热料筒头的螺栓拧得太紧，可能导致螺纹损坏，但如太松，又可能漏料。

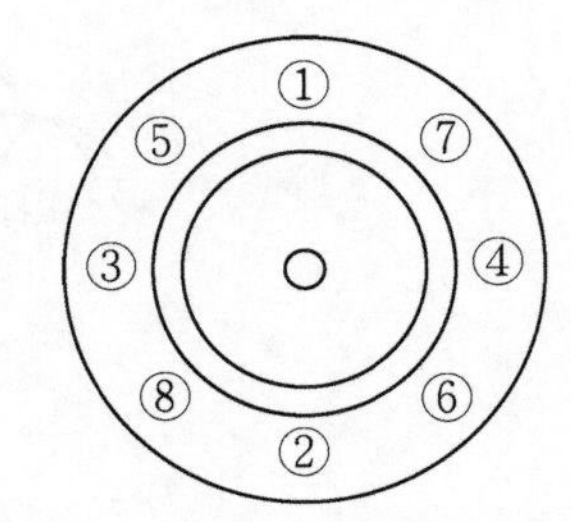

图 4-26　螺栓拧紧顺序示意图

（12）螺杆头的安装

① 将螺杆平放在等高的两块木块上，在键槽部套上操作手柄。

② 在螺杆头的螺纹处均匀地涂上一层二硫化钼润滑脂或硅油。

③ 将擦干净的止逆环、推力环、混炼环（有的机器没有），依次套入螺杆头。

④ 用螺杆头专用扳手套住螺杆头，反方向旋紧，完成塑化组件装配。

（13）料筒头和喷嘴的安装

① 用吊车吊平塑化组件，将其仔细擦干净。

② 将塑化组件缓慢地推入料筒中，螺杆头朝外。

③ 将料筒头上穿螺钉的光孔与料筒上的螺孔对齐，止口对正，用铜棒轻敲，使配合平面贴紧。

④ 拧紧料筒头螺栓，装好料筒头螺栓。

⑤ 在喷嘴螺纹处均匀地涂上一层二硫化钼润滑脂或硅油。

⑥ 将喷嘴均匀地拧入料筒头的螺孔中，使接触表面贴紧。

经验总结

将料筒头螺栓拧紧到合适的力矩值，如表 4-4 所示，要等料筒、料筒头及其螺栓达到温度补偿的相同值。

表 4-4　螺栓拧紧力矩推荐值

强度级别 12.9 螺栓的公称直径/mm	拧紧力矩/N·m
10	80
12	150

续表

强度级别 12.9 螺栓的公称直径/mm	拧紧力矩/N·m
14	240
16	370
18	530
20	720
22	910
24	1100
27	1580
30	2140
36	3740

4.2.5 合模装置的保养

合模装置保养的内容和要点如下：

① 检查模板的平行度，模板不平行会引起运行振动、模具开合困难、零件磨损，过分不平行将会损坏模具。

② 定期检测调整模板开合全线行程，即最大模厚至最小模厚的行程来回调动几次，观察是否运动顺畅。

③ 检查活动部件的运动情况。可能由于运动速度调节不当，或由于速度改变时的位置与时间配合不当，或由于机械、油压转换不自然，都会引起锁模机构出现振动。这类振动会令机械部分加速磨损，紧固螺纹变松，噪声变大。所有活动部件均应有足够润滑，如果发现移动模板的滑脚磨损严重，应停机修复。

④ 检查高压锁模油缸行程保护装置、限位开关及油压安全开关、安全门行程开关的绝对可靠性。

⑤ 禁止在锁模机构内放置任何无关的物品、产品、工具、废品、油枪、棉纱等。

4.2.6 液压系统的保养

（1）液压系统的日常保养要点

① 系统压力检查及油泵运转工况检查；

② 多泵系统各泵压力检查；

③ 速度控制检查，必要时调整；

④ 各油缸漏油及内泄情况检查；

⑤ 各油马达运转有无异常噪声，空负载转速比较；

⑥ 液压油颜色质地检查，滤网检查，油箱清洗，滤芯更换；

⑦ 油温检查：冷却器性能、冷却水配管。

特别注意

液压装置由精密的液压元件所组成，当经过一段时间运转后，液压油难免受污染，并且造成密封件高压软管等的破损脱落以及一些液压元件的磨损，导致油中可能含有金属粉、油封碎片、淤垢等污染物和固形物质，从而引起各种液压故障并造成液压元件的损坏。据试验与研究结果证明，液压设备的故障80%以上都是液压油污染所引起的，所以定期对液压油以及液压装置进行保养和检查非常重要。

（2）液压油的选择

液压系统工作介质性能质量对注塑机工作性能影响很大，推荐的液压油和润滑油如表 4-5 所示。

表 4-5　优先使用的液压油和润滑油

名称	规格	备注
液压油	液压油的黏度：68cSt/40℃ 美孚 Mobil DTE26、壳牌 Shell Tellus Oil 68、上海海牌 68 号抗磨液压油	用于整机液压系统
润滑油	68 号抗磨液压油	用于大型机的动模板滑脚和射台座板的润滑
特殊润滑脂	极压锂基脂 LIFP00 1 号锂基润滑脂 3 号锂基润滑脂	用于注射部分和锁模部分相关点的润滑

注：$1cSt=10^{-6}m^2/s$。

（3）液压油的检查

① 液压油在使用 6 个月内，应从油箱里抽取 100mL 的液压油送往化验室检验。如发现压力油已经劣化，应立即更换。

② 新机器运行 3 个月内，应将液压油过滤一次，如有条件，应更换液压油。之后一年更换一次液压油。

③ 每次换油时，应先清洗滤油器和油箱。

④ 如液压油无故减少，应先查明原因，再做补充。

⑤ 补充的液压油必须与系统内的液压油完全相同。不同的液压油混合后，会产生化学反应，影响液压油的品质。

⑥ 海天机推荐使用液压油黏度为：68cSt/40℃，并且严格符合质量标准 NAS 1638 的 7～9 级（美国国家标准）。

⑦ 使用过的液压油均含有潜在伤害人体的成分，应避免与皮肤长时间或重复接触。

（4）吸油过滤器的检查

注塑机滤油器一般有两种：吸油过滤器和旁路滤油器，两者均是液压油的重要保护装置，应定期检查和保养。

吸油过滤器安装在油箱侧面泵进口处，如图 4-27 所示，用来过滤、清洁液压油。

① 吸油过滤器拆卸：先拆去机身侧面的封板，拧松过滤器中间的内六角螺钉，使滤油器与油箱中的油隔开，然后拧下端盖的内六角螺钉，拿出过滤器，最后再拆开，使滤芯和中间滤棒分离。

② 吸油过滤器滤芯如图 4-28 所示，用轻油、汽油或洗涤油等彻底除去滤芯阻塞绕丝上的所有脏物，以及中间滤棒上的所有金属物；将压缩空气从内部插入，并将脏物吹离绕丝。

③ 吸油过滤器安装：把滤芯放入过滤器内，先拧紧端盖内六角螺钉，再拧紧中间内六角螺钉。

（5）旁路滤油器的保养和检查

① 旁路滤油器一般安装在机器注射台部位的机身上，滤油器下端设有压力表，如图 4-29 所示。

② 在机器运行中，当压力表的指针小于 0.5MPa 时，表示过滤情况正常。

③ 当压力表的指针大于 0.5MPa 时，表示滤芯堵塞，此时应更换滤芯，以免影响滤油器的正常工作。

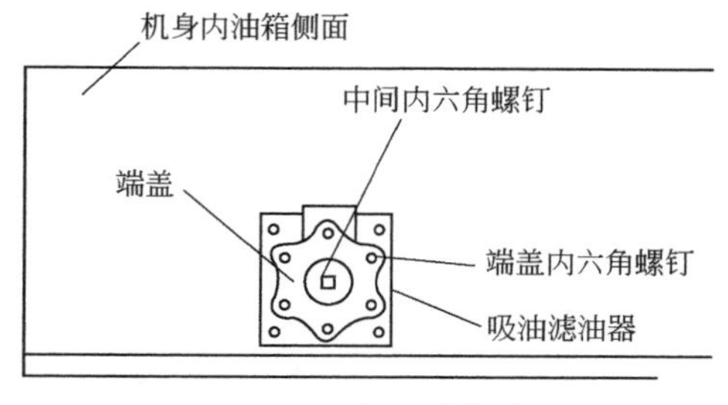

图 4-27　吸油过滤器

图 4-28　吸油过滤器滤芯

④ 当更换滤芯时，机器应停止工作，将滤油器顶盖上的手柄拧掉后上提，然后拔出滤芯，换上新的滤芯，按原样安装拧紧后，即可开机工作，如图 4-30 所示。

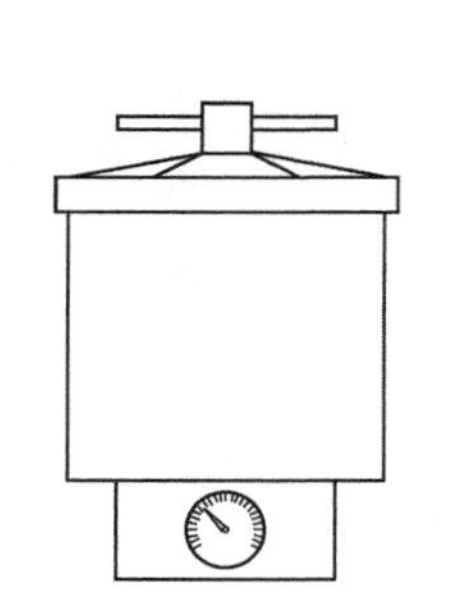

图 4-29　旁路滤油器

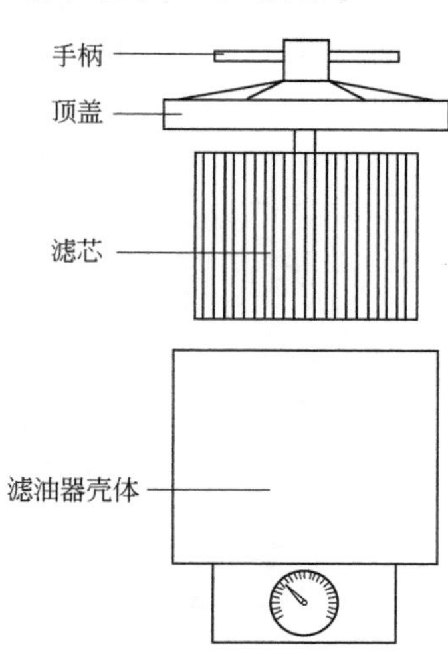

图 4-30　旁路滤油器更换滤芯

（6）油冷却器的保养和检查

如果冷却效果下降，管道内部可能有脏物，应拆下两端的管帽，检查是否有腐蚀和杂质，如图 4-31 所示。

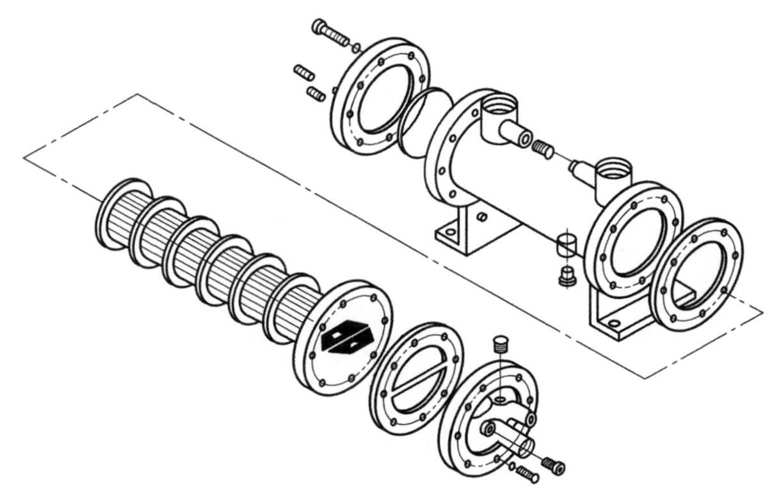

图 4-31　油冷却器分解图

特别注意

至少每半年对冷却器实施一次清洗。清洗时应采用碱性清洗液，清洗主体的内部和加热传导管的外部。对于难处理的夹层，可采用弱盐酸溶液清洗主体与传导管，直至冲洗得非常干净。传热管内侧的水垢较多时，应选用溶解水垢的清洗剂浸泡，然后用清水和软毛刷将其冲洗干净。

（7）叶片泵拆洗的注意事项

叶片泵是注塑机上液压部分的核心部件，如出现问题将影响整机的生产。而引起叶片泵故障（磨损）的主要原因是液压油脏或液压油里有杂质。故一旦出现油泵声音重（有明显的噪声），或压力上不去的问题，应及时清洗过滤网和叶片泵。

叶片泵拆装步骤及注意事项如下。

① 将叶片泵上进出油口的高压软管拆除，注意法兰上的密封圈，如图 4-32 所示。

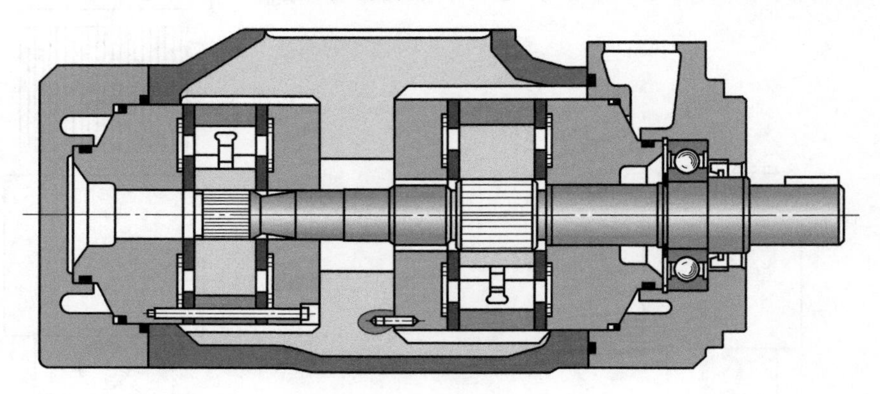

图 4-32　叶片泵的结构

② 将前端盖上的四个外六角螺钉拆掉，此时泵轴通过销子与联轴器连接，联轴器与电机连接，泵芯通过花键与泵轴连接，四个外六角螺钉拆掉后，可将油泵从泵芯上抽出。

注意：泵轴转动方向与电机方向一致。

③ 将泵芯从泵壳中取出，将两一字螺钉拆除，可将两配油盘、转子、定子分离，并进行清洗。

特别注意

① 转子与泵轴通过花键相连，方向一致，按运转方向，转子上的两进油孔及开油槽应在叶片后面。

② 叶片在转子内，在运转方向上，叶片的刀口向前。

③ 定子方向应配合进出油口判断（定子是椭圆形）；装上定子后，在出油口，按运转方向，定子面积越来越小；在进油口，按运转方向，定子面积越来越大。

④ 如果是双联泵，应注意大小泵的方向。

4.2.7　电控系统的维护

注塑机的电气控制系统（简称电控系统）是注塑机的大脑和神经系统，目前，已经逐步由继电器控制、PLC 控制发展为计算机控制，如图 4-33 所示，因此，机器的抗干扰能力更强，可靠性更高，维护更为简单。

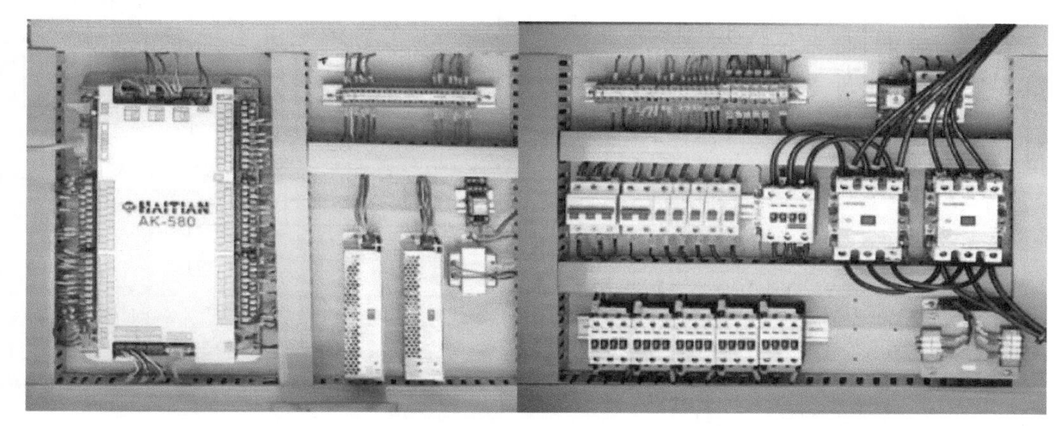

图 4-33　注塑机的电控箱

（1）电控部分的日常保养要点

① 操作面板按键检查，查看安全门是否撞击，必要时调整；

② 检查机身内各行程开关、位置尺固定是否松动，电线是否破损，检查安全门行程开关，检查各个接线盒；

③ 配电柜：灰尘清扫，各电器接端（接触器、接线端子、电脑控制器）螺钉紧固情况，清理杂乱电线；

④ 加热部分检查：加热圈紧固，接线端紧固，加热接线盒检查，裸露电线清理；

⑤ 机筒温度校对是否正常，检查热电偶；

⑥ 功能检查：压力流量电流检查，输入输出信号检查，位置显示检查；

⑦ 用户环境检查：电压是否正常，有无尘土影响电控部分，指导客户改进；

⑧ 电机检查：外部清洁，内部轴承润滑油加注每年一次。

（2）注塑机电控系统维护的主要内容

① 检查配电柜及控制电柜内所有元器件、开关、接线柱工作是否正常，是否处于安全运行状态，检查接线的可靠程度、清洁、干爽以及环境温度等。

② 检查所有线路继电器（尤其是驱动电机和电加热圈的继电器）的触点工作情况，若有火花、过热或响声有异，应及早更换。

③ 检查所有导线的塑料外层是否损伤、硬化和开裂。

4.3 ▸ 注塑机的润滑（以海天牌注塑机为例）

4.3.1　注塑机的润滑系统

为了避免注塑机运动部件的磨损，注塑机设置了众多的润滑装置和润滑点，如图 4-34 所示，注塑机合模装置的滑动副和曲轴转动副采用了自动集中控制、配以定量加压式分配器（小机器采用定阻式）和压力检测报警，以保证每一运动部位的充分润滑。

及时、足够的润滑是保证注塑机正常工作的前提条件。特别对合模装置而言，由于合

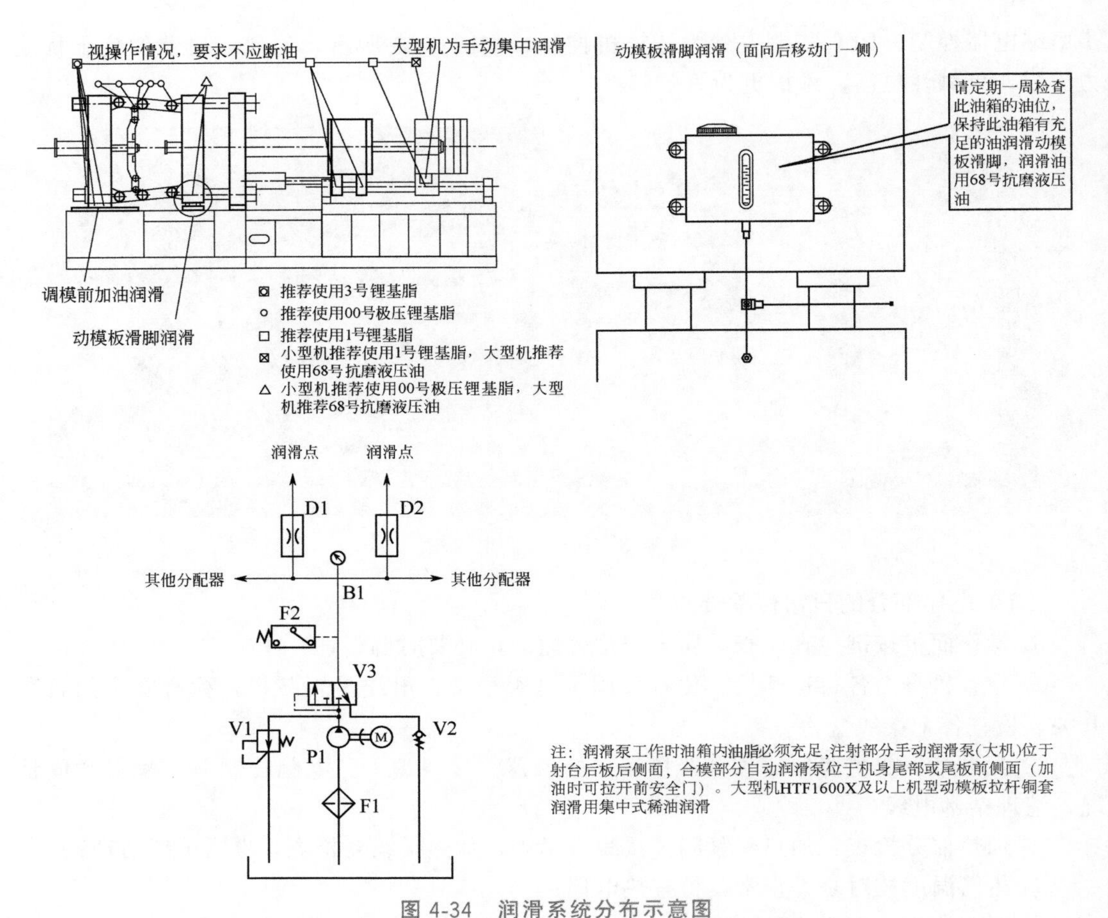

图 4-34　润滑系统分布示意图

模装置长时间受到不断往复摩擦的动作，如果缺少润滑，零件会很快磨损，直接影响机械零件的性能和寿命。

海天系列注塑机主要采用油脂润滑，部分机型和大机模板、推力座采用稀油润滑。此外，注射部分及调模等速度低或不常运动部分的运动副采用手动定期润滑保养。注塑机润滑系统的工作顺序如图 4-35 所示。

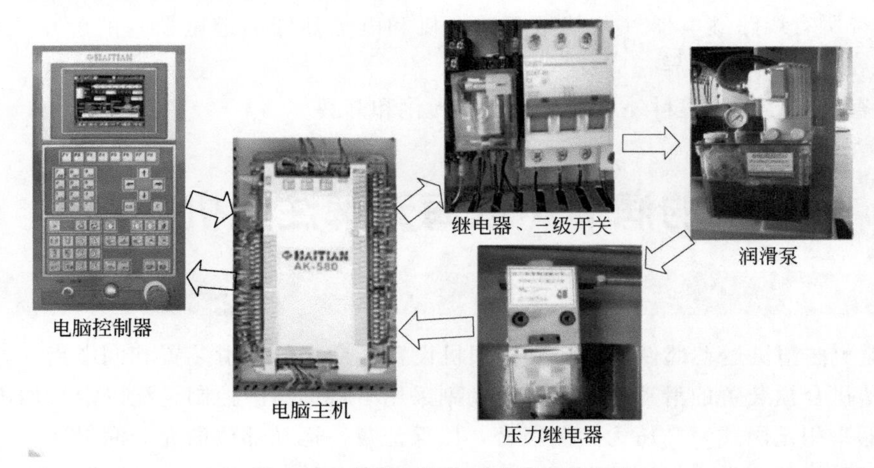

图 4-35　注塑机润滑系统的工作顺序

4.3.2 润滑油的选择

海天注塑机润滑油的选择一般遵循以下方法。

① 68号抗磨液压油：用于大型机（海天700T以上含700T机型）拉杆、动模板滑脚和大型机（海天2400TB以上含2400TB机型）储料液压马达座内润滑。

② 极压锂基脂LIFP00：用于锁模关节部分和小型机拉杆、动模板滑脚的润滑。

③ 1号锂基润滑脂：用于注射导轨部分和小型机储料液压马达座内的润滑。

④ 3号锂基润滑脂：用于调模部分的润滑。

4.3.3 定阻式润滑系统

定阻式润滑系统（海天系列锁模力小于300t的机型）的润滑原理，如图4-36所示。

定阻式润滑系统配置有阻尼式分配器，如图4-37所示。当润滑油泵工作时，由于阻尼器的作用，从油泵出口到各分配器的油路中产生压力，当高于阻尼压差时，润滑油会克服阻尼不断地流向各润滑点，直到润滑时间结束。因分配器的阻尼孔大小不同，因此阻尼式分配器保证了润滑系统到达各润滑点的油量按需要分配。当润滑油路的压力在润滑时间内达不到压力继电器设定压力值时，机器会报警，润滑系统有问题，需要检查维修。

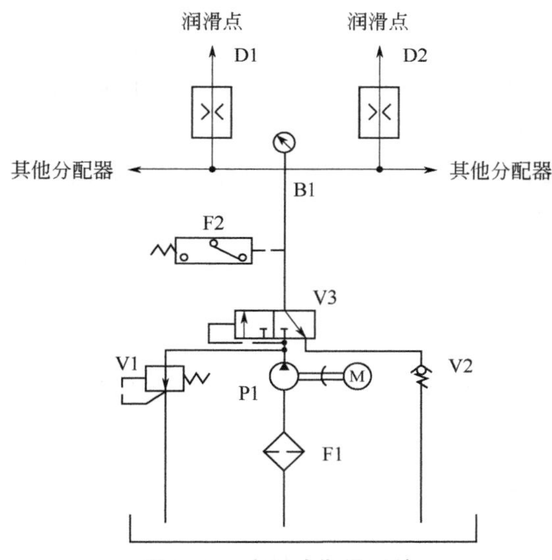

图4-36　定阻式润滑系统

F1—吸油过滤器；P1—润滑泵；V1—系统溢流阀；V2—回油背压阀；V3—二位三通换向阀；F2—压力继电器；B1—系统压力表；D1，D2—定阻式分配器；M—电动机

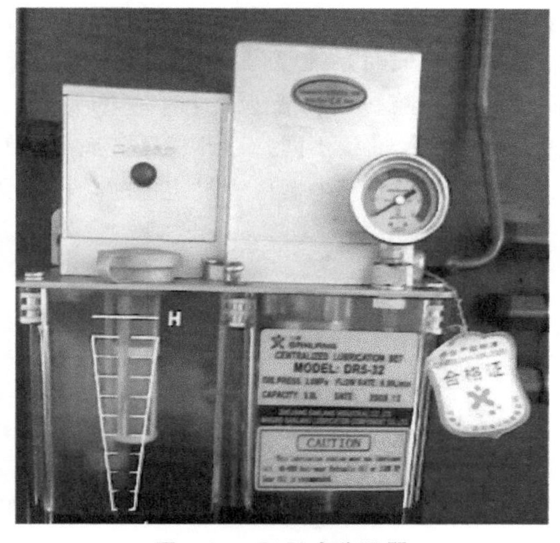

图4-37　阻尼式分配器

4.3.4 定量加压式润滑系统

定量加压式润滑系统（海天锁模力大于等于300t机型）的润滑原理，如图4-38所示。

定量加压式润滑配置定量加压式分配器。当油泵工作时，油泵向各分配器加压，将定

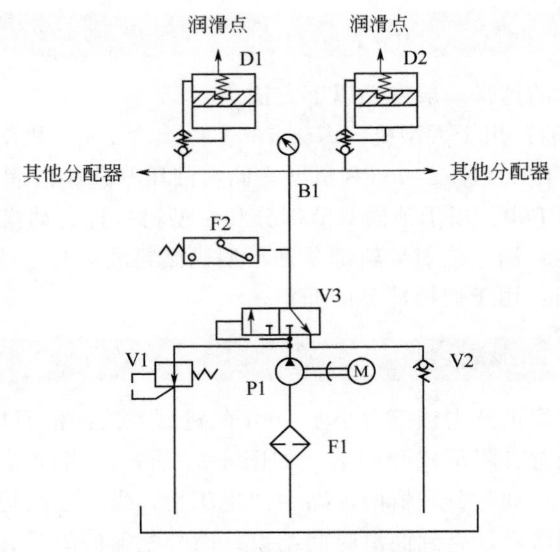

图 4-38 定量加压式润滑系统

F1—吸油过滤器；P1—润滑泵；V1—系统溢流阀；V2—回油背压阀；V3—二位三通换向阀；F2—压力继电器；B1—系统压力表；D1，D2—定量加压式分配器；M—电动机

量分配器上腔的润滑油压向各润滑点，均匀地润滑各点。当润滑油路的压力达到压力继电器压力设定值时，油泵停止工作，开始润滑延时计时，各分配器卸压并自动从油路中补充润滑油到上腔，当润滑延时计时结束后，油泵再次启动，周而复始，直到润滑总时间结束。因分配器的排油量不同，因此保证各润滑点的油量按需要分配。当润滑油路的压力在润滑时间内达不到压力继电器压力设定值时，机器会报警，润滑系统出现问题，需要维修。

4.3.5 合模装置的润滑

海天牌注塑机合模装置的润滑方法和步骤如图 4-39 所示。

图 4-39 合模装置的润滑

4.3.6 注射装置的润滑

海天牌注塑机注射装置的润滑方法和步骤如图 4-40 所示。

图 4-40 注射装置的润滑

4.3.7 润滑系统的保养

润滑系统的保养要点如下：

① 润滑泵工作状况、出油压力检查；

② 润滑压力继电器工作是否有效；

③ 润滑管路有无破损、折断；

④ 各润滑点有无润滑油渗出；

⑤ 手动加注润滑油（预塑座、调模机构、01部分滑动部分、机身、调模活动部位）。

特别注意

注塑机的润滑系统需要进行及时、合理的保养，要点如下。

① 严禁水、蒸气、尘埃及阳光污染润滑油。使用过程中，需要定期检查各润滑点是否正常工作；每次润滑时间必须足够长，保证各润滑点的润滑；机器的润滑模数（间隔时间）及每次润滑的时间通过合理设定来实现。建议不要轻易更改电脑中相关参数的设置，机器出厂前已合理设置，但对于润滑模数，用户可根据实际情况做一定的改动。一般，新机器六个月内润滑模数设定少一点，六个月以后可根据实际情况设定多一点；大型机设定少一点，小型机设定多一点。定量加压式润滑的时间实际是润滑报警时间，建议机器的每次润滑时间可以适当设定长一些，有足够时间来保证压力继电器起压，从而避免因润滑报警时间过短而产生的误报警。

② 定期观察润滑系统的工作状况，保持油箱中的润滑油在一个合理的油位上。平时如发现润滑不良，应及时润滑，并检查各润滑点的工作情况，以保证机器润滑良好。

③ 不得使用液压油作为润滑油，因两者的黏度不同。

④ 调模螺母、储料电机的传动轴、注射台前后导轨及铜套、电机轴承均应采用润滑脂油嘴（黄油嘴）进行润滑，建议每月一次加注润滑油脂（黄油）。

第5章

注塑机的维修

5.1 ▶ 机械装置的维修

5.1.1 注塑机性能检测

（1）石英高温压力传感器

如图 5-1 所示，石英高温压力传感器安装在喷嘴（射嘴）处，可测量高达 200MPa 的压力，能耐 400℃熔体高温，但其只能测量注射压力，不能测量温度。

（2）熔体压力传感器

熔体压力传感器安装在射嘴处，如图 5-2 所示，可以同时测量注射压力（300MPa）和射嘴温度（350℃）。

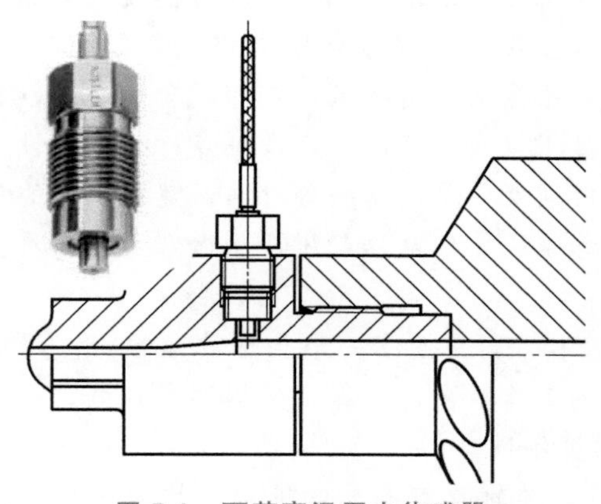

图 5-1 石英高温压力传感器

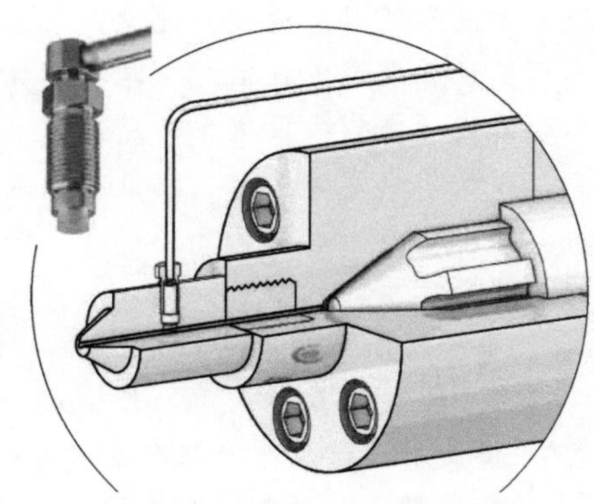

图 5-2 熔体压力传感器

（3）模腔压力传感器

如图 5-3 所示，模腔压力传感器属于高精度石英传感器，可直接安装在模腔里面，可测量高达 200MPa 的模腔压力。

（4）模腔压力与温度传感器

如图 5-4 所示，模腔压力与温度传感器直接安装在模腔里面，可以同时测量模腔压力和模腔温度。

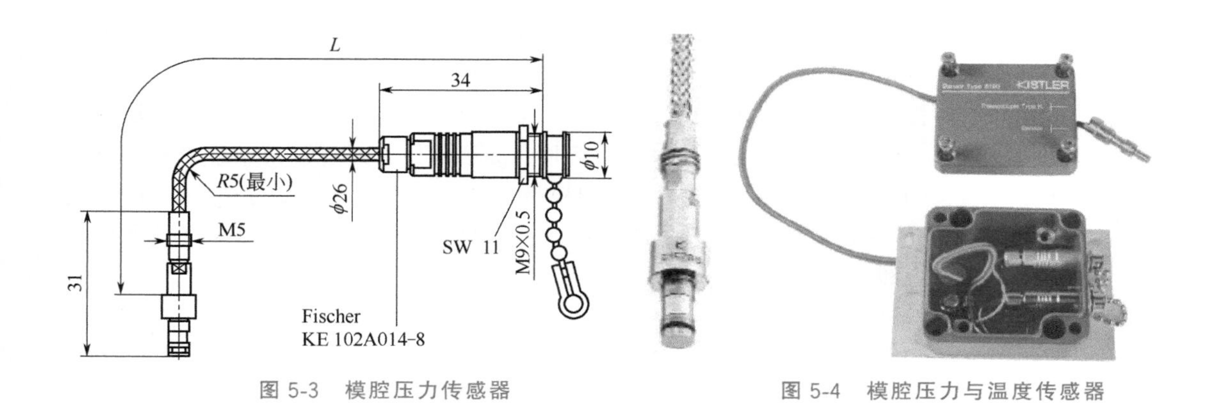

图 5-3 模腔压力传感器　　图 5-4 模腔压力与温度传感器

5.1.2 注射装置的维修

注塑机注射装置为注塑中最容易出现故障的机械装置之一，其拆卸和维修的顺序如图 5-5 所示。

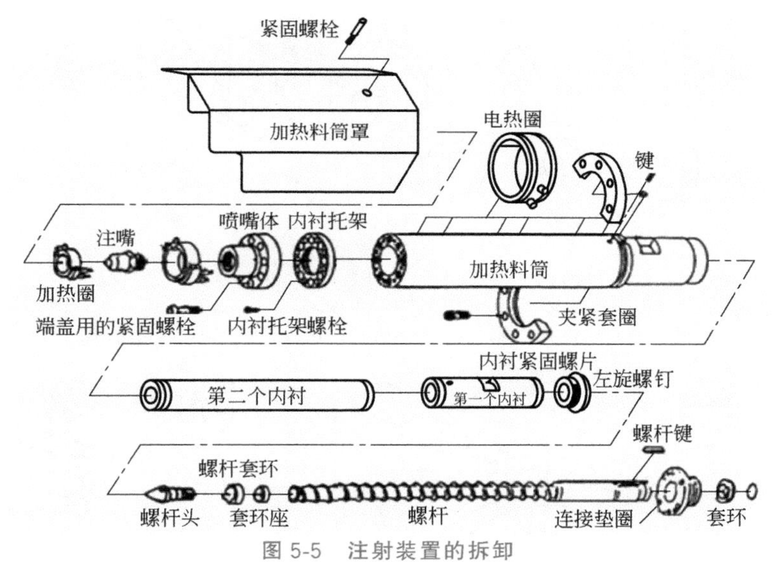

图 5-5 注射装置的拆卸

5.1.3 合模装置的维修

双曲肘内翻式合模装置零件及拆解如图 5-6 所示。该装置中，后连杆 1、2 通过大销轴 9 及其钢套 8 与尾板的支座铰链、前连杆 3、二板的铰链支座相连；小连杆 5 的一端通过小销轴 15 及其小钢套 14 与后连杆 1 相连，另一端与推力座 17 的铰链支座相连。固定在尾板上合模油缸的活塞杆，由锁紧螺母 13 调整并与推力座固紧。在推力座水平锁孔上装有导向套 6，在活塞杆作用下以夹板拉杆 7 为导向在其上滑动。推力座通过小连杆 5 带动后连杆 2 及前连杆 3 驱动动模板实现启闭模的往复运动。因此，各曲肘、连杆、销轴及其钢套和推力座的材料、结构、尺寸、各销轴及其孔的几何尺寸的制造精度、装配精度，孔间同心度、平行度等对曲肘连杆机构运行的平稳性，可靠性和锁模状态下的系统刚性及强度都有重要影响。

注塑机常用的调模装置如图 5-7 所示，其中，调模大齿圈 6 是外齿圈，通过四个滚珠轴承 4 以其内圈进行定位，并固紧在尾板上。带有外齿的调模螺母 17 与拉杆上的尾螺纹相配合，轴向由调模螺母压盖 19 和调模螺母垫 16 来限位，并与大齿圈相啮合。液压马达座 15 由圆锥销在尾板上定位并用螺钉 12、21 固紧。液压马达 7 通过调模马达齿轮 8 驱动大齿圈及其相啮合的调模螺母 17 旋转，通过调模螺母压盖 19 和调模螺母垫 16，推动尾板沿拉杆尾螺纹移动，带动整个连杆及二板沿拉杆前后移动，根据充模厚度及工艺所要求的锁模力实现调模功能。

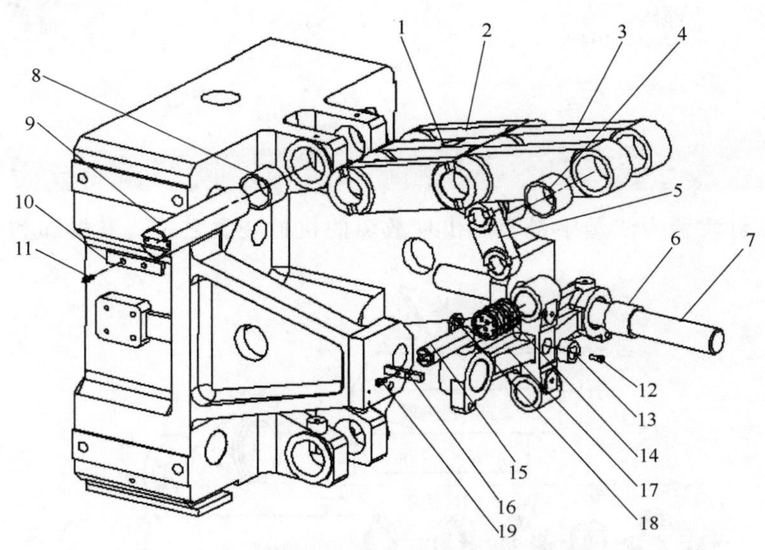

图 5-6 双曲肘内翻式合模装置的拆卸

1，2—后连杆；3—前连杆；4，8—大销轴钢套；5—小连杆；6—导向套；7—夹板拉杆；9—大销轴；10—定位键；11，12，19—螺钉；13—锁紧螺母；14—小钢套；15，16—小销轴及其定位键；17，18—推力座及其垫片

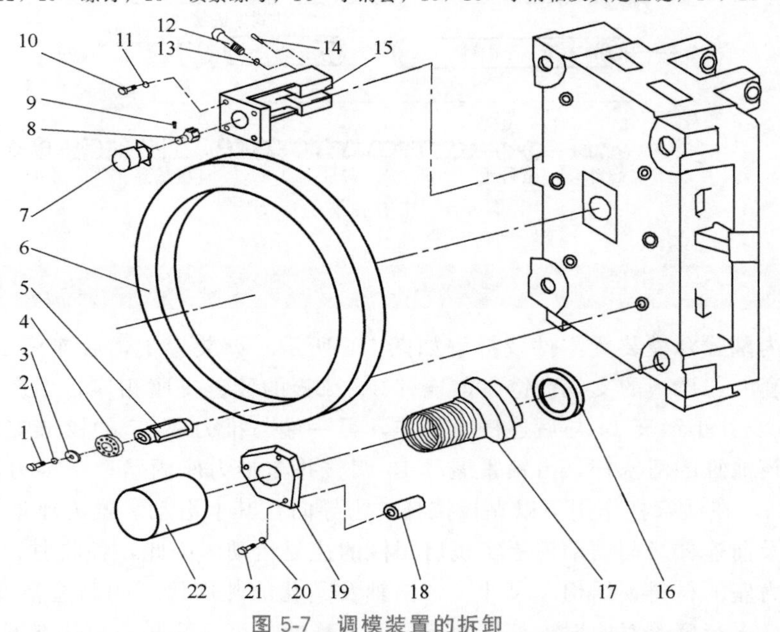

图 5-7 调模装置的拆卸

1，9，10，12，21—螺钉；2，3，11，13，20—垫圈；4—轴承；5—定位销；6—调模大齿圈；7—液压马达；8—调模马达齿轮；14—圆锥销；15—液压马达座；16—调模螺母垫；17—调模螺母；18—调模压盖支杆；19—调模螺母压盖；22—拉杆护罩

5.1.4 海天牌注塑机常见机械故障及解决方法

海天牌注塑机常见机械故障及解决方法见表 5-1。

表 5-1 海天牌注塑机常见机械故障及解决方法

故障现象	故障原因	检查方法	解决方法
开模、锁模机铰响	润滑油量小	检查电脑润滑加油时间	加大润滑油量供油时间或重新接线
	平行度超差	用百分表检查头二板平行度是否大于验收标准	调整平行度
	锁模力大	检查客户设置的锁模力是否过大	按客户产品需要调低锁模力
	电流调乱	检查电流参数是否符合验收标准	重新调整电流到验收标准值
开锁模爬行	二板导轨及哥林柱磨损大	二板导轨及哥林柱有无磨损	更换锁模板、哥林柱或加注润滑油
	开锁模速度压力调整不当	设定慢速开模时锁模板不应爬行	调整流量比例阀 Y 孔或先导阀 A-B 孔的排气孔的开口大小
开锁模行程开关故障	T24 调整不良	检查 T24 时间是否适合	调整 T24 时间
	开锁模速度、压力过小	检查开锁模速度、压力是否合适	加大开锁模某一速度、压力
	锁模原点发生变化	检查锁模伸直机铰后是否终止到 0 位	重新调整原点位置
调模计数器故障	接近开关损坏	检查接近开关与齿轮的距离≤1mm	更换开关，调整位置
	调整位移时间短	按“取消＋5”进行时间制检查，确认是否调模时间过小或根本没有设置调模时间	调整位移时间
	调模螺母卡住	检查调模螺母是否卡住	调整调模螺母各间隙或更换现有零件
手动有开模终止，半自动无开模终止	开模阀泄漏	手动打射台后，观察锁模二板向后退得快慢	更换开模阀
	放大板斜升降幅调整不当	检查放大板 VCA070CD 斜率时间太长	重新调整放大板 VCA070CD 斜波时间
	顶针速度快	顶针速度快时，由于阀泄漏模板向后走，行程开关压块压不上	加长行程压块，更换开模阀或调慢顶针速度
无顶针动作	顶针限位开关坏	用万用表 DC 24V 检查 12 号线	更换顶针限位开关
	卡阀	用六角扳手调整顶针阀芯，检查阀芯是否可以移动	清洗压力阀
	顶针限位杆断	停机后用手拿限位杆	更换限位杆
	顶针开关短路	用万用表检查顶针开关，11 号、12 号线对地零电压，正常时 0V	更换顶针开关
不能调模	机械方面		
	平行度超差	用平行表检查其平行度	调整平行度
	压板与调模螺母间隙不合	用厚薄规测量	调整压板与螺母间隙(间隙≤0.05mm)

续表

故障现象	故障原因	检查方法	解决方法
不能调模	螺母滑丝	检查螺母能否转动	更换螺母
	上下支板调整不当	拆开支板锁紧螺母并检查	调整上下支板
	电气方面		
	调模的位移开关烧毁	在电脑上检查IN20灯是否有闪动	更换位移开关
	烧毁调模电机	用万用表检查调模电机接线端是否有380V输入，检查调模电机保险丝是否亮灯，如亮灯，证明三相不平行	更换电机或修理
	烧毁交流接触器	用万用表检查输入三相电压是否为380V，有无缺相、欠压	更换交流接触器
	烧毁热继电器		更换热继电器
	线路中断，接触不良	检查控制线路及各接点	重新接线
开模时响声大	差动开模时间的位置调节不良	检查放大板斜升斜降	数控机调整放大板斜升斜降；电脑机T37时间适量调整
	锁模机构润滑不良	检查导杆导柱滑脚机铰润滑情况	加大润滑
	模具锁模力过大	检查模具受力时的锁模力情况	视用户产品情况减少锁模力
	头二板平行度偏差大	检查头板、二板平行度	调整头板、二板平行误差
	慢速转快速开模位置过小，速度过快	检查慢速开模转快速开模位置是否适当，慢速开模速度是否过快	加长慢速开模位置，降低慢速开模的速度
不能射胶	射嘴堵塞	用万用表检测	清理或更换射嘴
	过胶头断	熔胶延时时间制通电时，检查延时闭合点是否闭合	更换过胶头
	射胶方向阀不灵活，无动作	检查射胶方向阀量是否有24V电压，检查线圈电阻值应有15～20Ω，通电则阀芯应有动作	清洗阀或更换方向阀
	射胶活塞杆断	松开射胶活塞杆锁紧螺母，检查活塞杆是否已断	更换活塞杆
	料筒温度过低	检查实际温度是否达到该料所需温度	重新设料筒温度
	射胶活塞油封损坏	检查活塞油封是否已损坏	更换油封
射台不能移动	活塞杆断	拆开活塞杆检查活塞杆是否已断	更换活塞杆
	射台方向阀不灵活，无动作	射移阀有电到时，用内六角扳手按阀芯是否可移动	清洗阀
	断线	检查电磁阀线圈线是否断裂	接线
射胶终止转换速度过快	射胶时，动作转换速度过快	检查背压是否过低	加大背压，增加射胶级数
		检查射胶是否加大保压	电脑机加大保压，调整射胶级数，加熔胶延时

续表

故障现象	故障原因	检查方法	解决方法
射胶终止转换速度过快	射胶时，动作转换速度过快	数控机是否有二级射胶	使用二级射胶，降低二级射胶压力
不能熔胶	机械方面		
	烧轴承	分离螺杆熔胶，耳听有响声	更换轴承
	螺杆有铁屑	分离螺杆熔胶时，用内六角扳手拆机筒检查螺杆是否有铁屑	拆螺杆，清干净胶料
	熔胶阀堵塞	用内六角扳手压阀芯不能移动	清洗电磁阀
	熔胶电机损坏	分离熔胶电机，熔胶不转	更换或修理熔胶电机
	电气方面		
	烧毁发热圈	用万用表检查是否正常	更换发热圈
	插头松	检查熔胶阀插头是否接触不良	上紧插头
	流量压力阀断线	当没有电流时，检查熔胶阀门处的流量和压力，检查到程序控制板的电线是否断裂	重新接线
	烧毁I/O板、程序板	用万用表检查I/O板程序板105或202、206输出	更换或维修
	熔胶终止行程不复位	用万用表检查201线是否短路或开关S9未复位	更换或修理
产品有墨点	螺杆有积炭	检查螺杆	抛光螺杆
	机筒有积炭及辅机不干净	检查上料料斗是否灰尘大	抛光机筒及清理辅件
	过胶头组件腐蚀	检查塑料是否腐蚀性强（如眼镜架料）	更换过胶头组件
	法兰、射嘴有积炭		更换射嘴法兰
	原材料不纯	检查原材料是否有杂质	更换原材料
	温度过高，熔胶背压过大	检查熔胶筒各段温度预设温度和实际温度是否相符，设定温度与注塑材料要求是否相符，是否过高	降温、减少背压
	装错件（如螺杆、过胶头组件、法兰等）	检查过胶头组件、螺杆、法兰装该机是否相符	检查重新装上
整机无动作	放大板无输出	用万用表测试放大板输出电压	更换或修理放大板
	烧保险丝（电源板保险丝）	检查整流板保险丝	更换保险丝
	油泵电机反转	面对电机风扇逆时针方向	将三相电源其中一相互换
	油泵与电机联轴器损坏	关机后用手摸油泵联轴器是否可以转动	更换联轴器
	压力阀堵塞，无压力	检查溢流阀、压力比例阀是否有堵塞	清洗压力阀
	24V电源线201号、202号线断	用万用表检查DC 24V是否正常	接驳线路
	数控格线断、放大板无输入控制电压	用万用表检查401～406到数控格有无断线	重新焊接

续表

故障现象	故障原因	检查方法	解决方法
整机无动作	油泵电机烧坏,不能启动	用万用表电阻挡检查电机线圈是否短路或开路	更换电机
	油泵损坏,不能起压,不吸油	拆开油泵检查配油盘及转子端面是否已磨花	更换油泵
	三相电源缺相	检查 380V 输入电压是否正常	检查电源
整机无力	总溢流阀塞住	电器正常时,检查溢流阀是否堵塞	清洗阀
	油封磨损	检查各油缸活塞油封是否磨损	更换油封
	油泵磨损	拆油泵检查配油盘,看转子端面是否磨损	更换油泵或修理
	比例油制阀磨损	检查油制阀	更换油制阀
	油制板内裂	做完上述四项工作仍未解决就说明只有油制板有问题	更换油制板

5.2 ▸ 液压系统的维修

5.2.1 注塑机液压系统维修要点

如图 5-8 所示，注塑机的液压系统由液压泵、液压执行元件（液压缸、液压马达）、液压控制调节元件和液压辅助元件等组成，液压系统的故障排除最终都要归结到这些元件的故障排除。

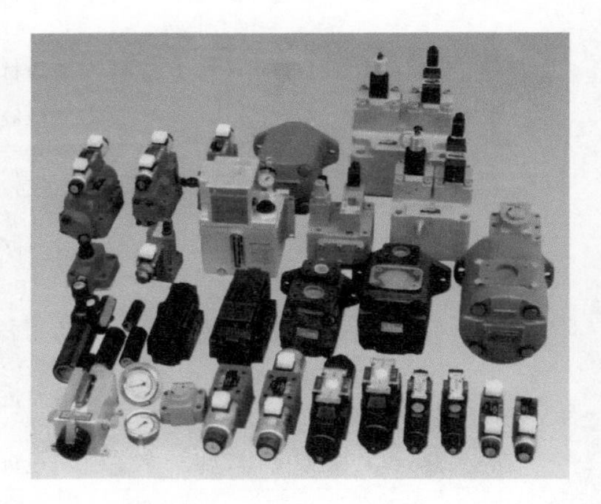

图 5-8 注塑机的液压系统及其元件

经验总结

液压系统故障绝大多数是因为液压油引起的。液压元件中，油泵对液压油的性能最为敏感，因泵内零件的运动速度最高，工作压力也最大，且承压时间长，温升高。

液压油的最佳工作油温应在 45℃左右，最高不能超过 55℃。油温太高，液压油黏度降低且易氧化变色，产生油泥。

液压元件都是依靠间隙密封，所以油质必须干净；液压油油量要充足，不足易吸进气泡，产生汽蚀。

特别注意

除非迫不得已，否则不应拆解液压元件；在不明用途、原理不清的情况下，更不应拆解液压元件。

5.2.2 液压系统的三个基本功能要求

（1）压力控制功能（见图5-9）

（2）流量控制功能（见图5-10）

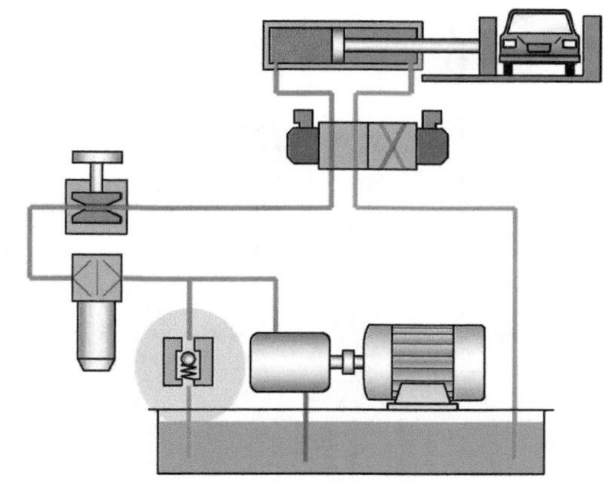

图5-9 压力控制功能示例

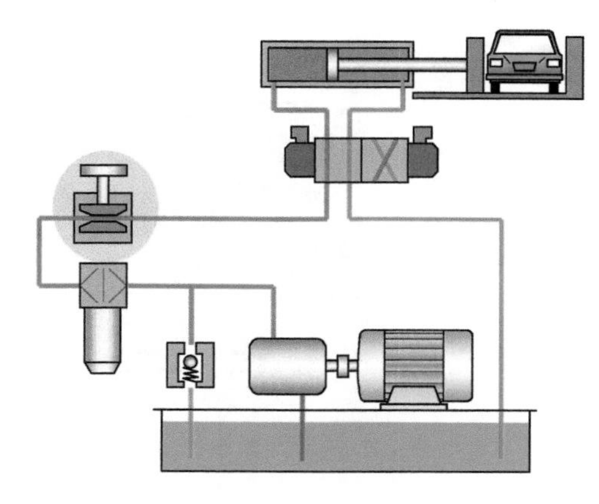

图5-10 流量控制功能示例

（3）方向控制功能（见图5-11）

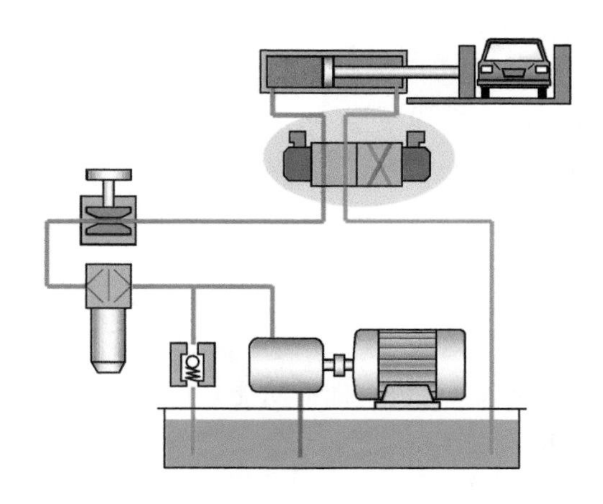

图5-11 方向控制功能示例

5.2.3 液压元件的安装

（1）管路连接安装（见图5-12）

管路连接安装的特点：

① 系统组合简单；
② 易于故障查找；
③ 较大安装空间要求；
④ 泄漏点较多。

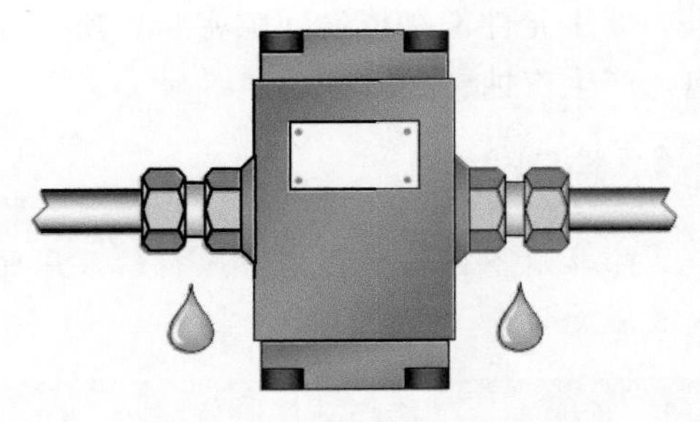
图 5-12 管路连接安装

（2）板式安装（见图 5-13）

板式安装特点：
① 系统组合简单；
② 易于故障查找；
③ 泄漏点较少；
④ 较大安装空间要求；
⑤ 更换简单。

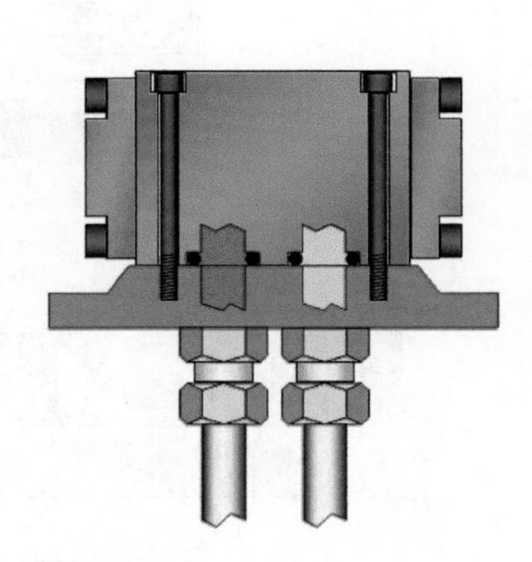
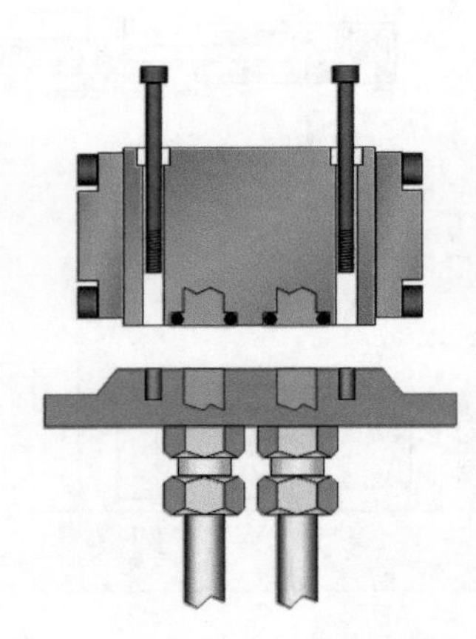
图 5-13 板式安装

（3）叠加式安装（见图 5-14）

叠加式安装的特点：
① 系统安装灵活性较小；
② 更适用于小通径阀；
③ 减少了空间要求；
④ 安装成本较低。

（4）法兰安装（见图 5-15）

法兰安装的特点：
① 只能提供基本的泵控制阀（溢流、卸荷功能）；
② 减少了对空间的要求。

（5）块式安装（见图 5-16）

块式安装的特点：
① 块式设计增加了成本；
② 故障查找困难；
③ 紧凑的安装形式；
④ 最小化的潜在泄漏危险。

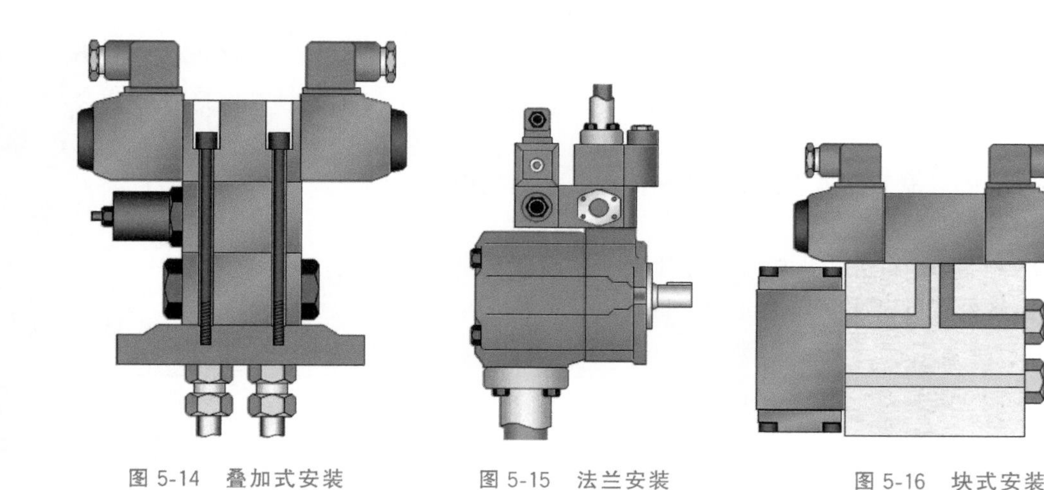

图 5-14 叠加式安装　　图 5-15 法兰安装　　图 5-16 块式安装

5.2.4 液压元件的拆解

液压拆解时的注意事项如下。

① 拆解检修的工作场所一定要保持清洁，最好在净化车间内进行。

② 在检修时，要完全卸除液压系统内的液体压力，同时还要考虑好如何处理液压系统的油液问题，在特殊情况下，可将液压系统内的油液排除干净。

③ 拆解时要用适当的工具，以免将内六角孔和尖角弄破损或将螺钉拧断等。

④ 拆解时，各液压元件和其零部件应妥善保存和放置，不要丢失，建议记录拆卸顺序并画草图。

⑤ 液压元件中精度高的加工表面较多，在拆解和装配时，要防止工具或其他东西将加工表面碰伤。要特别注意工作环境的布置和准备工作。

⑥ 在拆卸油管时要注意以下事项：

a. 事先应将油管的连接部位周围清洗干净。

b. 拆解后，在油管的开口部位用干净的塑料制品或石蜡纸将油管包扎好。

c. 勿用棉纱或抹布等堵塞住油管，并注意避免杂质混入。

d. 在拆解比较复杂的管路时，应在每根油管的连接处扎上白铁皮片或塑料片并写上编号，以免装配时将油管装错。

⑦ 在更换橡胶密封件时，不要用锐利的工具，不要碰伤工件表面。在安装或检修时，应将与密封件相接触部件的尖角修钝，以免使密封圈被尖角或毛刺划伤。

⑧ 拆解后再装配时，各零部件必须清洗干净。

⑨ 在装配前，O 形密封圈或其他密封件应浸放在油液中，以待使用，在装配时或装配好以后，密封圈不应有扭曲现象，而且要保证滑动过程中的润滑性能。

⑩ 在安装液压元件或管接头时，拧紧力要适当。尤其要防止液压元件壳体变形、滑阀阀芯卡阻以及接合部位漏油等现象。

⑪ 液压执行元件（如液压缸等）可动部件有可能因自重下降，应当用支承架将可动部件牢牢支承住。

5.2.5 液压泵的类型

液压泵为系统提供具有一定压力的油液，将机械能转变为液压能，其图形符号如表5-2所示。

① 基本构成。定子、转子、挤子，密闭腔，配油机构。

② 类型

a. 按挤子不同，可分为齿轮泵、叶片泵、柱塞泵。

b. 按排量是否可以改变，可分为定量泵、变量泵。

表 5-2 液压泵的图形符号

类型	单向定量泵	双向定量泵	单向变量泵	双向变量泵	双联液压泵
图形符号					

常见故障：不输油或油量不足，压力不能升高或压力不足，流量和压力失常，噪声过大，异常发热和外泄漏。

5.2.6 齿轮泵的维修

齿轮泵是以啮合原理工作的壳体承压型液压泵，它是液压技术中结构最简单、价格最低、产量及用量最大的一种液压泵。

齿轮泵的类型：外啮合齿轮泵、内啮合齿轮泵，其中外啮合泵应用最为普遍，且这种齿轮泵中大多采用一对参数相同的齿轮，如图5-17所示。

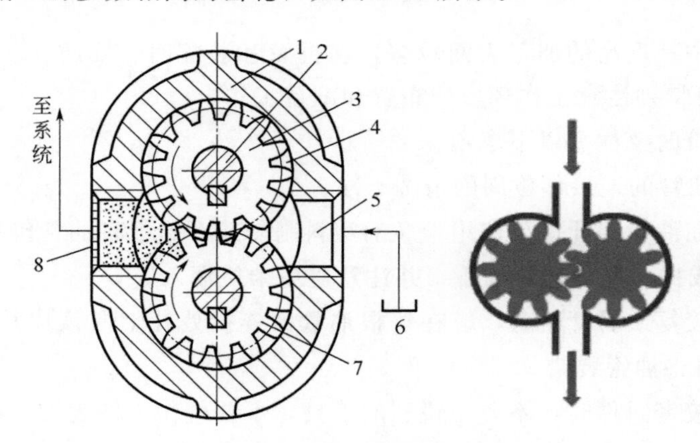

图 5-17 外啮合齿轮泵原理图

1—壳体；2—传动轴；3—主动齿轮；4—密封工作腔；5—吸油腔；6—油箱；7—从动齿轮；8—压油腔

外啮合齿轮泵常见故障及排除方法见表5-3。

表 5-3 外啮合齿轮泵常见故障及排除方法

序号	故障现象	故障原因	排除方法
(1)	齿轮泵吸不上油或无压力	①原动机与泵的旋转方向不一致	纠正原动机旋转方向
		②泵传动键脱落	重新安装传动键

续表

序号	故障现象	故障原因	排除方法
(1)	齿轮泵吸不上油或无压力	③进出油口接反	按说明书纠正接法
		④油箱液位过低,吸入管口露出液面	补充油液至最低液位线以上
		⑤转速太低吸力不足	提高转速达到泵的最低转速以上
		⑥油液黏度过高或过低	选用推荐黏度的工作油液
		⑦吸入管道或过滤装置堵塞造成吸油不畅	清洗管道或过滤装置,除去堵塞物;更换或过滤油箱内油液
		⑧吸入口过滤器过滤精度过高造成吸油不畅	按产品样本及说明书正确选用过滤器
		⑨吸入管道漏气	检查管道各连接处,并予以密封、坚固
(2)	齿轮泵流量不足、达不到额定值	①转速过低,未达到额定转速	按产品样本或说明书指定额定转速选用原动机转速
		②系统中有泄漏	检查系统,修补泄漏点
		③由于泵长时间工作、振动使泵盖连接螺钉松动	适当拧紧螺钉
		④吸入空气	检查管道各连接处,并予以密封、坚固
		⑤吸油不充分	检查管道各连接处,并予以密封、坚固;若入口过滤器堵塞或通流量过小,清洗过滤器或选用通流量为泵流量2倍以上的过滤器;若吸入管道堵塞或通径小,清洗管道,选用不小于泵入口通径的吸入管;介质黏度不当则应选用推荐黏度的工作介质
(3)	齿轮泵压力升不上去	①泵吸不上油或流量不足	按故障现象(1)解决
		②液压系统中的溢流阀设定压力太低或出现故障	重新设定溢流阀压力或修复溢流阀
		③系统有泄漏	按故障现象(2)解决
		④ 由于泵长时间工作、振动使泵盖连接螺钉松动	按故障现象(2)解决
		⑤ 吸入管道漏气	按故障现象(2)解决
		⑥ 吸油不充分	按故障现象(2)解决
(4)	齿轮泵振动噪声大	①泵与原动机同轴度差	调整同轴度
		②齿轮精度低	更换或修研齿轮
		③轴封损坏	更换
		④吸油管路或过滤器堵塞	疏通、清洗
		⑤油中有空气	排空气体

5.2.7 叶片泵的维修

叶片泵是一种以叶片为挤压零件、壳体承受压力的液压泵，其构造复杂程度和制造成本都介于齿轮泵和柱塞泵之间。其类型有单作用（变量）叶片泵和双作用（定量）叶片泵，如图5-18和图5-19所示。

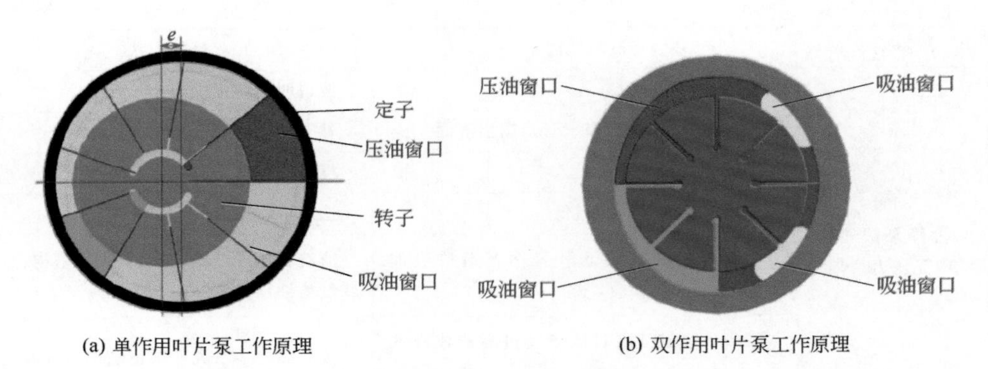

(a) 单作用叶片泵工作原理　　(b) 双作用叶片泵工作原理

图 5-18　叶片泵的工作原理

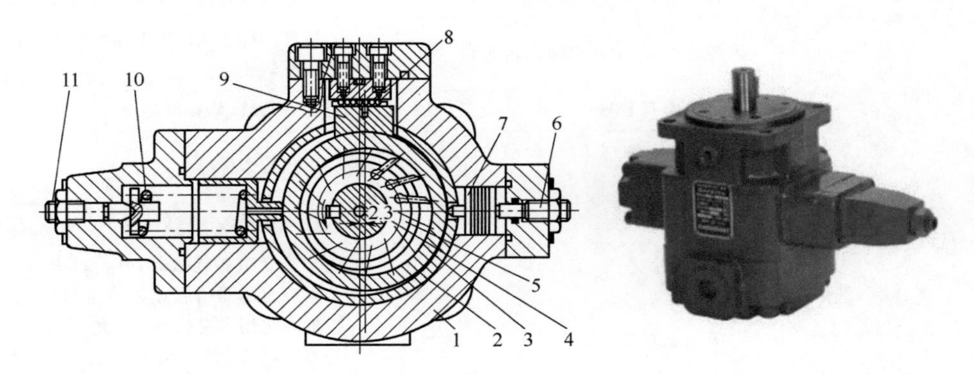

图 5-19　叶片泵的结构与实物

1—壳体；2—衬圈；3—定子；4—泵轴；5—转子；6—流量调节螺钉；
7—控制活塞；8—滚针轴承；9—滑块；10—限压弹簧；11—压力调节螺钉

叶片泵常见故障及排除方法见表 5-4。

表 5-4　叶片泵常见故障及排除方法

故障现象	故障原因	排除方法
叶片泵不输油或无压力	①原动机与油泵旋向不一致或传动键漏装	纠正转向或重装传动键
	②进出油口接反	按说明书选用正确接法
	③泵转速过低	提高转速达到泵最低转速以上
	④油黏度过大，使叶片运动不灵活	选用推荐黏度的工作油
	⑤油箱内油位过低，吸入管口露出液面	补充油液至最低油标线以上
	⑥油温过低使油液黏度过大	加热至合适黏度后使用
	⑦吸入管道或过滤装置堵塞造成吸油不畅	拆洗、修磨泵内脏件，仔细重装，并更换油液
	⑧吸入口过滤器过滤精度过高造成吸油不畅	清洗管道或过滤装置，除去堵塞物，更换或过滤油箱内油液
	⑨小排量泵吸力不足	向泵内注满油
	⑩吸入管道密封不良，漏气	检查管道质量和各连接处密封情况，更换管道或改善密封
	⑪系统油液过滤精度低导致叶片在槽内卡阻	按产品说明书正确选用过滤器

续表

故障现象	故障原因		排除方法
叶片泵流量不足	①转速未达到额定转速		按说明书指定额定转速选用电机转速
	②系统中有泄漏		检查系统，修补泄漏点
	③由于油泵长时间工作、振动使泵盖螺钉松动		适当拧紧螺钉
	④吸入管道漏气		检查各连接处，并予以密封、紧固
	⑤吸油不充分	a. 油箱内油面过低	补充油液至最低油标线以上
		b. 入口过滤器堵塞或通流量过小	清洗过滤器或选用通过流量为泵流量2倍以上的过滤器
		c. 吸入管道堵塞或通径小	清洗管道，选用不小于油泵入口通径的吸入管
		d. 油黏度过高或过低	选用推荐黏度的工作油
	⑥变量泵流量调节不当		重新调节至所需流量
叶片泵压力上不去	①泵不上油或流量不足		同前述排除方法
	②溢流阀调整压力太低或出现故障		重新调试溢流阀压力或修复溢流阀
	③系统中有泄漏		检查系统、修补泄漏点
	④由于泵长时间工作振动，使泵盖螺钉松动		适当拧紧螺钉
	⑤吸入管道漏气		检查各连接处，并予以密封、紧固
	⑥吸油不充分		同前述排除方法
	⑦变量泵压力调节不当		重新调节至所需压力
叶片泵外泄漏	①密封件老化		更换密封
	②进出油口连接部位松动		紧固管接头或法兰螺钉
	③密封面磕碰或泵的壳体存在砂眼		修磨密封面或更换壳体
叶片泵振动噪声过大	①吸油不畅或液面过低		清洗过滤器或向油箱补油
	②有空气侵入		检查吸油管，注意油箱中液位
	③油液黏度过高		适当降低油液黏度
	④转速过高		降低转速
	⑤泵传动轴与原动机轴不同轴度过大		调整同轴度至规定值
	⑥配油盘端面与内孔不垂直或叶片垂直度太差		修磨配油盘端面或提高叶片垂直度
叶片泵异常发热	①油温过高		改善油箱散热条件或使用冷却器
	②油黏度太大		选用合适液压油
	③工作压力过高		降低工作压力
	④回油口误接到泵入口		回油口接至油箱液面以下

5.2.8 柱塞泵的维修

柱塞泵的结构较为复杂，其挤压零件是柱塞，并依靠柱塞在专门的缸体中往复运动吸或压排出液体，壳体只起包容、连接和支承各工作部件的作用，是一种壳体非承压型液压元件。

柱塞泵类型有轴向柱塞泵［直轴式（斜盘式）和斜轴式］、径向柱塞泵，其中直轴式

(斜盘式）轴向柱塞泵应用最为普遍，如图 5-20 和图 5-21 所示。

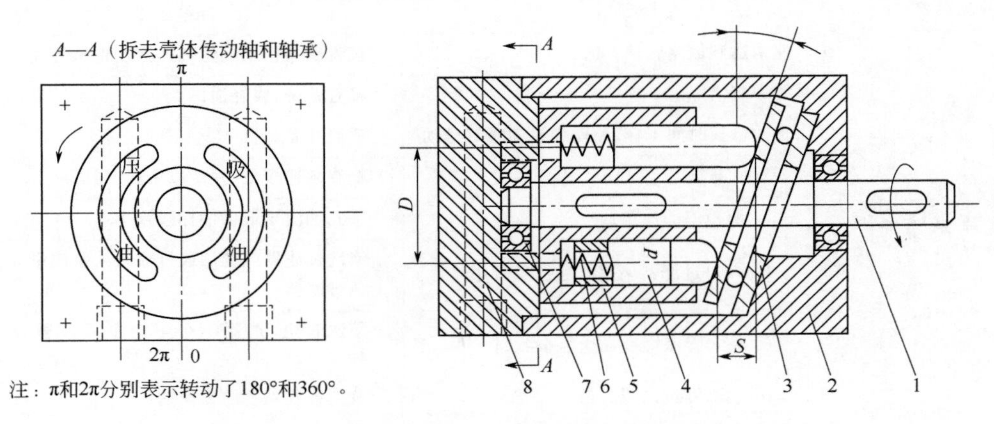

图 5-20　直轴式（斜盘式）轴向柱塞泵的结构

1—传动轴；2—壳体；3—斜盘；4—柱塞；5—缸体；6—弹簧；7—轴承；8—配流盘

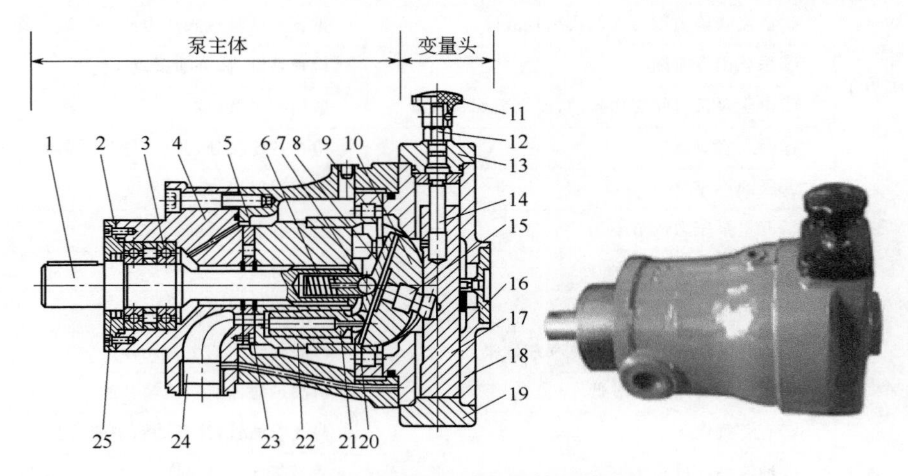

图 5-21　斜盘式手动变量轴向柱塞泵

1—传动轴；2—法兰盘；3—滚珠轴承；4—泵体；5—壳体；6—中心弹簧；7—球铰；8—回程盘；9—滚柱轴承；10—斜盘；11—调节手轮；12—锁紧螺母；13—上法兰；14—调节螺杆；15—销轴；16—刻度盘；17—变量活塞；18—变量壳体；19—下法兰；20—滑履；21—柱塞；22—缸体；23—配流盘；24—压油口；25—骨架油封

轴向柱塞泵常见故障及排除方法见表 5-5。

表 5-5　轴向柱塞泵常见故障及排除方法

故障现象	故障原因	排除方法
柱塞泵建立不起压力或流量不足	①电机转向接反或电磁换向阀安装错误	调换或改正
	②泄油管泄油过多	拧开泄油管目测判断，泄油如呈喷射状，则说明效率降低
	③油液中进水或混有杂质	油液中进水呈乳白色，劣质油呈酱色或黑色柏油状，换油
	④进油口上安装滤网或滤网堵塞	选用目数较粗大的滤网或干脆拆除
	⑤进油管道漏气或有裂纹	涂黄油检查，发现声音减小，说明管道漏气，更换密封件或管道

续表

故障现象	故障原因		排除方法
柱塞泵建立不起压力或流量不足	⑥油箱内油液不足		按油箱要求加足
	⑦管道、阀门或管接头通径尺寸不当		按说明书要求测量后改进
	⑧进油管过长、弯头过多		进油管长度应小于2.5m，弯头不超过2个
	⑨泵与原动机同轴度超差		停车后用手旋联轴器应手感轻松且有轴向间隙，否则应调整同轴度，消除干涉
	⑩溢流阀设定压力不当或阀及执行元件内泄漏过大		调紧溢流阀或换阀试验，油缸内泄漏过大，则活塞杆呈爬行现象
	⑪泵已磨损		修理
	⑫电磁换向阀不换向		调换
	⑬油液黏度太大或油温太低		更换较低黏度的油液或将油箱加热
	⑭电器部分有故障		由相关人员处理
	⑮缸体铜层脱落或有大小轴承损坏，或有柱塞滑靴烧损现象		检查并更换
	⑯配流盘与泵体之间有脏物，或配流盘定位销未装好，使配流盘和缸体贴合不好		拆解泵并清洗运动副零件，重新装配
	⑰变量机构偏角太小，使流量太小、溢流阀建立不起压力或未调整好		加大变量机构的偏角以增大流量，检查溢流阀阻尼孔是否堵塞、先导阀是否密封，重新调整好溢流阀
	⑱系统中其他元件的漏损太大		检查更换有关元件
	⑲压力补偿变量泵达不到液压系统所要求的压力	a. 变量机构未调整到所要求的功率特性	重新调整泵的变量特性
		b. 当温度升高时达不到所要求的压力	降低系统温度或更换由于温度升高而引起漏损过大的元件
柱塞泵外泄漏	①密封圈老化		拆检密封部位，详细检查O形圈和骨架油封损坏部分及配合部位的划伤、磕碰、毛刺等，并修磨干净，更换新密封圈
	②轴端骨架油封处渗漏	a. 骨架油封磨损	更换骨架油封
		b. 传动轴磨损	轻微磨损可用金相砂纸、油石修正，严重偏磨应返回制造厂更换
		c. 泵的内渗增加或泄油口被堵，低压腔油压超过0.05MPa，骨架油封损坏	清洗泄油口，检修两对运动副，更换骨架油封，在装配时应用专用工具，唇边应向压力油侧，以保证密封
		d. 外接泄油管径过细或管道过长	更换合适的泄油管道
柱塞泵振动噪声过大	①泵内未注油液或未注满		重新注油
	②泵一直在低压下运行		上高压5～10min，排空气
	③油的黏度过大，油温低于所允许的工作温度范围		更换适合于工作温度的油液或启动前低速暖机运行
	④油液中进水或混有杂质（劣质油呈黑色）		换油

续表

<table>
<tr><th>故障现象</th><th colspan="2">故障原因</th><th>排除方法</th></tr>
<tr><td rowspan="9">柱塞泵振动噪声过大</td><td colspan="2">⑤吸油通道阻力过大，过滤网部分堵塞，管道过长，弯头太多</td><td>减少吸油通道阻力</td></tr>
<tr><td colspan="2">⑥吸油管道漏气</td><td>用黄油涂于接头上，检查并排除漏气</td></tr>
<tr><td colspan="2">⑦液压系统漏气（回油管没有插入液面以下）</td><td>把所有的回油管均插入油面以下200mm</td></tr>
<tr><td colspan="2">⑧泵与原动机同轴度差，或轴头干涉及联轴器松动，产生振动</td><td>重新调整同轴度 ϕ0.05mm；停车后手旋联轴器应手感轻松</td></tr>
<tr><td colspan="2">⑨油箱中油液不足或泄油管没有插到液面以下</td><td>增加油箱中的油液，使液面在规定范围内，将泄油管插到液面以下</td></tr>
<tr><td colspan="2">⑩未按“推荐管道、阀门或管接头通径尺寸”配管</td><td>改正</td></tr>
<tr><td colspan="2">⑪油箱中通气孔或滤气器堵塞</td><td>清洗油箱上的通气孔滤气器</td></tr>
<tr><td colspan="2">⑫系统管路振动</td><td>设置管夹，减振</td></tr>
<tr><td colspan="2">特别注意
若正常使用过程中泵的噪声突然增大，则必须停机！其原因大多数是柱塞和滑靴液压包球铰接松动，或泵内部零件损坏</td><td>请制造厂检修，或由有经验的工人技术员拆解检修</td></tr>
<tr><td rowspan="6">柱塞泵异常发热</td><td colspan="2">①油液黏度不当</td><td>更换油液</td></tr>
<tr><td colspan="2">②油箱容量过小</td><td>加大油箱面积，或增设冷却装置</td></tr>
<tr><td colspan="2">③泵或液压系统漏损过大</td><td>检修有关元件</td></tr>
<tr><td rowspan="3">④油箱油温不高，但泵发热</td><td>a. 泵长期在零偏角或低压下运转，使泵漏损过小</td><td>液压系统阀门的回油管上分流一根支管通入泵下部的放油口内，使泵体产生循环冷却</td></tr>
<tr><td>b. 漏损过大使泵发热</td><td>检修泵</td></tr>
<tr><td>c. 装配不良，间隙选配不当</td><td>按装配工艺进行装配，测量间隙，重新配研，达到规定的合理间隙</td></tr>
<tr><td>柱塞泵回油管回油过多</td><td colspan="2">配油盘和缸体、变量头和滑靴两对运动副磨损</td><td>更换这两对运动副</td></tr>
</table>

5.2.9 液压马达的维修

液压马达为执行元件，将液压能（输入压力和流量）转变为连续回转机械能（输出转速和转矩）。

液压马达的基本构成（与泵类似）有定子、转子、挤子，密闭腔、配油机构，其图形符号如表 5-6 所示，实物如图 5-22 所示。

表 5-6　液压马达的图形符号

类型	单向定量马达	双向定量马达	单向变量马达	双向变量马达	摆动马达
图形符号					

图 5-22　液压马达

液压马达常见故障及排除方法见表 5-7。

表 5-7　液压马达常见故障及排除方法

故障现象	故障原因		排除方法
液压马达转速过低和转矩小	主要原因为液压泵供油量不足	①原动机转速不够	找出原因，进行调整
		②吸油过滤器滤网堵塞	清洗或更换滤芯
		③油箱中油量不足或吸油管径过小造成吸油困难	加足油量、适当加大管径，使吸油通畅
		④密封不严，有泄漏，空气侵入内部	拧紧有关接头，防止泄漏或空气侵入
		⑤油的黏度过大	选择黏度小的油液
		⑥液压泵轴向及径向间隙大，内泄增大	适当修复液压泵
		⑦变量机构失灵	检修或更换
液压马达易损坏	配油盘的支承弹簧疲劳，失去作用		检查和更换支承弹簧
液压马达转速过高(供油量过大所致)	①液压泵原动机转速过高		更换或调整
	②变量泵流量设定值过大		重新调整
	③流量阀通流面积过大		重新调整
	④超越负载作用		平衡或布置其他约束
液压马达内泄漏量过大	①配油盘磨损严重		检查配油盘接触面并修复
	②轴向间隙过大		检查并将轴向间隙调至规定范围
	③配油盘与缸体端面磨损，轴向间隙过大		修磨缸体及配油盘端面
	④弹簧疲劳		更换弹簧
	⑤柱塞与缸体磨损严重		研磨缸体孔、重配柱塞
液压马达外泄漏量大	①轴端密封损坏，磨损		更换密封圈并查明磨损原因
	②盖板处的密封圈损坏		更换密封圈
	③结合面有污物或螺栓未拧紧		检查、清除并拧紧螺栓
	④管接头密封不严		拧紧管接头

续表

故障现象	故障原因	排除方法
液压马达噪声大	①密封不严，有空气侵入内部	检查有关部位的密封，紧固各连接处
	②液压油被污染，有气泡混入	更换清洁的液压油
	③油温过高或过低	检查温控组件工作状况
	④联轴器不同心	校正同心
	⑤液压油黏度过大	更换黏度较小的油液
	⑥液压马达的径向尺寸严重磨损	修磨缸孔，重配柱塞
	⑦叶片已磨损	尽可能修复或更换
	⑧叶片与定子接触不良，有冲撞现象	修整
	⑨定子磨损	进行修复或更换，如因弹簧过硬造成磨损加剧，则应更换刚度较小的弹簧

5.2.10 液压缸的维修

液压缸俗称油缸，是液压系统应用广泛的执行元件。其作用是将液压介质的压力能转换为往复直线运动机械能，并依靠压力油液驱动与其外伸杆相连的工作机构（装置）运动而做功。

液压缸的种类繁多，按结构特点分为活塞式、柱塞式和组合式三类；而按作用方式又可分为单作用式和双作用式。图形符号如表 5-8 所示，工作原理与结构分别如图 5-23～图 5-25 所示。

表 5-8 常用液压缸图形符号

类型	活塞式液压缸		柱塞式液压缸	组合式液压缸	
	双杆活塞缸	单杆活塞杆		增压缸	双作用伸缩缸
图形符号					

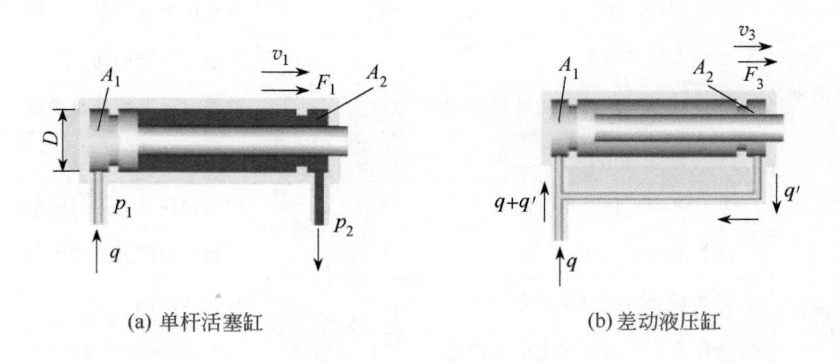

(a) 单杆活塞缸　　(b) 差动液压缸

图 5-23 液压缸工作原理

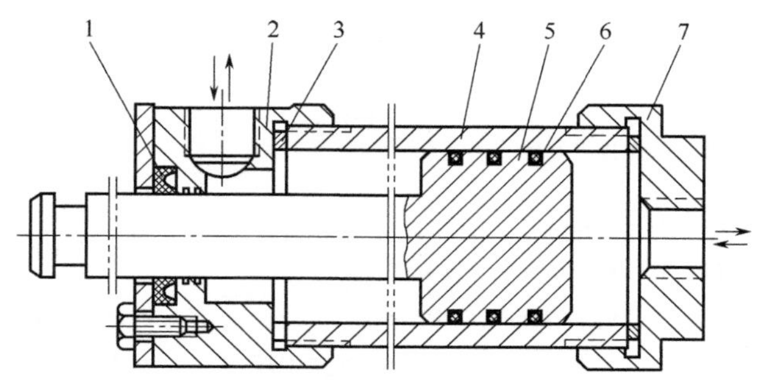

图 5-24　单杆液压缸的结构

1—Y 形密封圈；2，7—缸盖；3—铜垫；4—缸筒；5—活塞（杆）；6—O 形密封圈

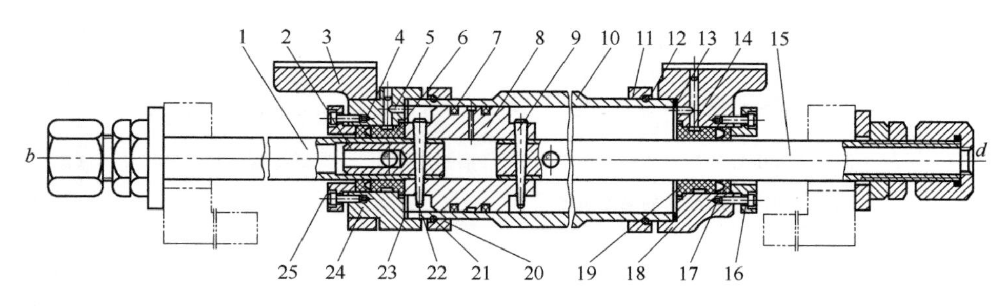

图 5-25　双杆液压缸的结构

1，15—活塞杆；2—堵头；3—托架；4，7，17—密封圈；5—排气孔；6，19—导向套；8—活塞；9，22—锥销；10—缸筒；11，20—压板；12，21—钢丝环；13，23—纸垫；14—排气孔；16，25—压盖；18，24—缸盖

液压缸常见故障及排除方法见表 5-9。

表 5-9　液压缸常见故障及排除方法

故障现象	故障原因	排除方法
液压缸移动速度下降	①液压泵、溢流阀等元件有故障，系统未供油或量少	检修泵、阀等元件
	②缸筒与活塞配合间隙太大、活塞上的密封件磨坏；缸体内孔圆柱度超差、活塞左右两腔互通	提高液压缸的制造和装配精度；保证密封件的质量和工作性能
	③油温过高，黏度太低	检查发热温升原因，选用合适的液压油黏度
	④流量控制元件选择不当，压力控制元件调压过低	合理选择和调节流量和压力控制元件
液压缸输出力不足	①液压缸内泄漏严重（如密封件磨损、老化、损坏或唇口装反）	更换或重装密封件
	②系统调定压力过低	重新调整系统压力
	③活塞移动时阻力太大，如缸体与活塞、活塞杆与导向套等配合间隙过小，液压缸制造、装配等精度不高	提高液压缸的制造和装配精度
	④脏物等进入滑动部位	过滤或更换油液
液压缸工作机构爬行故障	①液压缸内有空气或油液中有气泡，如从泵、缸等负压上吸入外界空气	拧紧管接头，减少进入系统的空气

续表

故障现象	故障原因	排除方法
液压缸工作机构爬行故障	②液压缸无排气装置	设置排气装置并在工作之前先将缸内空气排出；缸至换向阀间的管道容积要小，以免该管道存气排不尽
	③缸体内孔圆柱度超差、活塞杆局部或全长弯曲、导轨精度差、楔铁等调得过紧或弯曲	提高缸和系统的制造安装精度
	④导轨润滑润滑不良，出现干摩擦	在润滑油中加添加剂
液压缸的缓冲装置故障(即终点速度过慢或出现撞击噪声)	①固定式节流缓冲装置配合间隙过小或过大	更换不合格零件
	②可调式节流缓冲装置调节不当，节流过度或处于全开状态	调节缓冲装置中的节流元件至合适位置并紧固
	③缓冲装置制造和装配不良，如镶在缸盖上的缓冲环脱落，单向阀装反或阀座密封不严	提高缓冲装置制造和装配精度
液压缸外泄漏大	①密封件质量差，活塞杆明显拉伤	密封件质量要好，保管使用合理，密封件磨损严重时要及时更换
	②液压缸制造和装配质量差，密封件磨损严重	提高活塞杆和沟槽尺寸的制造精度
	③油温过高或油的黏度过低	油液黏度要合适，检查温升原因并排除

5.2.11 普通单向阀的维修

单向阀有普通单向阀和液控单向阀两类。

普通单向阀只允许液流沿管道的一个方向通过，反向流动则被截止，如图 5-26 所示。

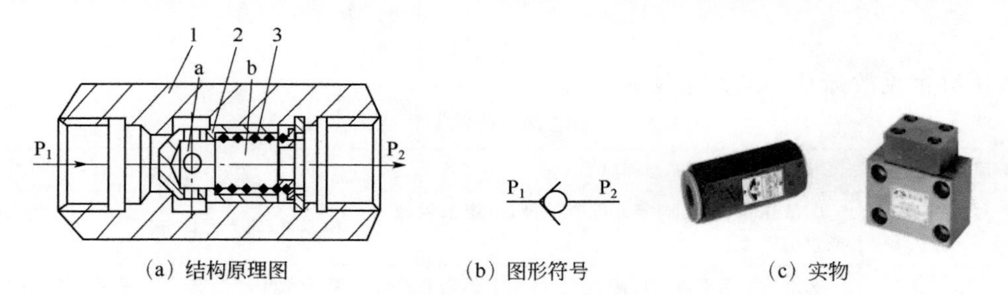

(a) 结构原理图　(b) 图形符号　(c) 实物

图 5-26　普通单向阀的工作原理及图形符号

1—阀体；2—阀芯；3—弹簧；a—阀芯径向孔；b—排油腔

普通单向阀常见故障及排除方法见表 5-10。

表 5-10　普通单向阀常见故障及排除方法

故障现象	故障原因	排除方法
普通单向阀反向截止时，阀芯不能将液流严格封闭而产生泄漏	①阀芯与阀座接触不紧密	重新研配阀芯与阀座
	②阀体孔与阀芯的不同轴度过大	检修或更换
	③阀座压入阀体孔有歪斜	拆下阀座重新压装
	④油液污染严重	过滤或换油
普通单向阀启闭不灵活，阀芯卡阻	①阀体孔与阀芯的加工精度低，二者的配合间隙不当	修整
	②弹簧断裂或过分弯曲	更换弹簧
	③油液污染严重	过滤或换油

续表

故障现象	故障原因	排除方法
普通单向阀外泄漏	①管式阀螺纹连接处螺纹配合不良或接头未拧紧	拧紧螺纹接头并在螺纹间缠绕聚四氟乙烯密封胶带
	②板式阀安装面密封圈漏装	补装密封圈
	③阀体有气孔砂眼	焊补或更换阀体

5.2.12 液控单向阀的维修

液控单向阀除了能实现普通单向阀的功能外，还可按需要由外部油压控制，实现反向接通功能，如图 5-27、图 5-28 所示。

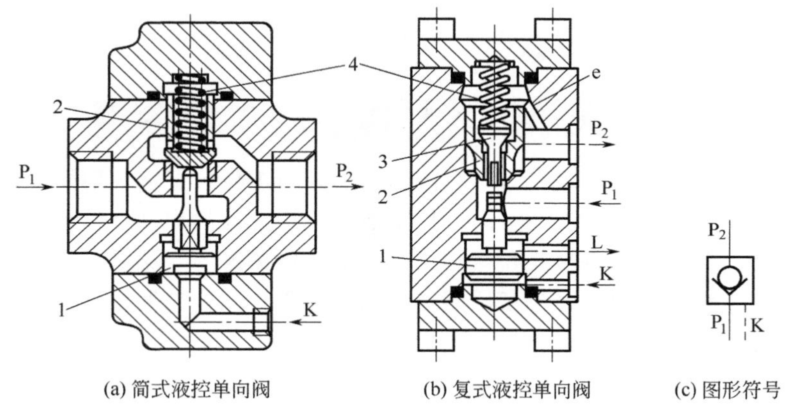

(a) 筒式液控单向阀　(b) 复式液控单向阀　(c) 图形符号

图 5-27　液控单向阀的结构及图形符号

1—控制活塞；2—主阀芯；3—卸载阀芯；4—弹簧；e—阀体斜孔

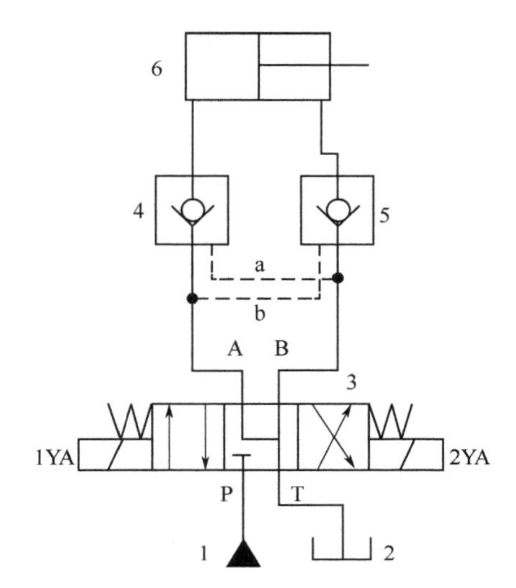

图 5-28　液控单向阀应用——液压缸锁紧回路

1—油源；2—油箱；3—三位四通电磁换向阀；4，5—液控单向阀；6—液压缸

液控单向阀常见故障及排除方法见表 5-11。

表 5-11　液控单向阀常见故障及排除方法

故障现象	故障原因	排除方法
液控单向阀反向截止时，阀芯不能将液流严格封闭而产生泄漏	与普通单向阀故障原因相同	与普通单向阀故障处理方法相同
复式液控单向阀不能反向卸载	阀芯孔与控制活塞孔的同轴度误差大、控制活塞端部弯曲，导致控制活塞顶杆顶不到卸载阀芯，使卸载阀芯不能开启	修整或更换
液控单向阀关闭时不能回复到初始封油位置	与普通单向阀故障原因相同	与普通单向阀故障处理方法相同
液控单向阀噪声大	①与其他阀共振	更换弹簧
	②选用错误	重新选择
液控单向阀外泄漏	与普通单向阀故障原因相同	与普通单向阀故障处理方法相同

5.2.13　换向阀的维修

换向阀的主要功能是通过改变阀芯在阀体内的相对工作位置而相对运动，使阀体上的油口连通或断开，从而改变液流的方向，控制液压执行元件的启动、停止或换向。

换向阀主要有滑阀式、转阀式和球阀式三大类，应用最为广泛的是滑阀式换向阀，根据具体的结构和功能，又可细分为三位四通手动换向阀、二位二通机动换向阀等 6 类。

（1）三位四通手动换向阀（见图 5-29）

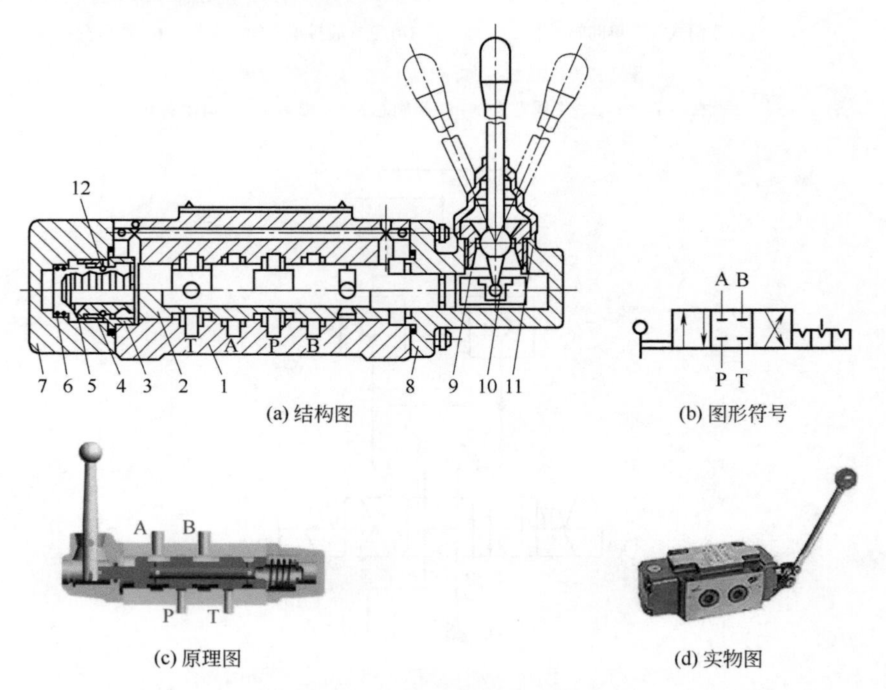

(a) 结构图　(b) 图形符号

(c) 原理图　(d) 实物图

图 5-29　三位四通手动换向阀

1—阀体；2—阀芯；3—球座；4—护球圈；5—定位套；6—弹簧；7—后盖；8—前盖；9—螺套；10—手柄；11—防尘套；12—钢球

（2）二位二通机动换向阀（见图 5-30～图 5-32）

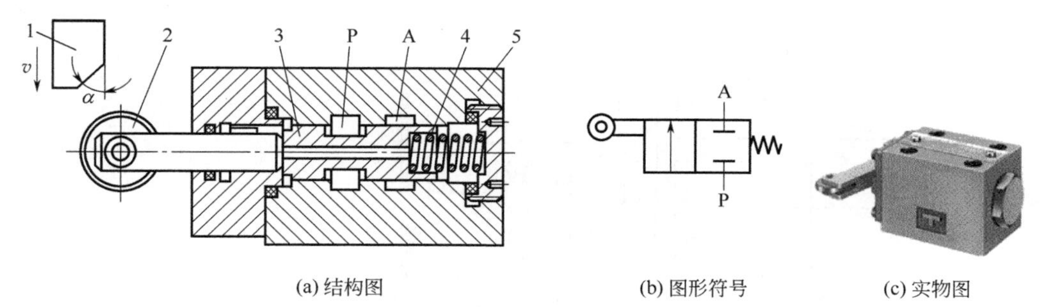

(a) 结构图 (b) 图形符号 (c) 实物图

图 5-30 二位二通机动换向阀

1—活动挡块；2—滚轮；3—阀芯；4—弹簧；5—阀体

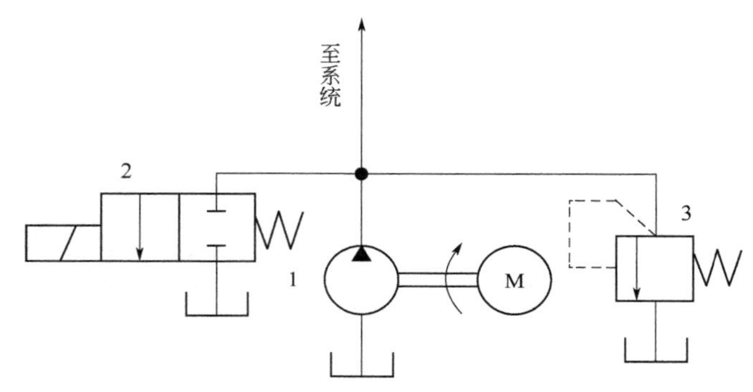

图 5-31 二位二通电磁阀的应用——旁路卸荷回路

1—液压泵；2—二位二通电磁换向阀；3—溢流阀

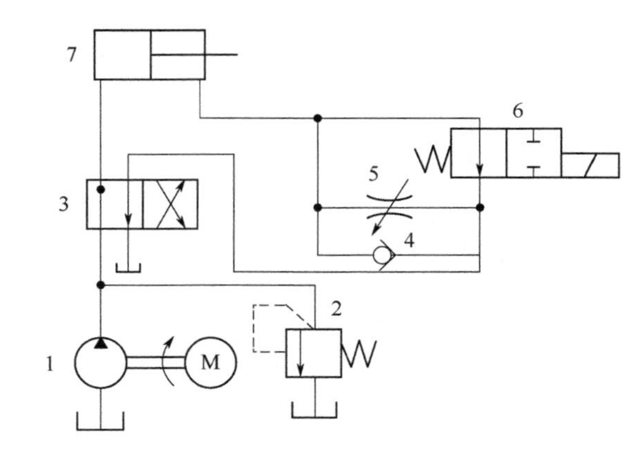

图 5-32 二位二通电磁阀的应用——快慢速度换接回路

1—液压泵；2—溢流阀；3—二位四通换向阀；4—单向阀；

5—节流阀；6—二位二通电磁阀；7—液压缸

（3）二位三通电磁换向阀（见图 5-33、图 5-34）

（4）三位四通电磁换向阀（见图 5-35～图 5-37）

（5）三位四通液动换向阀（见图 5-38）

（6）三位四通电液动换向阀（见图 5-39）

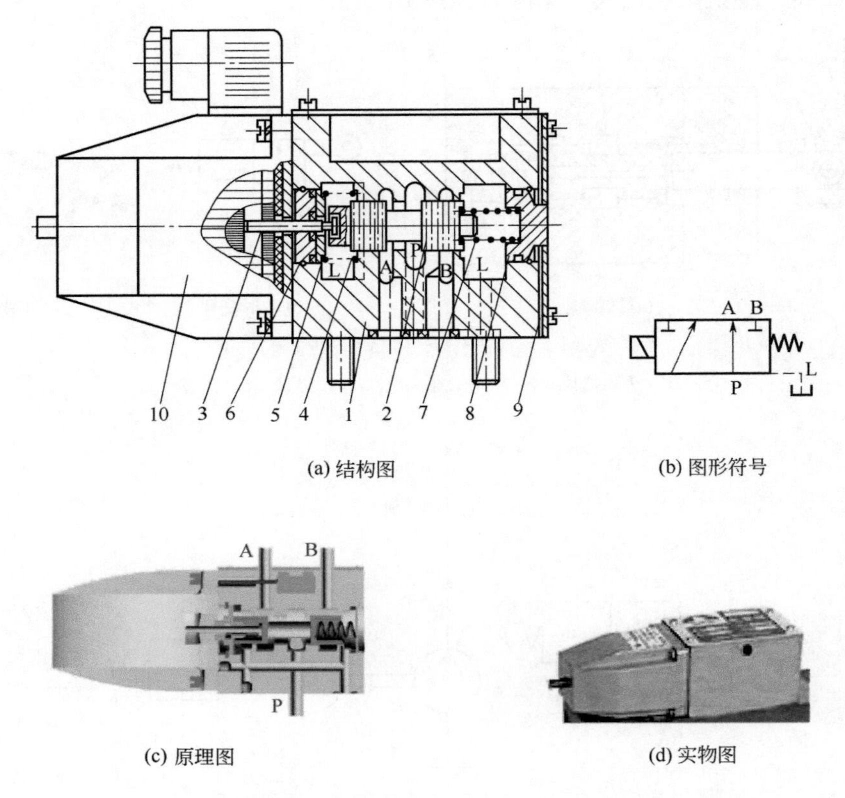

(a) 结构图

(b) 图形符号

(c) 原理图

(d) 实物图

图 5-33　二位三通电磁换向阀

1—阀体；2—阀芯；3—推杆；4—支承弹簧；5—弹簧座；6—O 形密封圈座；7—复位弹簧；8—复位弹簧座；9—后盖；10—电磁铁

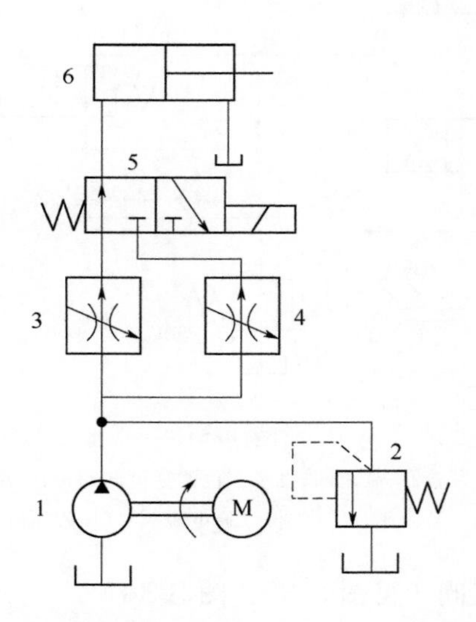

图 5-34　二位三通电磁换向阀的应用——二次工进速度换接回路

1—液压泵；2—溢流阀；3，4—调速阀；5—二位三通电磁换向阀；6—液压缸

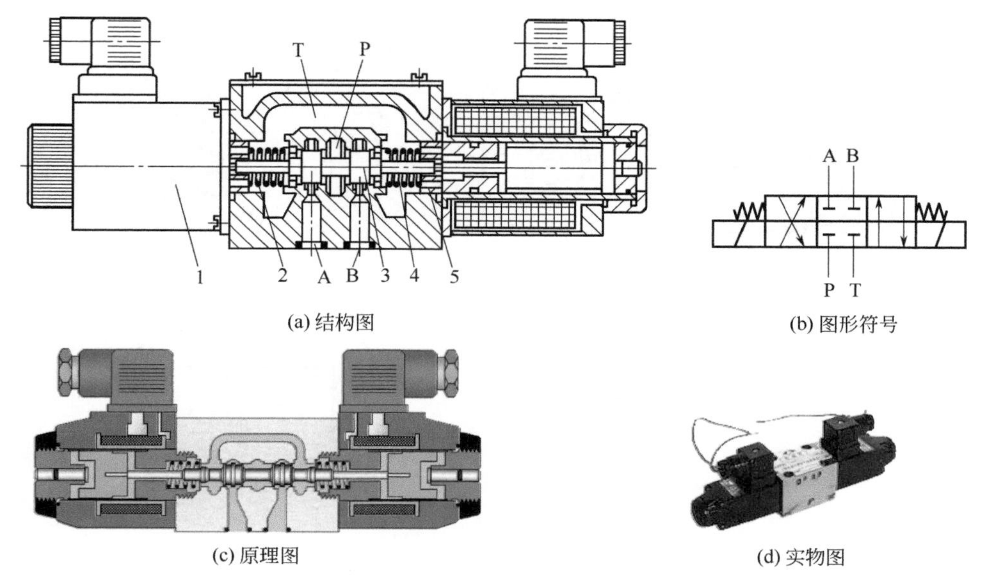

图 5-35 三位四通电磁换向阀

1—电磁铁；2—推杆；3—阀芯；4—弹簧；5—挡圈

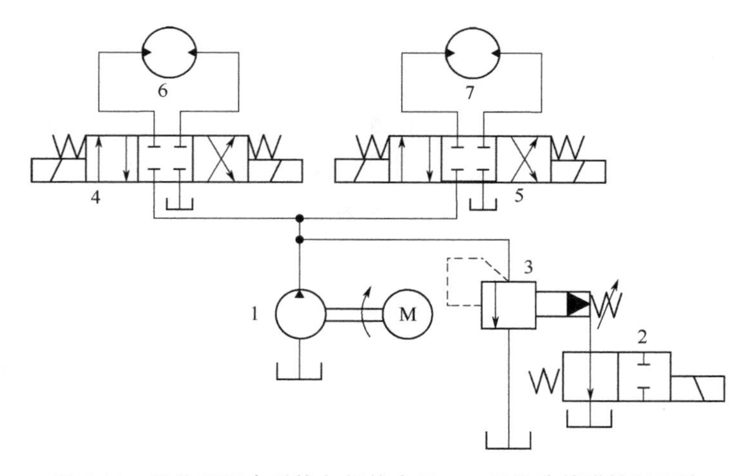

图 5-36 三位四通电磁换向阀的应用——双马达并联控制回路

1—液压泵；2—二位二通电磁换向阀；3—溢流阀；4，5—三位四通主换向阀；6，7—液压马达

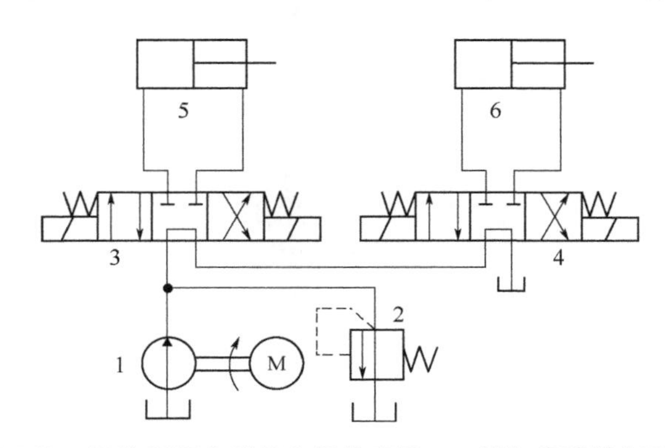

图 5-37 三位四通电磁换向阀的应用——双缸串联控制回路

1—液压泵；2—溢流阀；3，4—三位四通主换向阀；5，6—液压缸

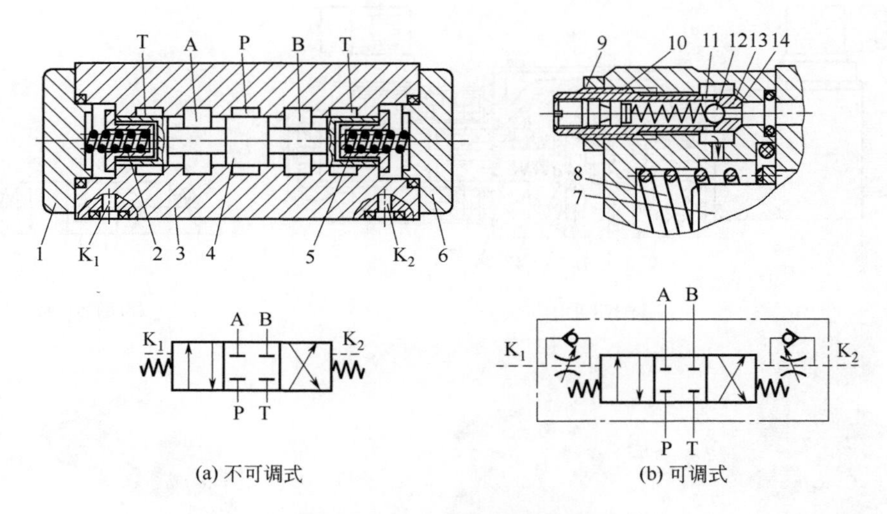

(a) 不可调式　　(b) 可调式

图 5-38　三位四通液动换向阀

1，6—端盖；2，5—弹簧；3—阀体；4—阀芯；7—换向阀芯；8—控制腔；9—锁定螺母；10—螺纹；11—径向孔；12—钢球式单向阀；13—锥阀式节流器；14—节流缝隙

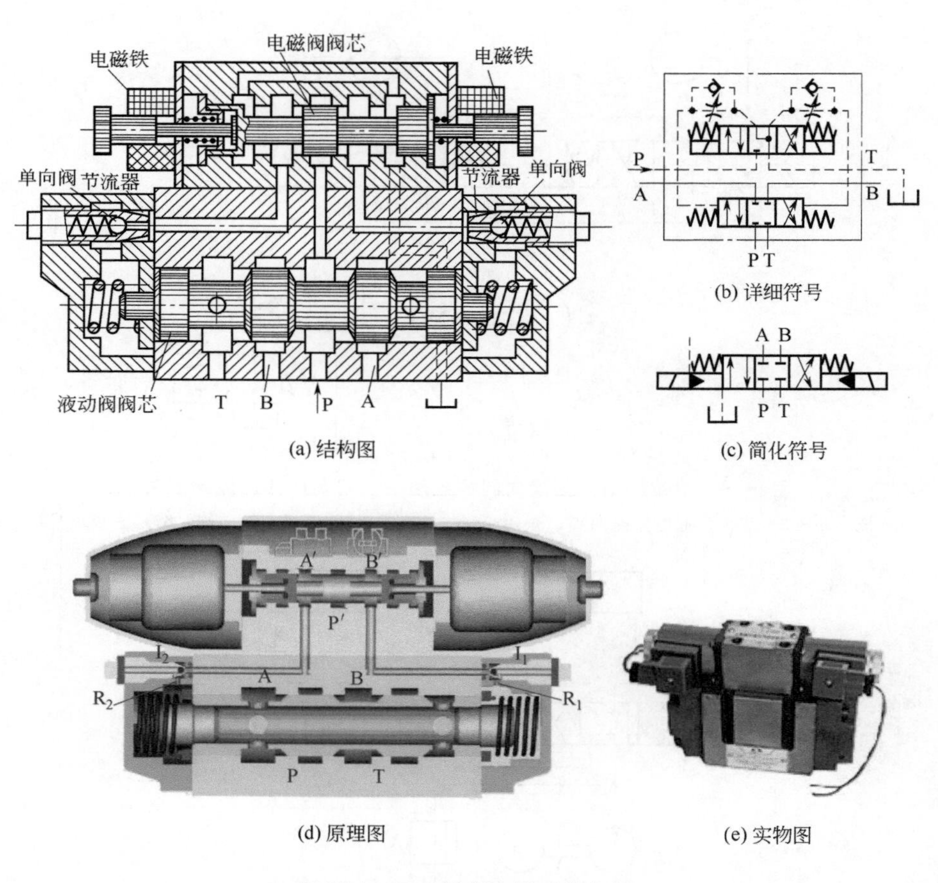

(a) 结构图　　(b) 详细符号　　(c) 简化符号

(d) 原理图　　(e) 实物图

图 5-39　三位四通电液动换向阀

换向阀常见故障及排除方法见表 5-12。

表 5-12 换向阀常见故障及排除方法

故障现象	故障原因	排除方法
换向阀阀芯不能移动(卡阻)	①换向阀阀芯表面划伤阀体内孔、油液污染使阀芯卡阻、阀芯弯曲	卸开换向阀,仔细清洗,研磨修复阀体,校直或更换阀芯
	②阀芯与阀体内孔配合间隙不当,间隙过大,阀芯在阀体内歪斜,使阀芯卡住;间隙过小,摩擦阻力增加,阀芯移不动	检查配合间隙:间隙太小,研镗阀芯;间隙太大,重配阀芯。也可以采用电镀工艺,增大阀芯直径(阀芯直径小于 20mm 时,正常配合间隙在 0.008~0.015mm 范围内;阀芯直径大于 20mm 时,间隙在 0.015~0.025mm 正常配合范围内)
	③弹簧太软,阀芯不能自动复位;弹簧太硬,阀芯推不到位	更换弹簧
	④手动换向阀的连杆磨损或失灵	更换或修复连杆
	⑤电磁换向阀的电磁铁损坏	更换或修复电磁铁
	⑥液动换向阀或电液动换向阀两端的单向节流器失灵	仔细检查节流器是否堵塞,单向阀是否泄漏,并进行修复
	⑦液动或电液动换向阀的控制压力油压力过低	检查压力低的原因,对症解决
	⑧油液黏度太大	更换黏度适合的油液
	⑨油温太高,阀芯热变形卡住	查找油温高的原因并降低油温
	⑩连接螺钉有的过松,有的过紧,致使阀体变形,导致阀芯移不动,另外,安装基面平面度超差,紧固后面体也会变形	松开全部螺钉,重新均匀拧紧。如果因安装基面平面度超差阀芯移不动,则重磨安装基面,使基面平面度达到规定要求
换向阀电磁铁线圈过热或烧坏	①线圈绝缘不良	更换电磁铁线圈
	②电磁铁铁芯轴线与阀芯轴线同轴度不良	拆卸电磁铁重新装配
	③供电电压太高	按规定电压值纠正
	④供电电压太低	按规定电压值纠正
	⑤阀芯被卡住,电磁力推不动阀芯	拆开换向阀,仔细检查弹簧是否太硬、阀芯是否被脏物卡住以及其他推不动阀芯的原因,进行修复并更换电磁铁线圈
	⑥回油口背压过高	检查背压过高的原因,对症解决
换向阀外泄漏	①泄油腔压力过高或 O 形密封圈失效造成电磁阀推杆处外渗漏	检查泄油腔压力,如多个换向阀泄油腔串接在一起,则将它们分别接回油箱;更换密封圈
	②安装面粗糙、安装螺钉松动、漏装 O 形密封圈或密封圈失效	磨削安装面使其粗糙度符合产品要求(通常阀的安装面的表面粗糙度 Ra 不大于 0.8μm);拧紧螺钉;补装或更换 O 形密封圈
换向阀噪声过大	①电磁铁推杆过长或过短	修整或更换推杆
	②电磁铁铁芯的吸合面不平或接触不良	拆开电磁铁,修整吸合面,清除污物

5.2.14 溢流阀的维修

溢流阀的功能主要是控制液压系统中的油液压力，以满足执行元件对输出力（输出转矩）及运动状态的不同需求。

溢流阀的类型有直动式溢流阀、减压阀、顺序阀和压力继电器等，其共同特点是利用液压力和弹簧力的平衡原理进行工作，调节弹簧的预压缩量（预调力）即可获得不同的控制压力。

（1）直动式溢流阀（见图 5-40、图 5-41）

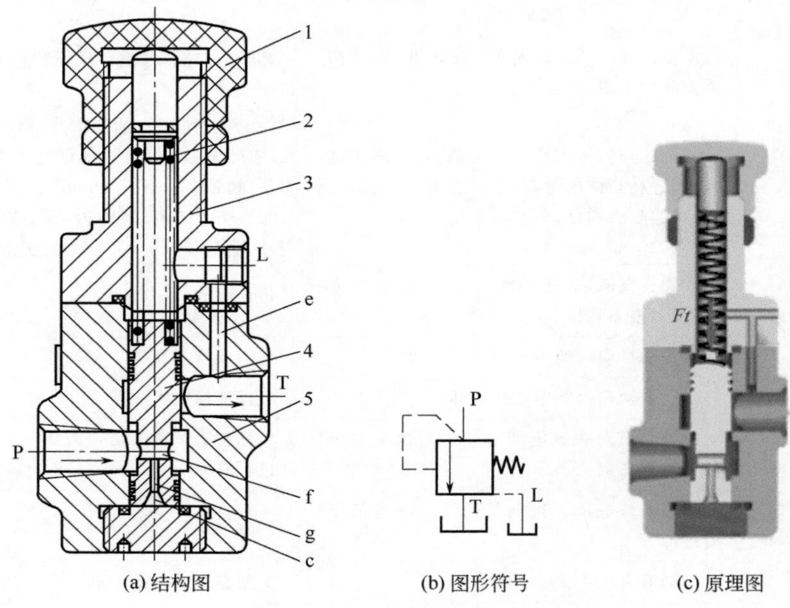

图 5-40　直动式溢流阀

1—调压螺母；2—调压弹簧；3—阀盖；4—阀芯；5—阀体；e—阀体轴向小孔；
f—阀芯径向连通孔；g—阀芯轴向阻尼孔；c—阀芯喇叭口

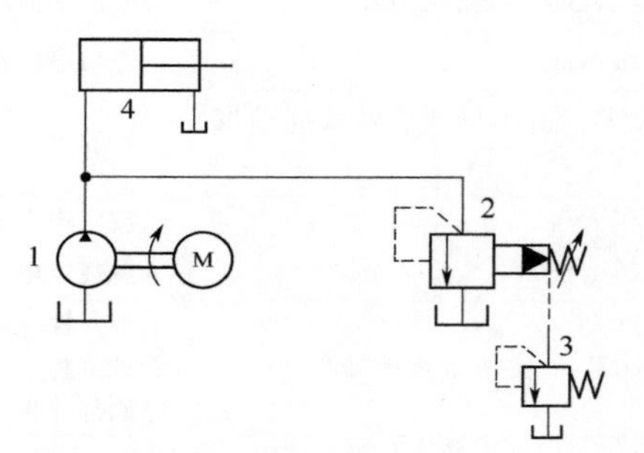

图 5-41　直动式溢流阀应用——远程调压回路

1—定量泵；2—先导式溢流阀；3—直动溢流阀；4—液压缸

（2）二节同心先导式溢流阀（见图 5-42）

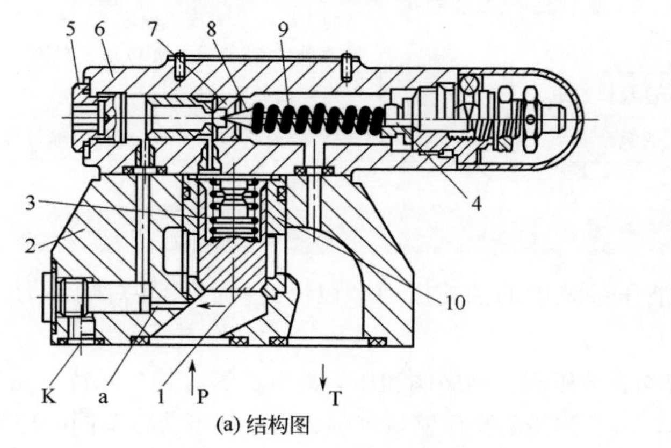

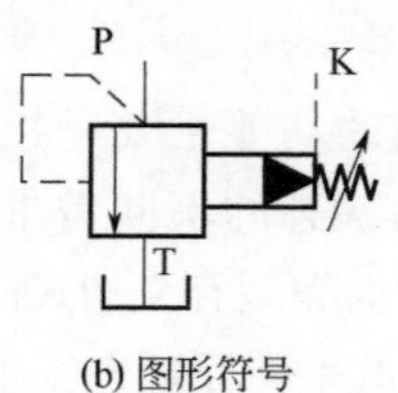

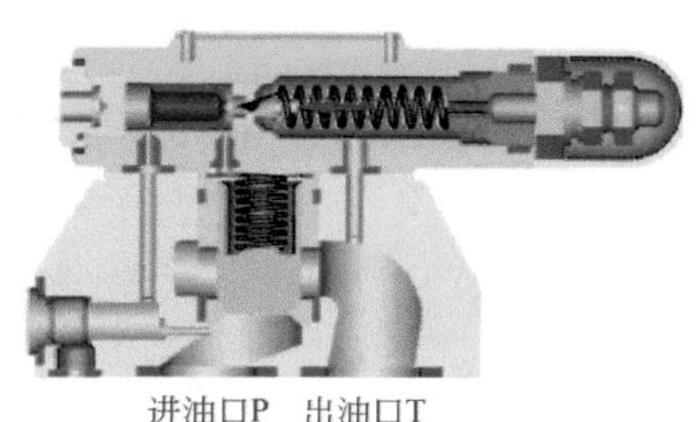

(c) 原理图

(d) 实物图

图 5-42 二节同心先导式溢流阀

1—主阀芯；2—主阀体；3—复位弹簧；4—弹簧座及调节杆；5—螺堵；
6—阀盖；7—锥阀座；8—锥阀芯；9—调压弹簧；10—主阀套

溢流阀常见故障及排除方法见表 5-13。

表 5-13 溢流阀常见故障及排除方法

故障现象	故障原因	排除方法
溢流阀调紧调压机构不能建立压力或压力不能达到额定值	①进出口装反	检查进出口方向并更正
	②先导式溢流阀的导阀芯与阀座处密封不严，可能有异物(如棉丝)存在于导阀芯与阀座间	拆检并清洗导阀，同时检查油液污染情况，如污染严重，则应换油
	③阻尼孔被堵塞	拆洗阻尼孔，同时检查油液污染情况，如污染严重，则应换油
	④调压弹簧变形、压并或折断	更换
溢流阀调压过程中压力非连续、不均匀上升	调压弹簧弯曲或折断	拆检换新
溢流阀调松调压机构压力不下降甚至不断上升	①先导阀孔堵塞	检查导阀孔是否堵塞，如正常，再检查主阀芯卡阻情况
	②主阀芯卡阻	拆检主阀芯，若发现阀孔与主阀芯有划伤，则用油石和金相砂纸先磨后抛；如检查正常，则应检查主阀芯的同心度，如同心度差，则应拆下重新安装，并在试验台上调试正常后再装上系统
溢流阀噪声和振动过大	先导阀弹簧自振频率与调压过程中产生的压力-流量脉动合拍，产生共振	迅速拧调节螺杆，使之超过共振区，如无效或实际上不允许这样做(如压力值正在工作区，无法超过)，则在先导阀高压油进口处增加阻尼，如在空腔内加一个松动的堵，缓冲先导阀的先导压力-流量脉动

5.2.15 顺序阀的维修

顺序阀的功能主要是控制多个执行元件的先后顺序动作。通常顺序阀可看作二位二通液动换向阀，其开启和关闭压力可用调压弹簧设定，当控制压力（阀的进口压力或液压系统某处的压力）达到或低于设定值时，阀可以自动打开或关闭，实现进、出口间的通断，从而使多个执行元件按先后顺序动作。

顺序阀可分为直动式和先导式，按压力控制方式的不同，有内控式和外控式之分，如图 5-43～图 5-45 所示。

顺序阀与单向阀组合可以构成单向顺序阀（平衡阀），可以防止立置液压缸及其工作机构因自重下滑。

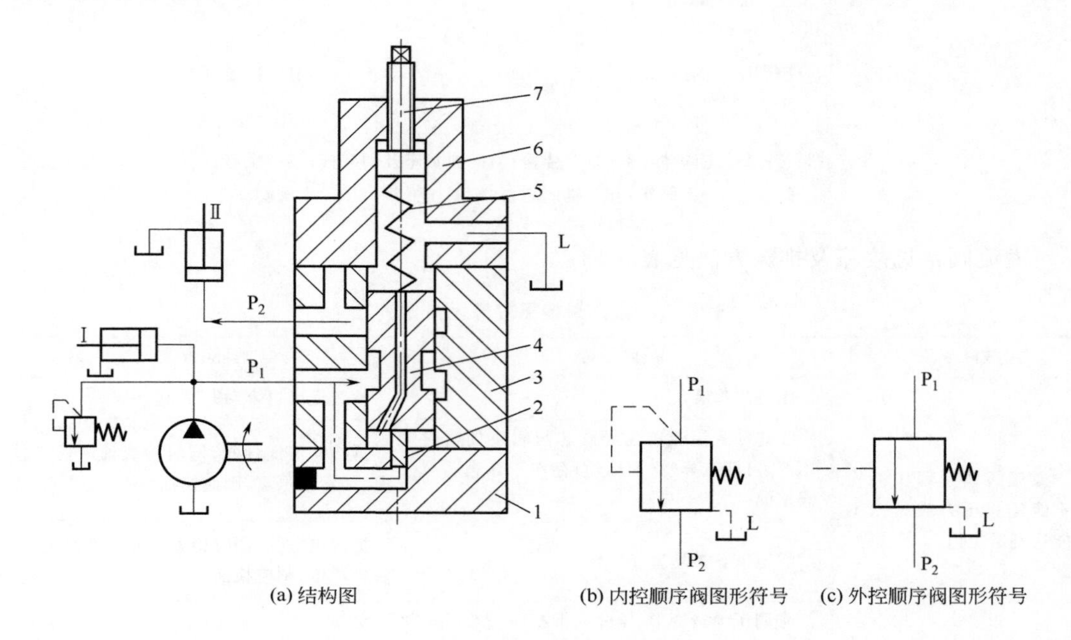

图 5-43　直动式内控顺序阀

1—端盖；2—柱塞；3—阀体；4—阀芯（滑阀）；5—调压弹簧；6—阀盖；7—调压螺钉；Ⅰ，Ⅱ—液压缸

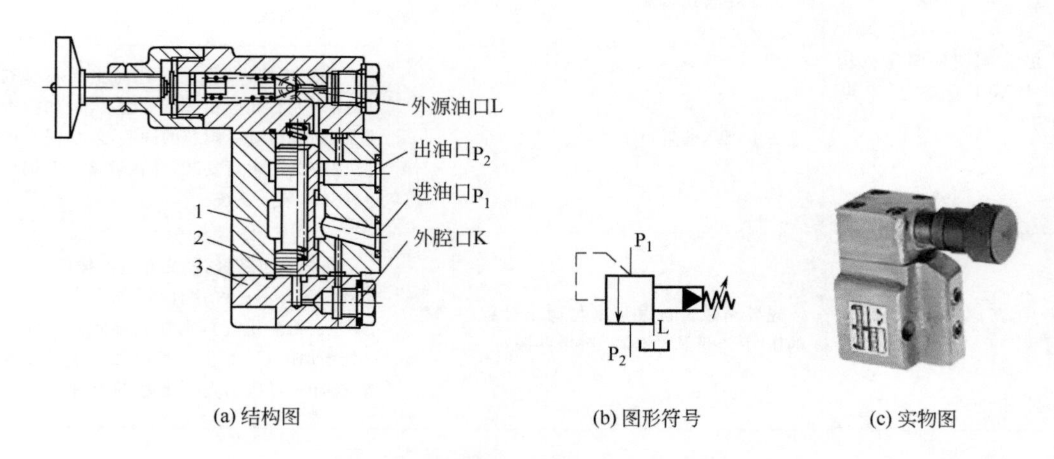

图 5-44　主阀为滑阀的先导式顺序阀

1—阀体；2—阻尼孔；3—底盖

顺序阀常见故障及排除方法见表 5-14。

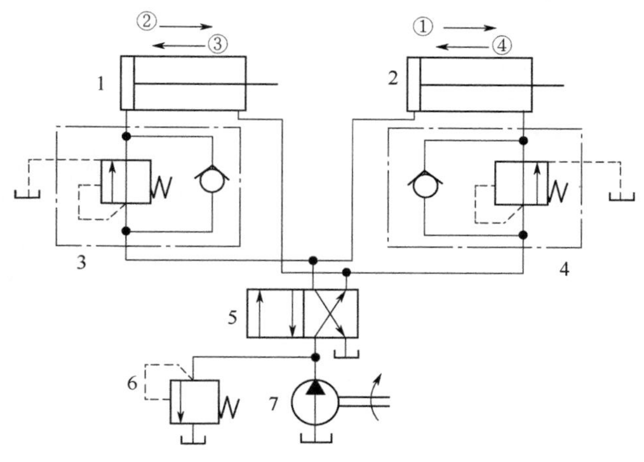

图 5-45　单向顺序阀的应用——双缸顺序动作回路

1，2—液压缸；3，4—单向顺序阀；5—二位四通换向阀；6—溢流阀；7—定量液压泵

表 5-14　顺序阀常见故障及排除方法

故障现象	故障原因	排除方法
顺序阀不能起顺序控制作用(子回路执行元件与主回路执行元件同时动作,非顺序动作)	①先导阀泄漏严重	拆检、清洗与修理
	②主阀芯卡阻在开启状态不能关闭	拆检、清洗与修理,过滤或更换油液
	③调压弹簧损坏或漏装	更换损坏的调压弹簧或补装
顺序阀执行元件不动作	①先导阀不能打开、先导管路堵塞	拆检、清洗与修理,过滤或更换油液
	②主阀芯卡阻在关闭状态不能开启、复位弹簧卡死	拆检、清洗与修理,过滤或更换油液、修复或更换复位弹簧
顺序阀产生振动与噪声	①回油阻力(背压)太高	降低回油阻力
	②油温过高	控制油温在规定范围内

5.2.16　减压阀的维修

减压阀的功能主要是将较高的进口压力降低为所需的压力，然后输出，并保持输出压力恒定。

减压阀可分为直动式和先导式两类。

减压阀与单向阀组合可以构成单向减压阀，如图 5-46、图 5-47 所示。

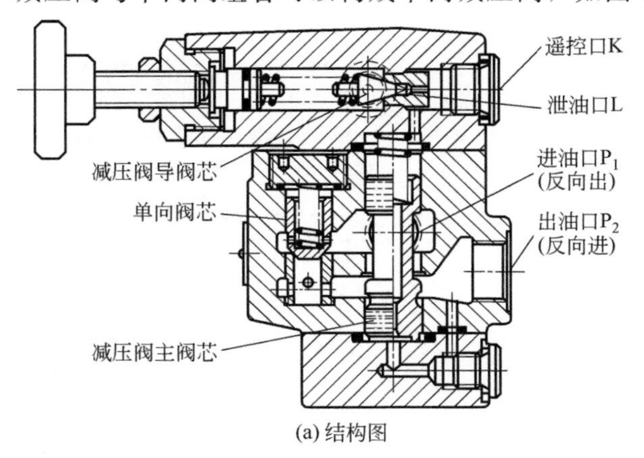

(a) 结构图　　(b) 图形符号

图 5-46

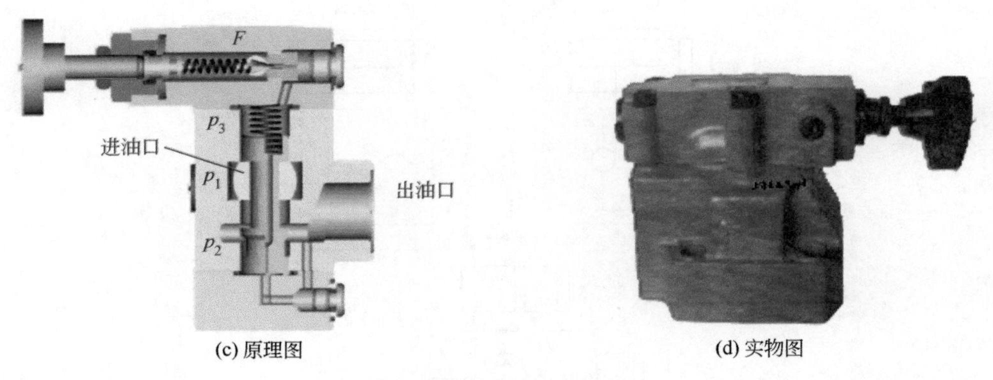

(c) 原理图　　(d) 实物图

图 5-46　单向减压阀

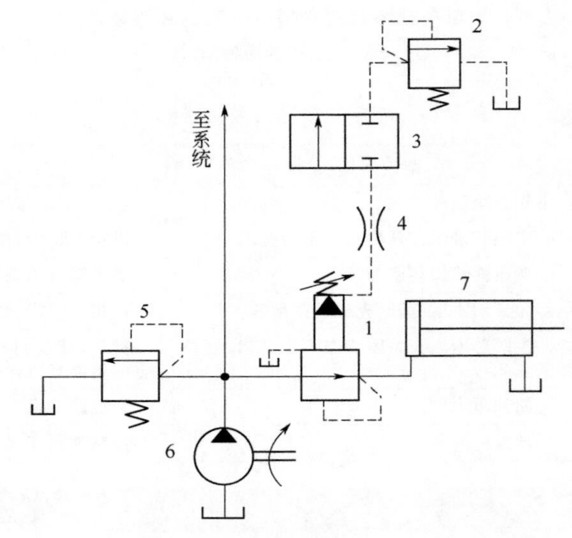

图 5-47　单向减压阀的应用——二级减压回路

1—先导式减压阀；2—远程调压阀；3—二位二通换向阀；4—固定节流器；5—溢流阀；6—定量液压泵；7—液压缸

减压阀常见故障及排除方法见表 5-15。

表 5-15　减压阀常见故障及排除方法

故障现象	故障原因	排除方法
减压阀不能减压或无输出压力	①泄油口不通或泄油通道堵塞，使主阀芯卡阻在原始位置，不能关闭	检查拆洗泄油管路、泄油口使其通畅，若油液污染，则应换油
	②无油源	检查油路，排除故障
	③主阀弹簧折断或弯曲变形	拆检换新
减压阀输出压力不能继续升高或压力不稳定	①先导阀密封不严	修理或更换先导阀或阀座
	②主阀芯卡阻在某一位置，负载有机械干扰	检查拆洗泄油管路、泄油口使其通畅，若油液污染，则应换油，检查排除执行元件机械干扰
	③单向减压阀中的单向阀泄漏过大	拆检、更换单向阀零件

续表

故障现象	故障原因	排除方法
减压阀调压过程中压力非连续升降，而是不均匀下降	调压弹簧弯曲或折断	拆检换新
减压阀噪声和振动大	原因与溢流阀相同	参照溢流阀故障处理方法

5.2.17 压力继电器的维修

压力继电器又称压力开关（pressure switch，PS），是利用液体压力与弹簧力的平衡关系来启闭电气微动开关触点的液电转换元件。

压力继电器由压力-位移转换机构和电气微动开关两部分组成。按压力-位移转换机构不同，压力继电器主要有柱塞式和薄膜式等类型。其中柱塞式应用较为普遍，如图 5-48～图 5-50 所示。

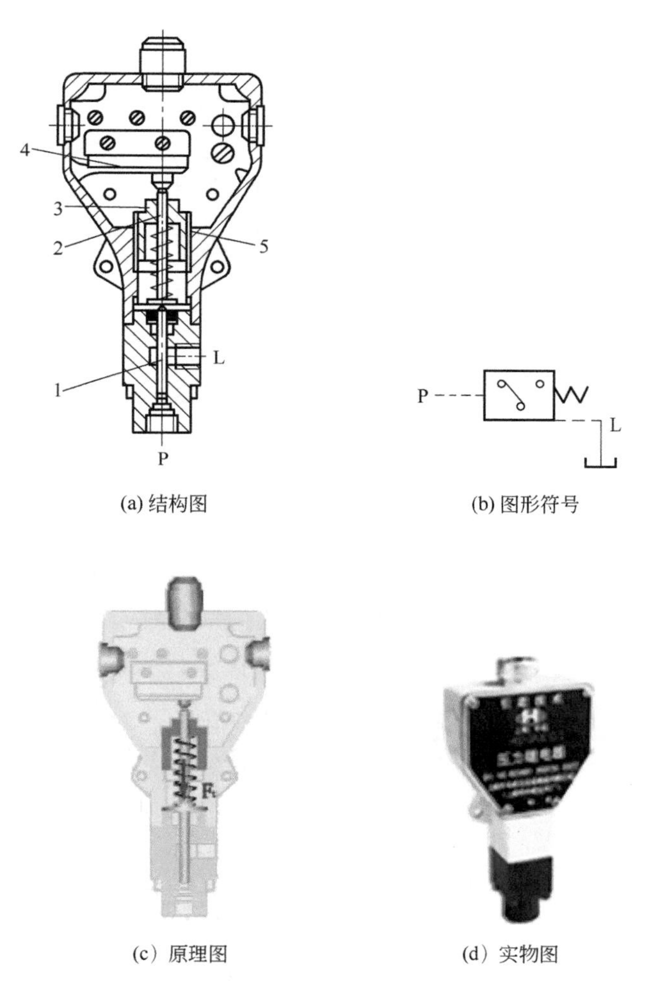

(a) 结构图　(b) 图形符号

(c) 原理图　(d) 实物图

图 5-48　柱塞式压力继电器

1—柱塞；2—顶杆；3—调节螺钉；4—微动开关；5—弹簧

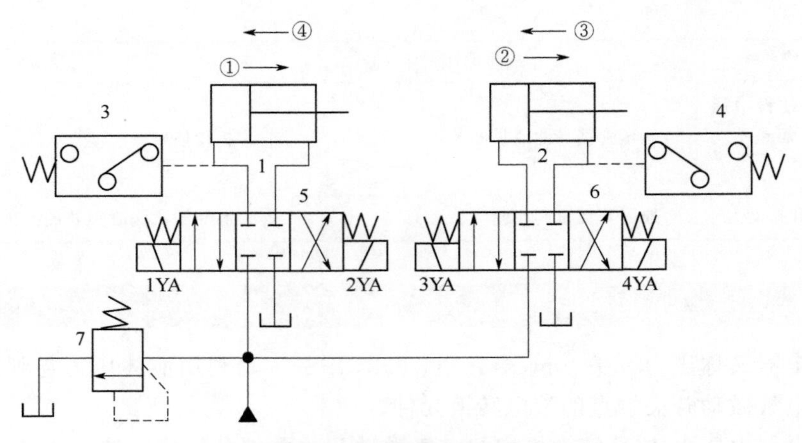

图 5-49　压力继电器的顺序动作回路

1，2—液压缸；3，4—压力继电器；5，6—三位四通电磁换向阀；7—溢流阀

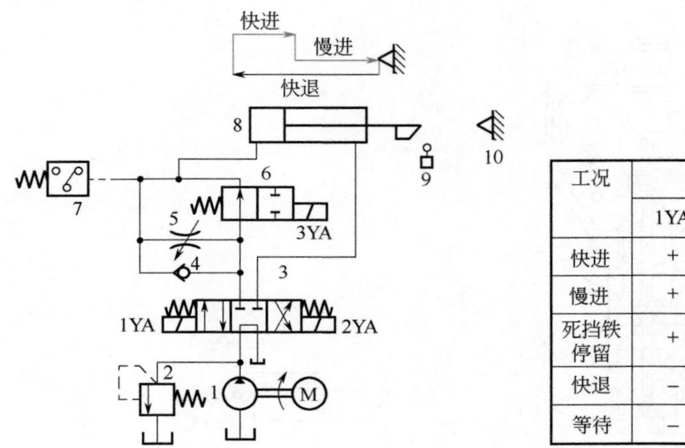

电磁铁动作顺序表

工况	电磁铁状态			备注
	1YA	2YA	3YA	
快进	+	−	−	
慢进	+	−	+	
死挡铁停留	+	−	+	压力继电器
快退	−	+	−	
等待	−	−	−	卸荷

图 5-50　压力继电器用于控制液压缸换向

1—液压泵；2—溢流阀；3—三位四通电磁换向阀；4—单向阀；5—节流阀；6—二位二通电磁换向阀；7—压力断电器；8—液压缸；9—行程开关；10—挡铁

压力继电器常见故障及排除方法见表 5-16。

表 5-16　压力继电器常见故障及排除方法

故障现象	故障原因		排除方法
压力断电器失灵	微动开关损坏不发信号		修复或更换
	微动开关发信号	①调节弹簧永久变形	更换弹簧
		②压力-位移机构卡阻	拆洗压力-位移机构
压力继电器灵敏度降低	①压力-位移机构卡阻		拆洗压力-位移机构
	②微动开关支架变形或零位可调部分松动引起微动开关空行程过大		拆检或更换微动开关支架
	③泄油背压过高		检查泄油路是否接至油箱或是否堵塞

5.2.18 节流阀的维修

流量阀常用的类型有节流阀和调速阀等，其中，节流阀是结构最简单、应用最广泛的流量阀，如图 5-51 所示。

节流阀功能主要是通过改变阀芯与阀口之间的节流通流面积的大小来控制阀的通过流量，从而调节和控制执行元件运动速度（或转速）。

节流阀节流通流面积越小，通过的流量越小；反之，通过的流量越大。

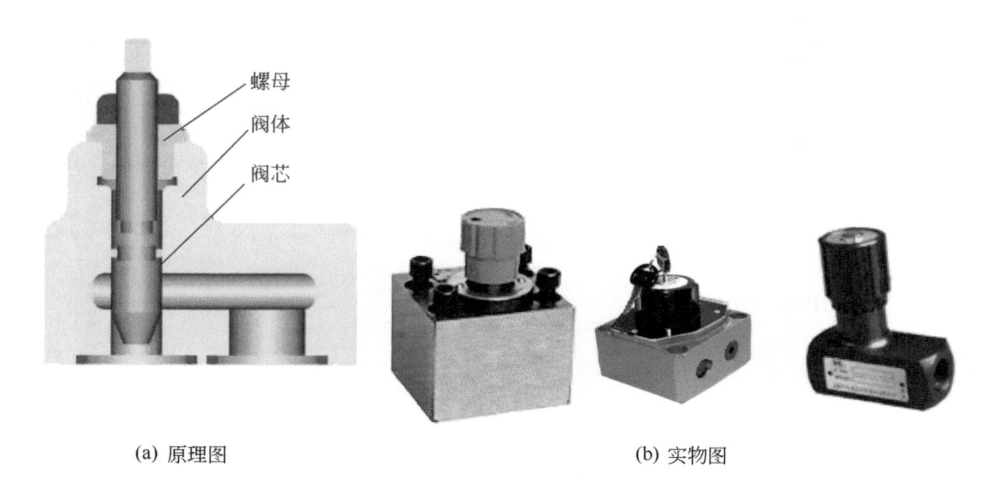

(a) 原理图　　(b) 实物图

图 5-51　普通节流阀

节流阀常见故障及排除方法见表 5-17。

表 5-17　节流阀常见故障及排除方法

故障现象	故障原因	排除方法
节流阀流量调节失灵	①密封失效	拆检或更换密封装置
	②弹簧失效	拆检或更换弹簧
	③油液污染致使阀芯卡阻	拆开并清洗阀或换油
节流阀流量不稳定	①锁紧装置松动	锁紧调节螺钉
	②节流口堵塞	拆洗节流阀
	③内泄漏量过大	拆检或更换阀芯与密封
	④油温过高	降低油温
	⑤负载压力变化过大	尽可能使负载不变化或少变化

5.2.19 调速阀的维修

调速阀本质上是由减压阀与节流阀串联而成，如图 5-52 所示。

调速阀常见故障及排除方法见表 5-18。

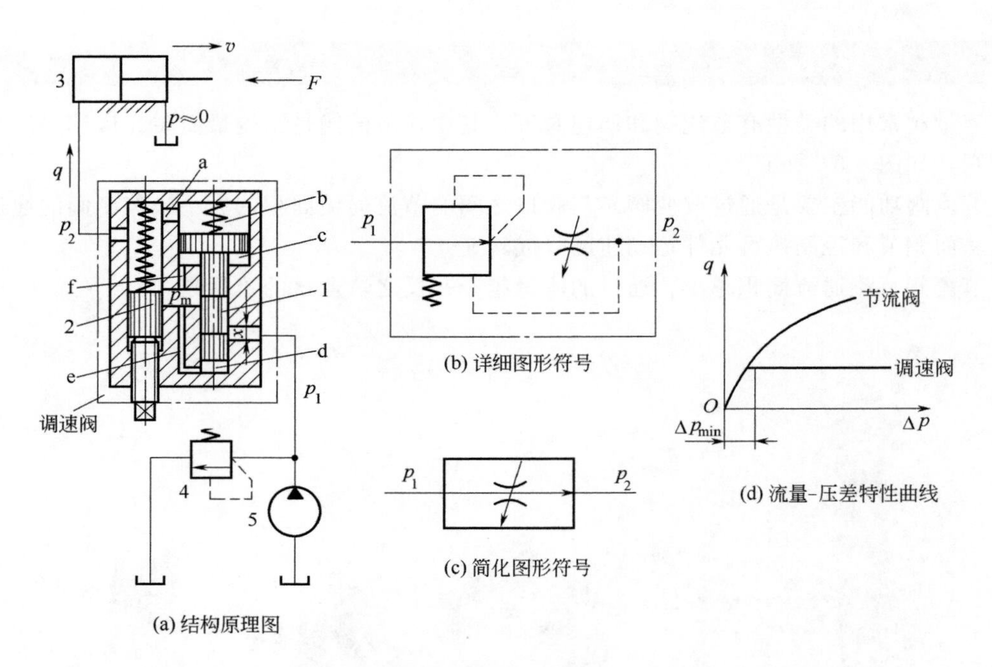

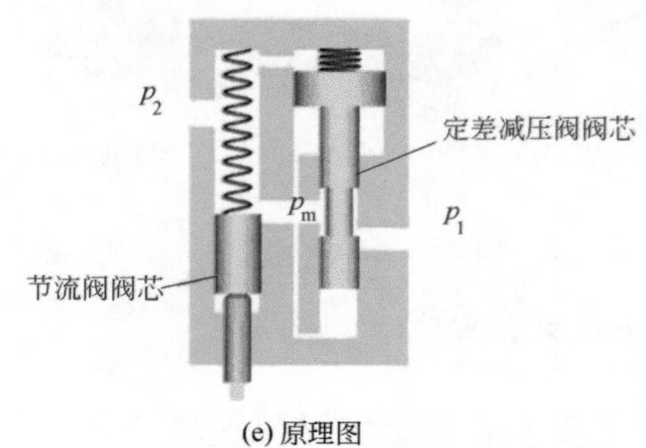

(e) 原理图

图 5-52 调速阀

1—减压阀；2—节流阀；3—液压缸；4—溢流阀；5—液压泵；a—横向连通孔；b—减压活塞上腔；c—减压活塞下腔；d—减压底腔；e—减压连接底孔；f—减压连接中孔

表 5-18 调速阀常见故障及排除方法

故障现象	故障原因	排除方法
调速阀流量调节失灵	与节流阀相同	
调速阀流量不稳定	①调速阀进出口接反，压力补偿器（减压阀）不起作用	检查并正确连接进出口
	②锁紧装置松动	锁紧调节螺钉
	③节流口堵塞	拆洗节流阀
	④内泄漏量过大	拆检或更换阀芯与密封
	⑤油温过高	降低油温

5.2.20 注塑机典型动作的液压回路

（1）方向阀控制合模动作回路（见图 5-53）

（2）插装阀控制合模动作回路（见图 5-54）

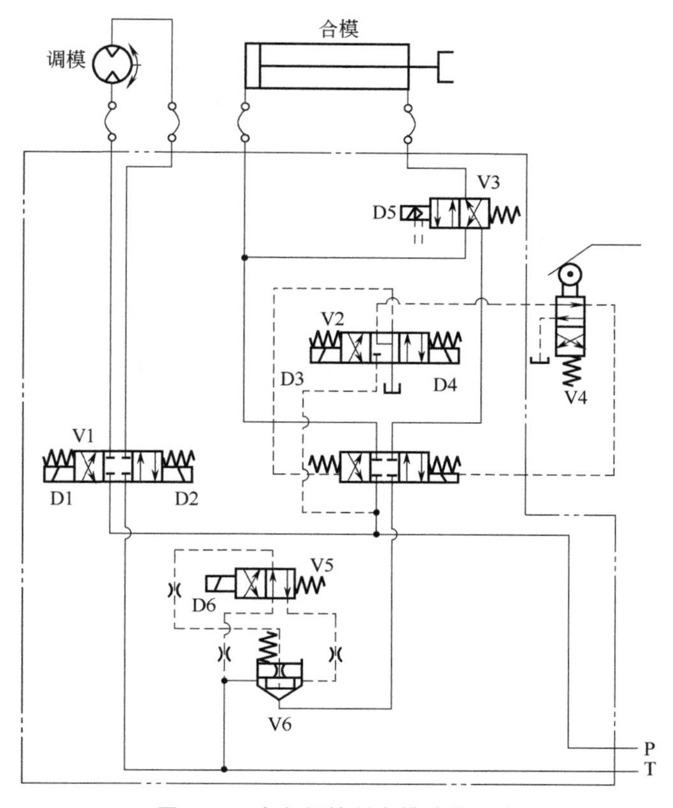

图 5-53　方向阀控制合模动作回路

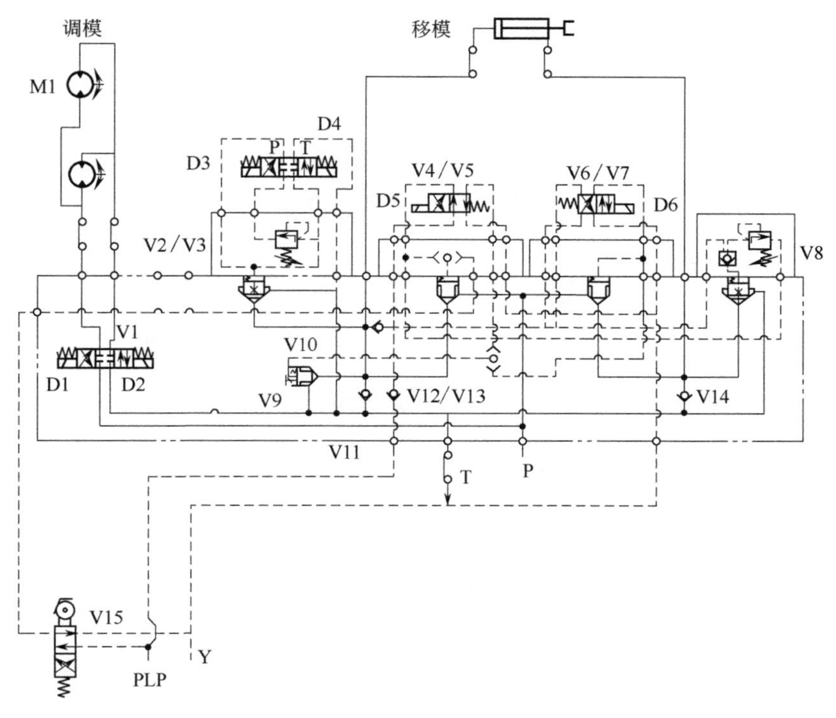

图 5-54　插装阀控制合模动作回路

(3）方向阀控制注射/预塑回路（见图 5-55）

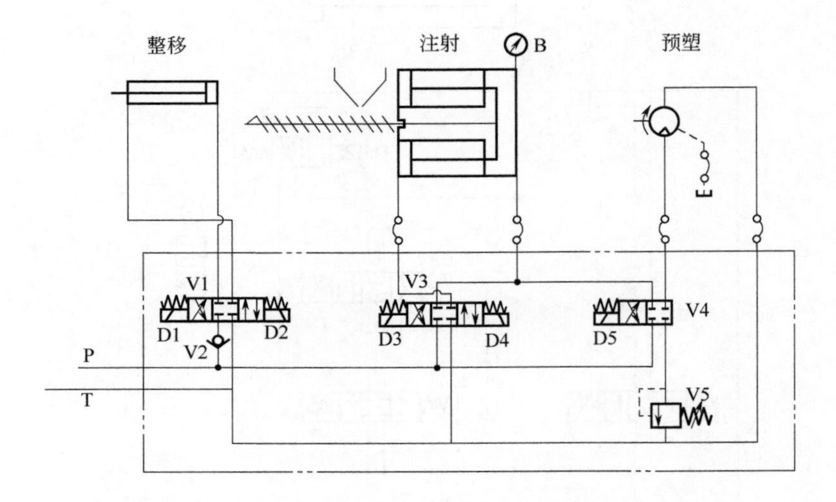

图 5-55　方向阀控制注射/预塑回路

(4）插装阀控制注射/预塑回路（见图 5-56）

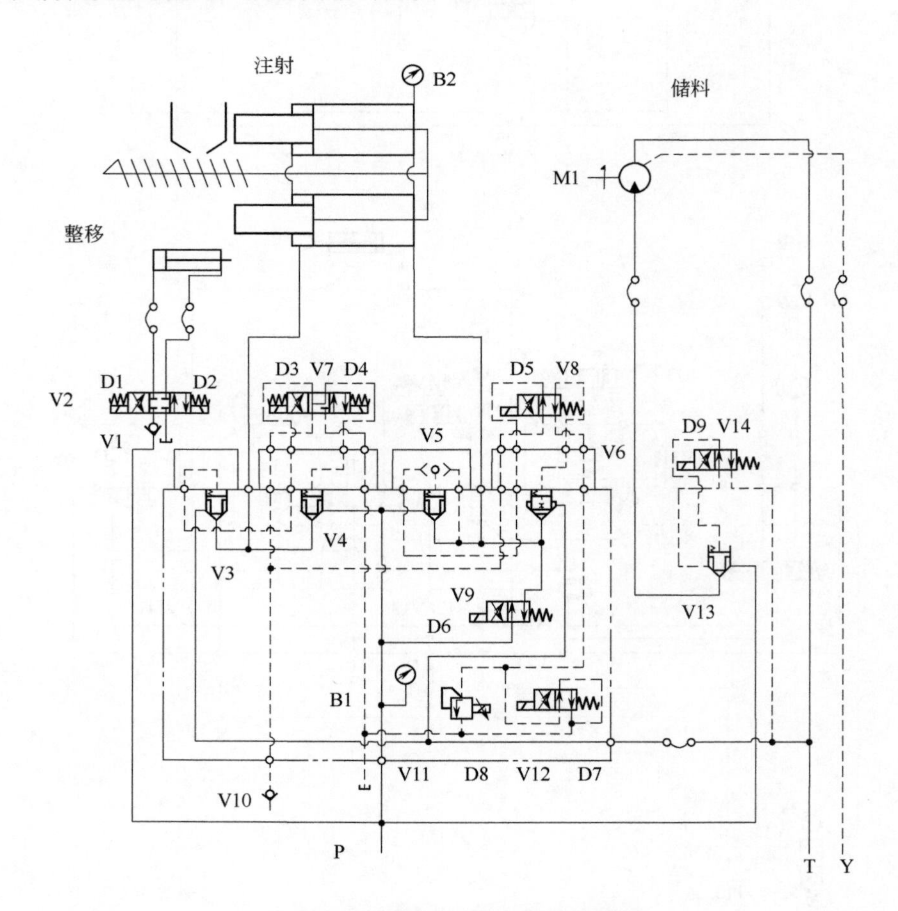

图 5-56　插装阀控制注射/预塑回路

5.3 ▸ 电气控制系统的维修

5.3.1 注塑机电控系统的组成与类型

（1）注塑机电控系统的组成

如图 5-57 所示，注塑机电气控制系统是一套以控制器为控制核心，由各种电器、电子元件、仪表、加热器、传感器等组成，与液压系统配合，正确实现注塑机的压力、温度、速度、时间等各工艺过程以及调模、手动、半自动、全自动等各程序动作的系统。

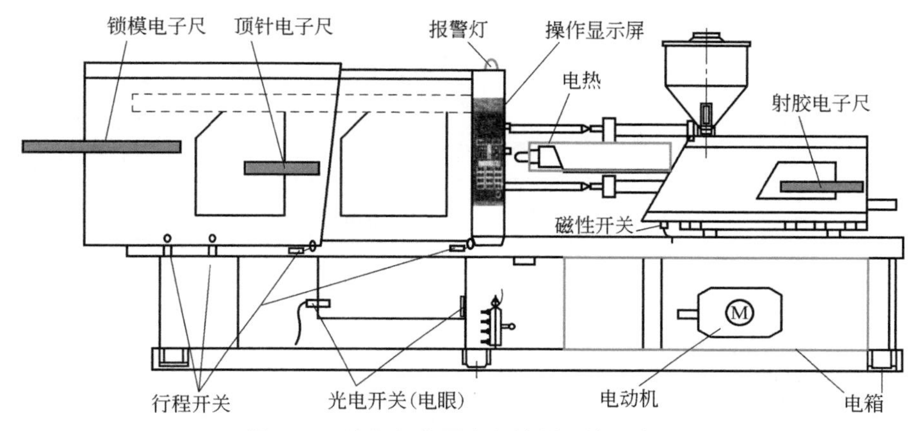

图 5-57 注塑机主要电气控制系统示意图

（2）注塑机电控系统的类型

常用的注塑机控制系统有四种，即传统继电器型、单板机控制型、可编程控制器（PLC）型和微电脑 PC 机控制（电脑控制）型。随着技术的发展，继电器型控制系统逐步被 PLC 型和微电脑 PC 机控制型所取代。

（3）注塑机电控系统的组成（图 5-58）

① 检测系统电器：行程开关、接近开关、位移及速度传感器、光电开关、热电偶、压力传感器、压力继电器。

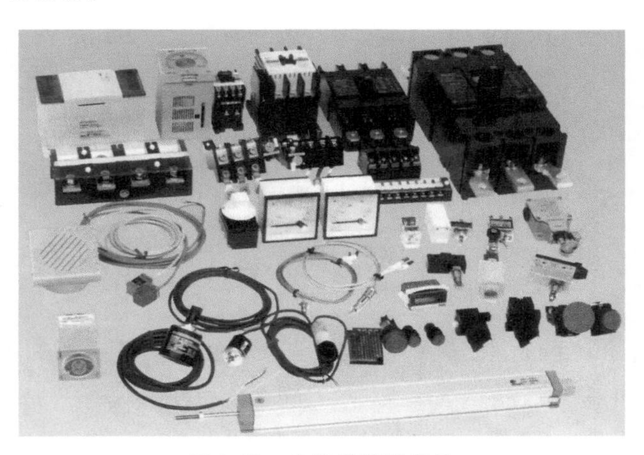

图 5-58 电控系统元器件

② 执行系统电器：电磁阀线圈、加热线圈、电动机、接触器、报警灯、蜂鸣器。

③ 逻辑判断及指令形成系统电器：各类通用或者专用控制器、显示器、继电器、按钮、拨码开关、电源器。

④ 其他电气系统主要电器：刀闸开关、空气开关、低压断路器、快速熔断器、变压器、导线、电阻、电容、过渡电器、冷却风扇、电流表。

5.3.2 电控元器件的功能符号

（1）常用电控元器件功能符号

注塑机电控元器件功能符号，如表5-19所示。

表5-19 注塑机电控元器件功能符号

说明	符号	说明	符号	说明	符号	说明	符号
导线连接		电热偶	HTR	带熔断器开关	FU	得电延迟时间继电器	TR
连接点		闪光灯	LT	开关电源	PS	失电延迟时间继电器	TR
端子		保护接地		固态继电器	SSR	电磁阀	D
端子板	TB 1 2 3 4	接框架		热电偶	T/C	常开解头	
导体		插头插座		接近开关（常开接点，三线）	PRS	常闭解头	
单元框架		突波吸收器		接近开关（常闭接点，三线）	PRS	闭合时延迟常开触头	TR
备注		限位开关（常开接点）	LS	压力开关（常开接点）	LS	闭合时延迟常闭触头	TR
接地		限位开关（常闭接点）	LS	压力开关（常闭接点）	LS	重闭时延迟常开触头	TR
重闭时延迟常闭触头	TR	紧急停止开关（常开接点）	ENG	钥匙开关（常开接点）	LS		
热过载继电器常开触头	DL	紧急停止开关（常闭接点）	ENG	钥匙开关（常闭接点）	LS		
热过载继电器常闭触头	DL	接触器	M	继电器、接触器	CR.M		
两个独立绕组的变压器		三极开关（带隔离功能）	DISC	热过载继电器	OL		
三相电动机	M 3～	三相断路器	DISC	位置尺	POT		
风扇	FAN	熔断器	FU	热敏开关	θ		

（2）常用电控元器件代号

注塑机常用电器元件代号，如表 5-20 所示。

表 5-20　注塑机常用电器元件代号

代号	名称	代号	名称
TB1	接线座	LS19	压力继电器
DISC1	三相断路器	POT1	电子尺
DISC2	小型断路器	POT2	
DISC3		POT3	
DISC4		EMG1	紧急停止按钮
DISC11		EMG2	
DISC12-15		HTR11	电热圈 ϕ60×30
M1	接触器	HTR12	电热圈 ϕ120×50
CR3	继电器	HTR21	
T1	变压器	HTR22-53	
FU1-FU5	保险丝	T/C1	小型热电偶
SSR1-5	固态继电器	T/C2	热电偶
PS1	开关电源	T/C3	
PS2		T/C4	
EX37H	32 点数字量输入板	T/C5	
VIO32C	32 点输出板	T/C0	
PRS1	接近开关	FAN1-2	电风扇
PRS2、3		RECP1	插头插座
LS3	行程开关	RECP2、3	
LS4-7		A1、A2	电流表
LS18	液位计	Z1、2	突波吸收器

5.3.3　注塑机电气故障查找方法

当注塑机控制电路发生故障时，首先要问、看、听、闻，做到心中有数。所谓问，就是询问注塑机操作者或报告故障的人员故障发生时的现象情况，查询在故障发生前有否做过任何调整或更换元件工作；所谓看，就是观察每一个零件是否正常工作，看控制电路的各种信号指示是否正确，看电气元件外观颜色是否改变等；所谓听，就是听电路工作时是否有异声；所谓闻，就是闻电路元件是否有异味。

在完成上述工作后，便可采用表 5-21 所列方法查找电气控制电路的故障。

表 5-21　注塑机电气控制电路故障查找方法

方法	说明
程序检查法	注塑机是按一定程序运行的，每次运行都要经过合模、座进、注射、冷却、熔胶、射退、座退、开模、顶出及出入芯的循环过程，其中每一步称为一个工作环节，实现每一个工作环节，都有一个独立的控制电路。程序检查法就是确认故障具体出现在哪个控制环节，这样排除故障的方向就明确了，有了针对性对排除故障很重要。这种方法不仅适用于有触点的电气控制系统，也适用于无触点控制系统，如 PC 控制系统或单片机控制系统

续表

方法	说明
静态电阻测量法	静态电阻法就是在断电情况下，用万用表测量电路的电阻值是否正常，因为任何一个电子元件都是一个PN结构成的，它的正反向电阻值是不同的。任何一个电气元件也都是有一定阻值，连接着电气元件的线路或开关，电阻值不是等于零就是无穷大，因而测量它们的电阻值大小是否符合规定要求就可以判断好坏。检查一个电子电路好坏有无故障也可用这个方法，而且比较安全
电位测量法	上述方法无法确定故障部位时，可在通电情况下测量各个电子或电气元器件的断电电位。因为在正常工作情况下，电流闭环电路上各点电位是一定的。所谓各点电位就是指电路元件上各个点对地的电位是不同的，而且有一定大小要求，电流从高电位流向低电位，顺电流方向去测量元器件上的电位大小应符合这个规律，所以用万用表去测量控制电路上有关点的电位是否符合规定值，就可判断故障所在点，然后再判断为何引起电流值变化，是电源不正确，还是电路有断路，还是元件损坏造成的
短路法	控制环节电路都是由开关或继电器、接触器触点组合而成。当怀疑某个或某些触点有故障时，可以用导线把该触点短接，此时通电若故障消失，则证明判断正确，说明该电气元件已坏。但是要牢记，当发现故障点做完试验后应立即拆除短接线，不允许用短接线代替开关或开关触点。短路法主要用来查找电气逻辑关系电路的断点，当然有时测量电子电路故障也可用此法
断路法	控制电路还可能出现一些特殊故障，这说明电路中某些触点被短接了，查找这类故障的最好办法是断路法，就是把怀疑产生故障的触点断开，如果故障消失了，说明判断正确。断路法主要用于查找"与"逻辑关系的故障点
替代法	根据上述方法，发现故障出于某点或某块电路板，此时可把认为有问题的元件或电路板取下，用新的或确认无故障的元件或电路板代替，如果故障消失则认为判断正确；反之则需要继续查找。往往维修人员对易损的元器件或重要的电子板都备有备用件，一旦有故障马上换上一块就解决了问题，故障件带回来再慢慢查找修复，这也是快速排除故障的方法之一
经验排故法	为了能够做到迅速排故，除了不断总结自己的实践经验，还要不断学习别人的实践经验。这些经验可以使维修人员快速排除故障，减少事故和损失。当然严格来说应该杜绝注塑机事故，这是维修人员应有的职责。查找注塑机电气系统故障方法除上述几种外，还有许多其他办法，不管用什么方法，维修工作者必须弄懂注塑机的基本原理和结构，才能维修好注塑机
电气系统排故基本思路	电气控制系统有时故障比较复杂，加上现在注塑机都是微机控制，软硬件交叉在一起，遇到故障首先不要紧张，排故时坚持：先易后难、先外后内、综合考虑、有所联想 注塑机运行中比较多的故障是开关接点接触不良引起的故障，所以判断故障时应根据故障及柜内指示灯显示的情况，先对外部线路、电源部分进行检查，即门触点、安全回路、交直流电源等，只要熟悉电路，顺藤摸瓜，很快即可解决 有些故障不像继电器线路那么简单直观，PC注塑机的许多保护环节都隐含在它的软硬件系统中，其故障和原因正如结果和条件是严格对应的，找故障时可以对它们之间的关系进行联想和猜测，逐一排除疑点直至排除故障
测试接触不良的方法	①在控制柜电源进线板上通常接有电压表，观察运行中的电压，若某项电压偏低或波动较大，该项可能就有虚接部位 ②用点温计测试每个连接处的温度，找出发热部位，打磨接触面，拧紧螺钉 ③用低压大电流测试虚接部位，将总电源断开，再将进入控制柜的电源断开，装一套电流发生器，用$10mm^2$铜芯电线临时搭接在接触面的两端，调压器慢慢升压，短路电流达到50A时，记录输入电压值。按上述方法对每个连接处都测一次，记录每个接点电压值，哪一处电压高，就是接触不良

5.3.4 海天牌注塑机电控系统维修示例

（1）操作面板及电控系统（见图5-59）

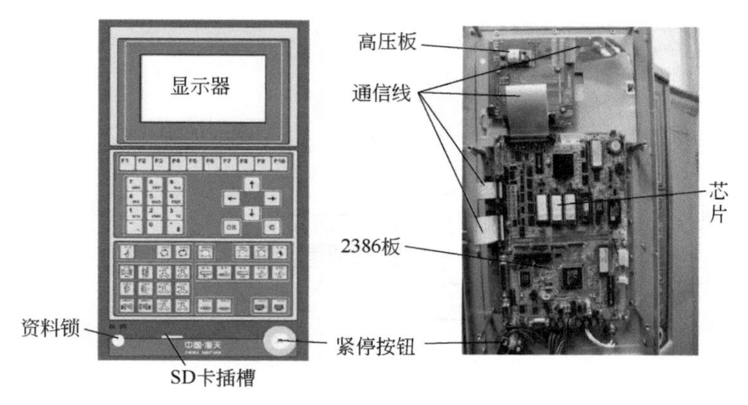

图 5-59 操作面板及电控系统

（2）现场维修判断流程（见图 5-60）

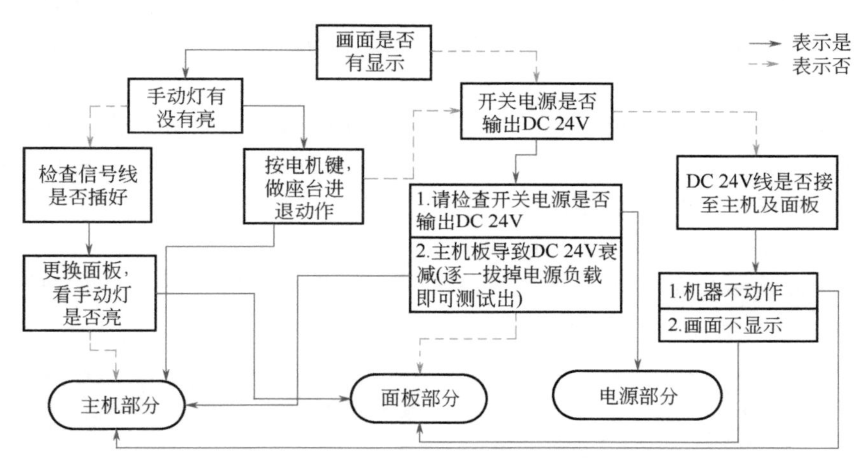

图 5-60 现场维修判断流程

（3）机器动作判断步骤

① 按下座台进，查面板信息［（动作压力：xxx，动作流量：xxx）面板（信息）…→主机（信息）…→面板］。

② 查电流表，应按照压力、流量设定值有对应的电流。

③ 方向阀灯是否输出？

注意：若主机板上的绿灯未闪烁，则面板与主机器无通信，机器不做任何动作。

（4）主机部分——CPU 的检测（见图 5-61）

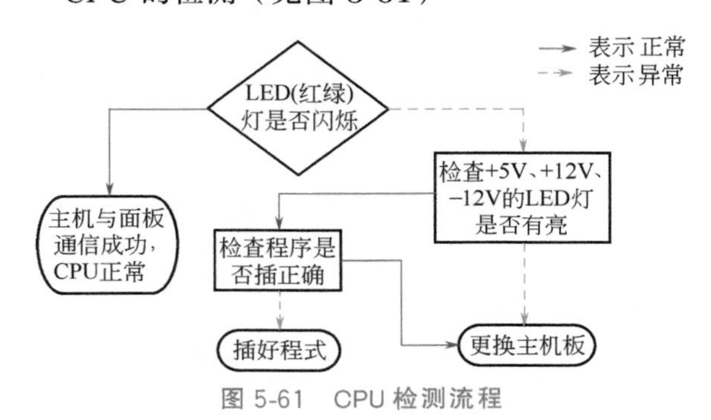

图 5-61 CPU 检测流程

（5）主机部分——输出/入检测（见图 5-62）

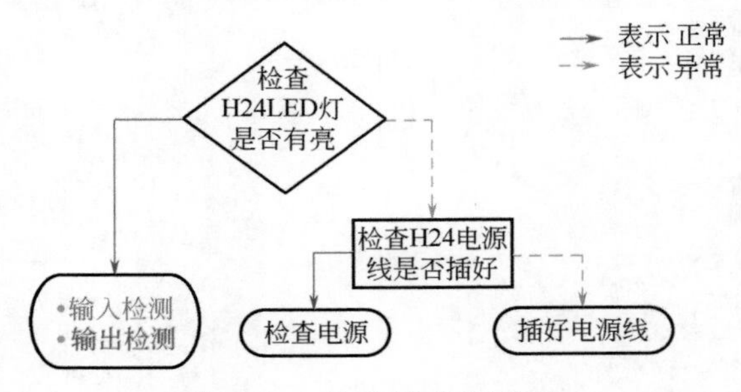

图 5-62 输出/入检测流程

（6）输出/入——输入检测（见图 5-63）

① 确认控制器输入信号。红灯亮代表有输入信号；灰灯代表无输出信号。

② 确认 INPUT 点是否坏掉：将故障的输入电线拆掉。将故障点与 HCOM 短路（拿一条导线接即可），若一直显示 1 或 0，则代表此点损坏。短路会显示 1，放开会显示 0，即正常。

③ 故障解决方法：利用 PB 点对调方式，将坏的 PB 点与良好的点对调。利用设定 PB 画面，输入“原设定点：07，新设定点：20”（假如要换到 PB20），再输入确认即可（原 PB07 的接线点，亦要换到 PB20）。

（7）输出/入——输出检测（见图 5-64）

① 可利用此检测画面（PC）来查看输出。如将光标移到 01 关模，再按“OK”键，这时 01 关模输出板会亮灯，表示正常。

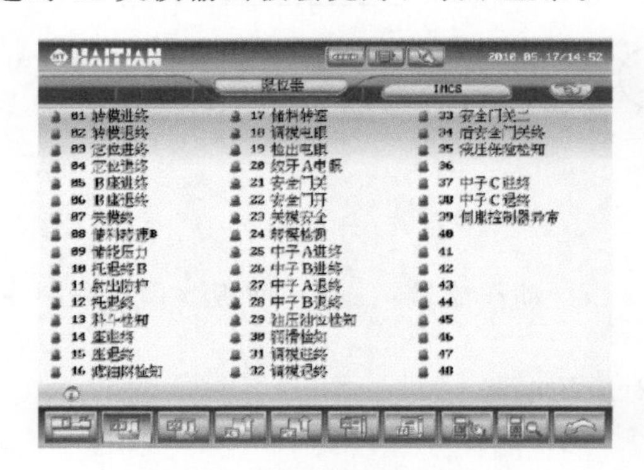

图 5-63 输入检测界面（PB）

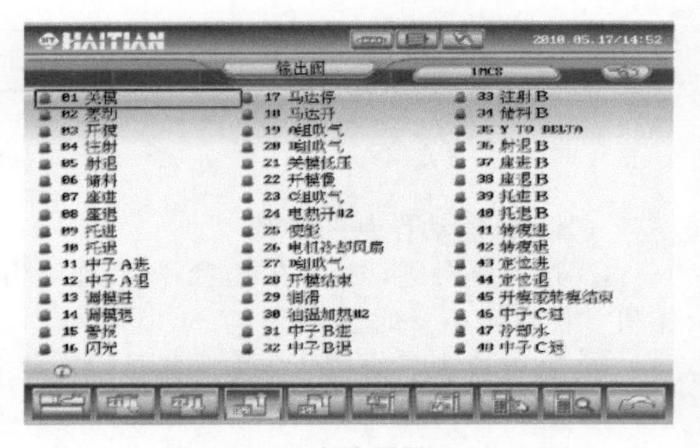

图 5-64 输出检测界面（PC）

② 确认 OUTPUT 点是否坏掉：将故障的输入点（01 关模）线拆下。按照上述方式输出，若输出板（01 关模）灯不亮，看看灯是否会亮，若仍然不亮，表示（01 关模）损坏。如果画面（01 关模）显示为灰色，主机 LED 灯却亮，表示此点损坏。

③ 故障解决方法：利用 PC 点对调方式，将坏的 PC 点与良好的对调。利用设定 PC 画面，假如输入“原设定点：01，新设定点：20”（假如要换到 PC20），再输入确认即可（原 PC01 的接线点，亦要换到 PC20）。

（8）温度不显示或显示为零时的检测

① 以万用表 RX10K 挡检测所有 AC/DC 电源与机台的阻抗（应在 1MΩ 以上）。

② 将感温线拆除，以短路代替感温线，如显示室内温度，则表示电路板一切正常。

③ 若温度仍显示零，先更换感温线接线板（TMPEXT）。

④ 若仍显示为零，再更换主机（温控板）。

(9) 无法加温时的检测（见图 5-65）

(10) 温度显示不正常飘动或跳动时的检测

① 确认机台是否已接地（至少需一铜柱块埋入地下 50cm）。

② 检查系统电源与机台是否短路。

③ 温度感应线需要接线良好。

④ 电热圈上的电压必须足够。

⑤ 系统电源是否已正确装上滤波器。

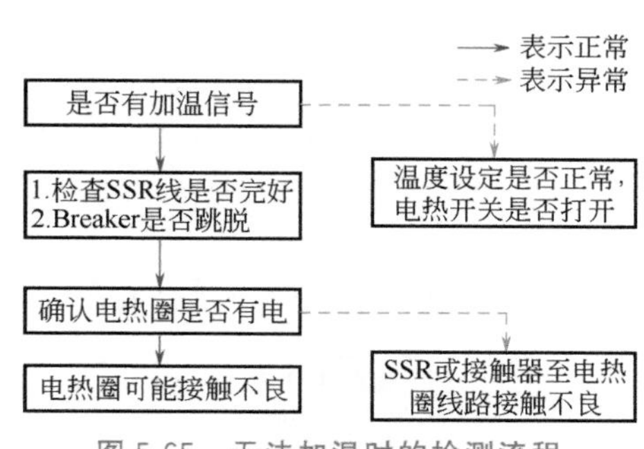

图 5-65　无法加温时的检测流程

⑥ 若一切正常，则应更换感温线输入板或主机板。

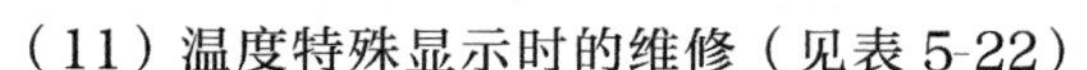

(11) 温度特殊显示时的维修（见表 5-22）

表 5-22　温度特殊显示时的处理方式

显示状况	处理方式
777 970	①应为小变压器 T1015 未接入温度板 ②检查 T1015 插座是否正常 ③以上若无法排除故障，应更换主机板（温度板）
888 988	①感温线正负是否接反 ②感温线是否断掉 ③以上若无法排除故障，应更换感应线输入板
999 990	①标示超过了感温线许可的最高温度（449℃） ②感温线的连接电线是否接好 ③电热圈线路是否正常

(12) 温度偏高或偏低时的维修

当某段温度偏高或偏低时，应确认以下情况：

① 偏高，电热圈（Heater）持续有电时；偏低，电热圈（Heater）持续无电时，检查 SSR 或热继电器。

② 温度偏高或偏低，电热圈（Heater）送电正常时更换感温线。若检查结果皆正常，可能是主机板控制加温部分损坏。

③ 当温度持续偏高，有可能是螺杆与料筒摩擦所造成的自然升温。

④ 当温度持续偏低，有可能是原料与料筒问题，可以更换电热圈测试。

(13) 面板无画面时的检测（见图 5-66）

(14) 面板按键不动作的维修

① 检查 MMI 板到 Keyboard 板的 2 条排线是否插好。

② 检查面板锁的开关是否打开或电线是否断裂。

③ 更换 MMI 板。

④ 更换 Keyboard 板。

(15) 面板画面不正常的维修

① 检查 MMI 板到 LCD 的排线有没有插好。

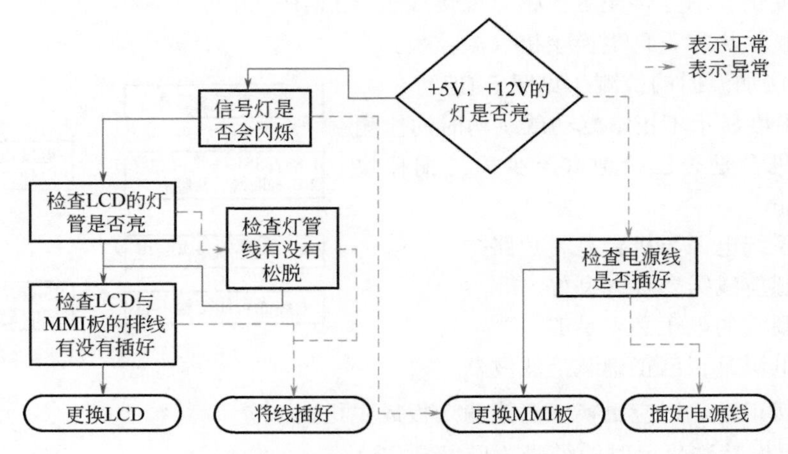

图 5-66　面板无画面时的检测流程

② 检查程序是否插反或差错。

③ 更换 LCD。

④ 更换 MMI 板。

（16）面板亮度不足时的维修

① 检查灯管是否有亮。

② 调整 MMI 板的可调电阻。

③ 将 MMI 板上的 51Ω 或 39Ω 接地电阻直接短路（原本接电阻是限制灯管电流，如果直接短路，则灯管是全电流，对灯管会比较容易损耗）。

（17）面板资料无法储存时的维修

① 资料设定后是否有按输入键。

② 检查电池是否漏液。

③ 测量面板 CPU 上的电池是否有 3.5V 以上，且关机时是否会立刻逐渐降低电压，如果是，则应更换电池或面板。

（18）电源器检查（见图 5-67）

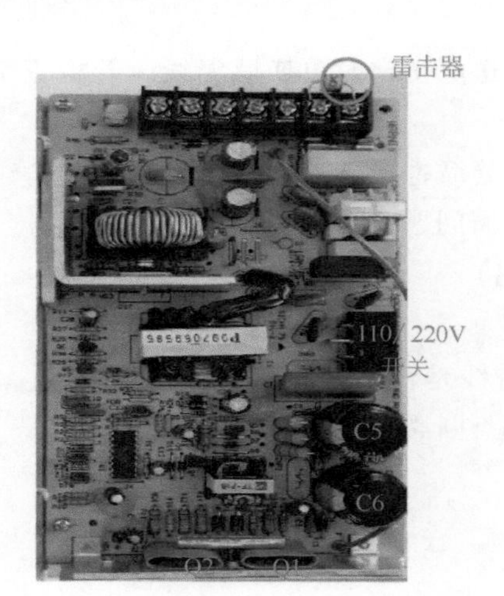

① 先将电源器输出端DC 24V的线卸下。
② 确认电源器手动开关。
③ 输入电源确认。
④ 绿灯需亮起并有DC 24V。
⑤ 为防止雷击时的干扰影响系统动作，请于AC输入部分加装雷击器。

图 5-67　电源器检查

5.3.5 海天牌注塑机维修答疑

表 5-23 中所述的海天牌注塑机，问题 1～9 针对的是采用中国台湾弘讯电脑芯片的机器，问题 10～14 为采用日本富士（Fuji）芯片的机器。

表 5-23 海天牌注塑机维修答疑

序号	问题	方法与步骤
1	如何利用检测画面检查行程开关(PB 部分)?	当某个输入限位开关失效时,可以在 PB 输入端,用导线直接短路 PBX 与 HCOM。在检测画面看 PBX 点是否有显示(该点变亮),如果该点变亮,则电脑部分正常,而是外部线路故障(断路)或该行程开关有问题;如果不变亮,即问题出在电脑本身 解决办法:可以利用更换输入点的方法,把故障点更换到空余的输入点上,或更换 I/O 板
2	如何利用检测画面检查输出(PC)点?	当某个动作不能做,而压力流量正常时,可以利用检测画面,强制输出,即在输出检测画面把某一输出点确认输出(点亮),看 I/O 板上此点指示灯是否亮,或此点与 H24 之间有无 24V 输出。如强制输出时有 24V,则电脑正常,而是外部线路故障或方向阀故障;如无 24V,确认此点已坏,也可以通过更换输出点的方法,把此点更换到空余的输出点上,或更换输出板
3	如何判断开关电源故障? 如何维修开关电源简单故障?	如果发现开关电源不输出,一般检查以下几个方面: a. 检查输入电压(220V 或 110V)是否正常,如输入电压不对(超过额定电压 15%),则易引起电源损坏。注意 220V/110V 转换开关的位置 b. 取消电源负载,看能否输出+24V,此开关电源有短路保护功能,如负载短路,则自动保护。查找并解除负载短路 c. 看内部保险丝是否有损坏,或保护用的压敏电阻是否有裂开。可以暂时取消压敏电阻 如以上都正常,还不能正常工作,则需要更换开关电源
4	如无压力有流量或有压力无流量(控制器输出电流),应如何检查?	a. 检查线路有无断路 b. 检查比例阀电源 24V(或 38V)是否有输出 c. 更换输出功率管,确认是否为功率管故障 d. 更换 D/A 板
5	压力流量电流不够大(控制器输出电流),应如何检查?	a. 测定比例阀阻抗大小,比例压力阀一般为 10Ω,比例流量阀一般为 40Ω 左右,测定电流电压(24V 或 38V)计算最大值 b. 调节电位器电阻 c. 更换 D/A 板
6	如果温度实际值显示为零,应如何检查?	a. 控制器工作不正常 b. 检查各电源与机壳之间有无漏电 c. 感温线正负两两短路,看温度是否显示,检查感温线
7	控制器使用 K 型热电偶,现实测 TR1+,TR1-电压为 7.2MV,室内温度为 28℃,如何计算应该显示的温度?	显示温度=7.2×25+28=208(℃)。显示温度与实际值有偏差(偏高、偏低) 原因:a. 热电偶或控制器故障; b. 原料和螺杆剪切引起的。 以上情况可通过万用表测定,热电偶电压来判断显示值是否正确。如果显示值正确,则由原因 b 引起。如果显示值与电压值不符,则由原因 a 引起
8	温度显示值在较大范围内跳动应如何处理?	a. 干扰,系统没有接地 b. 某段跳动,热电偶引起 c. 电脑板本身故障,更换 D/A 板

续表

序号	问题	方法与步骤
9	料筒不加温应如何处理?	a. 控制器无输出,检查控制器 b. 加热线路有短路,检查线路 c. 加热圈故障
10	为什么导致警报发生的原因消除后,屏幕上警报栏中还是有警报显示?	警报发生后,首先要按“取消”键清除警报,然后再排除警报发生原因
11	日本 Fuji 控制器程序是如何实现对中子的保护的?	日本 Fuji 控制器程序在设计时从保护用户模具的角度出发,对模具保护设计了周密的方案。详细如下: a. 合模过程中检测中子是否到位,如果没有到位,立即停止合模动作 b. 开模过程中检测中子是否到位,如果没有到位,立即停止开模动作 c. 顶针前进过程中检测中子是否到位,如果没有到位,停止顶针前进动作 所谓的“中子是否到位”,就是中子是否进终或者退终。举例如下:如果设定中子进位置为 300,中子退位置为 250,此时实际动模板位置为 270。此时合模,程序会自动判断中子是否进终,如果中子没有进终,则不允许合模。如果此时开模,程序会判断中子是否退终,如果中子没有退终,则不允许开模。如果设定中子进位置为 200,中子退位置为 300,如果此时动模板位置为 250。此时合模,则会判断中子是否退终,如果中子没有退终,则不允许合模。如果此时开模,则会判断此时中子是否进终,如果没有,则不允许开模 d. 中子有两种控制方式:分别为“行程”和“时间”。对于行程控制方式:中子进终或退终,是以中子进终或者中子退终信号是否有输入来进行确认。如果中子进终信号在合模过程中没有检测到,则立即停止合模动作。对于时间控制方式:中子进终或退终,是以中子进或者中子退动作时间是否完成来确认。如果中子进动作时间完成,程序则认为中子进已经结束,但是如果此时按“中子退”键使控制中子后退的阀门有信号输出,则程序认为中子进没有结束。如果此时重新启动控制系统,程序也认为中子进没有结束
12	电眼全自动,制品检测信号有输入,但还是会出现“制品检出故障”警报?	电眼自动时,如果在循环间隔时间内,控制器没有检测到“制品检测信号”有输入,则会产生报警。此时,可以根据实际生产需要加大此间隔时间。此间隔时间设定在“时间/计数”画面
13	为什么无法进入输出测试画面?	输出测试画面只有在手动及电热关闭的状态下才能进入
14	HPC01 电脑所有温度都显示 50℃左右?	如果 I/O 板电热部分无烧伤痕迹,可能原因是位置尺连线的屏蔽层破损与信号线接触造成 I/O 板接地信号干扰,从而引起电热不正常

第6章

注塑机常见故障及解决方法

6.1 ▸ 注塑机故障处理的一般流程

注塑机出现故障后，应遵循下面的流程，查出故障原因后再根据故障的具体现象予以解决。

第一步，到达现场，观察故障现象，并询问操作人员：

① 发生了什么故障？在什么情况下发生的？什么时候发生的？

② 注塑机已经运行了多久？

③ 故障发生前有无任何异常现象？有何声响或声光报警信号？有无烟气或异味？有无误操作？

④ 控制系统操作是否正常？操作程序有无变动？在操作时是否有特殊困难或异常？

第二步，进行系统检测。

① 根据了解到的内容和观察到的现象，采用相应的检测手段进行系统检测。

② 在合适的测试点，根据输入和反馈所得结果与正常值或性能标准进行比较，查出可疑位置。

第三步，修理或更换。

① 修理。根据检测结论，对故障部位进行修理并采取预防措施；检查相关零件，防止故障扩大。

② 更换。如故障零件无法修理，需要进行更换，正确装配调试更换零件，并注意新零部件的型号、规格与原来的一致。

第四步，进行性能测定。

① 零部件装配后启动注塑机，先手动（或点动），然后进行空载和负载测定。

② 调节负载变化，速度由低到高，负载由小到大，系统压力最高不能超过 14MPa，再按规定标准测定性能。

③ 根据需要，由局部到系统逐步扩大性能试验范围，注意非故障区系统的运行状况。

如性能满足要求，则交付使用；如不满足要求，则重新确定故障部位。

第五步，记录并反馈。

① 收集有价值的资料及数据，如注塑机故障发生的时间、故障现象、停机时间、修理工时、修换零件、修理效果、待解决的问题等，按规定的要求存入档案。

② 定期分析注塑机使用记录，分析停机损失，修订备忘目录，寻找减少维修作业的重点措施，研究故障机理，提出改进措施。

③ 按程序上报主管部门，并反馈给注塑机制造企业。

6.2 ▸ 工控系统故障及解决办法

此类故障通常出现在伺服传感和伺服驱动编程器上（出现各种报错信息），如图 6-1 所示。

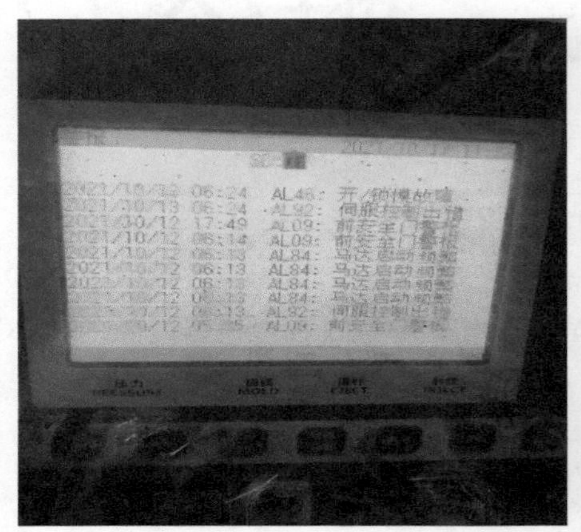

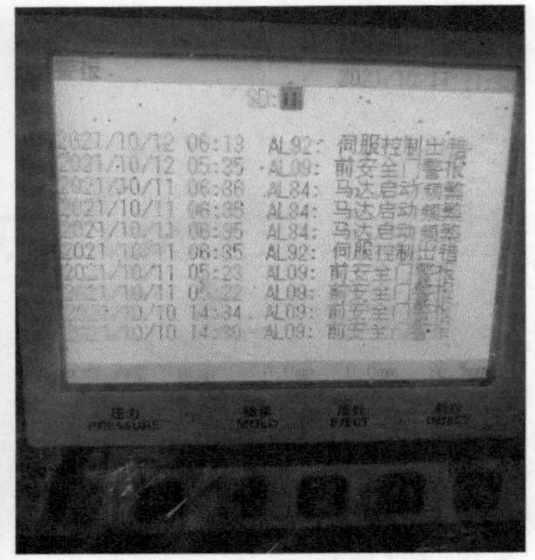

图 6-1 工控系统故障显示界面

如图 6-1 所示的故障界面出现多次、多项报警时，基本可判断是伺服系统或主控电脑问题，此时需要更换伺服驱动器或电脑。但当出现某一伺服报警故障时，除了要检测伺服控制驱动板外，还要检查与报警相关项的传感器，并调试、检查主控电脑是否正常来逐一排查解决。

此外，人机界面的主控电脑还可能出现另两种常见故障：

一是软故障，即因操作员的操作和参数设置不当造成的注塑成型质量问题或机器损坏。这类故障是注塑成型中最常见、占比高达 70% 的操作故障，尤其是在更换新品种涉及换模、调整参数时。解决这类故障，只能通过不断地提升注塑机操作人员的技术水平，或聘请外部注塑专家来解决。

二是电脑本身的硬件故障，这类故障出现即无法操作，需要更换或维修电脑板、操控屏等。当更换主控电脑时，建议选用主流、具有先进技术水平的注塑机电脑品牌。

6.3 ▸ 液压系统故障及解决方法

液压系统是注塑机的动作源，其以压力油为工作介质来传递能量和进行动作控制。注塑机整个液压传动系统由五个部分组成。

① 动力部分。油泵，它将电动机输出的机械能转换为油液的压力能，再转换为机械能，带动工作机构运动。

② 执行机构。油缸或马达，其功用是将油液的压力能转化为机械能，带动工作机构运动。

③ 控制装置。各种控制阀，包括压力控制阀、流量控制阀、方向控制阀等。它们的功用是控制压力油的压力、流量和方向，以保证工作机构以一定的力（或力矩）和一定的速度按所要求的方向运动。

④ 辅助装置。如油箱、冷却器、油管、管接头、滤油器、蓄能器、压力表、压力表开关等。

⑤ 传动介质。液压油，一般用矿物油。

注塑机的液压系统，也会经常出现各种故障，相应的解决方法见表 6-1。

表 6-1 液压系统故障及解决方法

故障现象	故障原因	解决方法
油泵启动，但液压系统没有压力	油泵上比例阀接线松断或线圈烧毁	检查比例压力阀是否通电
	杂质堵塞油泵上比例压力阀油口	拆下比例压力阀，清除杂质
	压力油不洁，杂物积聚于滤油器表面，妨碍压力油进入泵	清洗滤油器，更换压力器
	油泵内部漏油，原因是使用过久，内部损耗或压力油不洁而造成损坏	修理或更换油泵
	接头漏油	消除泄漏之处
通电后电机不运转	电气动力电源保险丝烧断	更换保险丝
	启动按钮接头不良	更换或拧紧启动按钮
	过载继电器跳闸	更换过载继电器
	主电路故障，断电器损坏	更换断电器
	电机有“嗡嗡”声但不回转，电机的电源缺相	检查供电电源；此外也有可能是总压阀故障，放大电路板故障，电机、油泵连接法兰故障，伺服阀电磁线圈脱落等，此时检修相应部件即可。一般来说，电机故障是比较严重的故障，如果检修了 3 个以上部分都不能修复，建议直接更换电机
液压系统产生高热，油泵发生异常	吸入侧吸入空气或其他油污杂物	修理吸入侧各接头
	滤油器阻塞	清洗过滤网
	泵内有磨损	检修油泵
	油位太低	加足液压油
	油泵损坏，内部零件在高速转动时磨损，产生高热	更换油泵
	压力调节不适当，液压系统长期处于高压状态而过热	调整压力
	油压元件内漏，例如方向阀损坏或密封圈损坏，令高压油流经细小空间时产生热量	与电机同理，如油泵同时出现太多问题不能解决时，建议直接更换方向阀、压力阀等关联附件

续表

故障现象	故障原因	解决方法
注射装置没有注射动作	①查看显示的报警标识 ②确认电热控制是否打开 ③喷嘴护罩是否关闭 ④注射参数设定是否正确 ⑤看检测页面的显示信息 ⑥松开急停按钮，按注射(射胶)键，注意观察检测页面是否有注射动作 ⑦观察是否有其他报警信号 ⑧观察压力表 ⑨启动马达，按注射(射胶)键，再次检查压力表的动作	

6.4 ▸ 烘干和混料系统故障及解决方法

塑料的注塑成型，需对原料进行彻底的烘干，如果水分含量过大，则会严重影响注塑制品的质量；同时，塑料颗粒如与各类填充料（如阻燃剂和滑石粉等）混料不均匀，也会直接影响制品的性能。烘干与混料系统常见的故障及相应的解决方法见表 6-2。

表 6-2 烘干与混料系统故障及解决方法

故障现象	故障原因	解决方法
不预塑或预塑过慢	预塑终止行程开关已闭合	拨开行程开关的撞击块
	单向节流阀关死	打开单向节流阀
	料温过低	加高料温
	预塑电磁阀卡死	拆下预塑电磁阀进行清洗
	预塑压力太低	调高预塑压力
	螺杆内进入异物卡死螺杆	拆卸螺杆和料筒，进行清洗
	液压马达损坏，轴承卡死	更换伺服马达和轴承
预塑时螺杆转动，但不进料	背压压力过高	降低背压压力
	加料口出冷却水不足，加料口内物料“架桥”	增大冷却水的水量，并取出黏结的塑料块
	缺料	增加塑料加料
	螺杆断裂、背压调得太高	调低背压
不注射或注射速度过慢	注射压力低，速度太慢	调高注射压力，并调快注射速度
	塑料加热温度低	升高料筒的温度
	喷嘴堵塞	拆下喷嘴，进行清洗
	注射时间太短	适当延长注射时间
	注射电磁阀卡死	更换注射电磁阀
	注射电磁阀不上电	检查电气原因
料筒(熔胶筒)温度不能控制	温度无法控制	检查电热接触器的触点是否粘死，热电偶的电线是否松脱或损坏

续表

故障现象	故障原因	解决方法
料筒(熔胶筒)温度不能控制	温度无法上升	检查电箱内的电热空气开关是否跳闸,接触器、继电器是否吸合,是否有电压,保险是否烧坏,发热圈是否烧坏。如上述器件损坏,则更换之
	温度表损坏	更换温度表
螺杆不注射(射胶)	注射电磁阀的线圈可能已烧,或有外物进入方向阀内,卡着阀芯移动	清洗或更换电磁阀
	压力过低	调高注射压力
	注塑熔体的温度过低	升高温度至塑料的熔融温度,如调整温度表仍不能把温度升高,检查电热筒及保险丝是否烧坏或松断,如已坏断,及时换新
	注射电磁阀的接线松断或接触不良	将电磁阀的接线重新接驳,确保线头与触头接触良好
注射台不移动	注射台移动限位行程开关损坏	更换行程开关
	注射台移动电磁阀的线圈可能已烧或有外物进入方向阀内卡着阀芯而无法移动	清洗或更换电磁阀
	检查射台的前进速度,以及压力是否调校不当	重新调整注射台前进阀的压力和流量
	检查I/O板,方向阀输出的电压(DC+24V)是否正常,如不正常,检查对应输出的三极管或继电器等是否损坏	如损坏,则更换相应的元器件
	按注射台前进键,检查电脑显示屏是否显示射台前进信号,或显示其他信号和警报	
	检查压力表是否有动作	

通常，在注塑生产过程中，注射这一关键节点产生的问题比较多，而且很多时候并不是设备的故障问题，而是生产工艺和操作调校问题导致，所以此时更应该多检查、多调试。

6.5 ▶ 锁模动作不正常及解决方法

注塑机注塑时，发现锁模动作不正常，相应的排除方法与流程如下。

① 检查前后安全门是否已关上，安全门的限位器是否已被安全门压着，限位器是否已损坏。

② 按锁模键，检查电脑显示屏是否显示锁模信号，或出现其他信号和警报。

③ 检查电脑控制器锁模、开模电子尺的原点位置，是否已发生改变，锁模位置是否已终止。

④ 检查液压安全阀是否正常。

⑤ 检查压力表是否动作。

⑥ 检查速度阀及压力阀电磁线圈的接线是否松脱，阀芯是否被杂物阻塞而无法移动。

⑦ 检查锁模比例阀电磁线圈的接线是否松脱，阀芯是否被杂物阻塞而无法移动。

⑧ 检查锁模的行程位置、锁模速度、锁模压力是否调校正常。

⑨ 检查锁模液压缸的活塞杆是否折断。

参 考 文 献

[1] 刘朝福. 图解注塑机操作与维修. 北京：化学工业出版社，2015.
[2] 刘朝福. 注塑成型实用手册. 北京：化学工业出版社，2013.
[3] 李忠文，陈巨，等. 注塑机操作与调校实用教程. 北京：化学工业出版社，2007.
[4] 郗志刚，张鹏，刘朝福，等. 液压与气压传动. 成都：西南交通大学出版社，2014.
[5] 《就业金钥匙》编委会. 注塑机操作工上岗一路通. 北京：化学工业出版社，2013.
[6] 李忠文，朱国宪，年立官，等. 注塑机维修实用教程. 北京：化学工业出版社，2013.
[7] 李忠文，等. 精密注塑工艺与产品缺陷解决方案 100 例. 北京：化学工业出版社，2009.
[8] 刘来英. 注塑成型工艺. 北京：机械工业出版社，2005.
[9] 崔继耀，崔连成，梁啟贤，等. 注塑生产：质量与成本管理. 北京：国防工业出版社，2008.
[10] 杨卫民，高世权，等. 注塑机使用与维修手册. 北京：机械工业出版社，2007.
[11] 蔡恒志，等. 注塑制品成型缺陷图集. 北京：化学工业出版社，2011.
[12] 刘朝福. 注塑模具设计师速查手册. 北京：化学工业出版社，2010.
[13] 李力，等. 塑料成型模具设计与制造. 北京：国防工业出版社，2007.
[14] 叶久新，王群. 塑料成型工艺及模具设计. 北京：机械工业出版社，2009.
[15] 懿卿. 多级注射成型工艺的设计. 工程塑料应用，2006，34（9）.